U0394636

中国近代
十大灾荒

李文海 程啸 刘仰东 夏明方 著

ZHONGGUO JINDAI
SHIDA ZAIHUANG

人民出版社

责任编辑:刘彦青
封面设计:石笑梦

图书在版编目(CIP)数据

中国近代十大灾荒/李文海等 著. —北京:人民出版社,2020.1
ISBN 978－7－01－021720－8

Ⅰ.①中… Ⅱ.①李… Ⅲ.①自然灾害-历史-中国-近代
 Ⅳ.①X432-092

中国版本图书馆 CIP 数据核字(2019)第 294180 号

中国近代十大灾荒
ZHONGGUO JINDAI SHIDA ZAIHUANG

李文海　程啸　刘仰东　夏明方　著

人民出版社 出版发行
(100706　北京市东城区隆福寺街 99 号)

北京盛通印刷股份有限公司印刷　新华书店经销

2020 年 1 月第 1 版　2020 年 1 月北京第 1 次印刷
开本:710 毫米×1000 毫米 1/16　印张:18.5
字数:303 千字

ISBN 978－7－01－021720－8　定价:45.00 元

邮购地址 100706　北京市东城区隆福寺街 99 号
人民东方图书销售中心　电话 (010)65250042　65289539

目　录

前　言

　　这是我们"中国近代灾荒研究"课题组完成的第四部书。

　　已经出版的三本书中，《近代中国灾荒纪年》及其《续编》，汇集了自1840年到1949年有关灾荒的大量原始资料，但基本属于史料长编性质；《灾荒与饥馑：1840—1919》一书，我们力图把它写成纲要式的近代灾荒简史。由于体例的限制，这些书都没有可能对重大灾荒作展开的详尽的描述；又由于题材的原因，它们的读者对象大抵限于专业研究者中间。我们觉得，就研究过程而言，这样做是完全必要和合理的，因为对于任何一种历史现象或历史问题的认识，总是要先掌握丰富的历史资料，然后理出基本线索，才能为更深入地研究打下扎实的基础。史料长编和简史性的著作，也自有其特定的价值。但是，正如戴逸老师曾经说过的："历史书籍总不能变成只是同行专家之间交流对话的工具。"（《历史的顿挫》序言）在广泛搜集资料并掌握了基本历史线索的基础上，研究就应该向解剖典型、分析个案方面去深入。而如果能够选择一个恰当的主题，采用较为活泼生动的笔法，写出一部既对专业研究工作者有用，又足以引起专业范围以外的广大读者阅读兴趣的书来，那对于我们来说，就不单是更好地尽到了历史工作者的学术责任，也可以从史学研究与现实生活的密切联系中得到深切的慰藉。

　　这本书的写作计划就是在这样的思想基础上确定的。

　　我国地域辽阔，地理条件和气候条件十分复杂，自古以来就是一个多灾的国家。特别是近代社会，由于经济的、政治的、社会的各种原因，自然灾害更加频繁，灾情也更为严重。可以毫不夸张地说，新中国诞生前的百余年间，几乎是无年不灾，无灾不烈。在这样的情况下，要挑出十次最大的灾荒，却也不是一件容易的事。一来，过去的封建政权和大地主大资产阶级政权，在灾荒发生之后，虽然也有一套报荒、勘灾、赈济等等的制度，但对于灾情的确切判定，却并无十分科学的办法。拿水灾来说，关于降雨量、河流流速流量等的科学统计和记载，是直到20世纪初才初具规模的；而地震灾害的报告，如震中、震级、烈度的测定和记录，则是在本书描述的 1920 年甘肃海原大地震之后，才开始逐步搞起来。二来，历史资料中关于灾荒的记载，虽然不乏具体细致的描绘，但大多是局部地区的情况反映，一涉及到某次灾荒的宏观估计，则往往流于笼统的形容，如"大灾巨祲"、"凶岁奇荒"、"饥民遍野"、"饿殍塞途"之类，要靠这些说法去区分灾情程度的轻重，其准确性就很难有充分的把握。三来，如前面已经提到的，在那个时候，可以称得上是大灾的，决非屈指可数，而是比比皆是。这当然也增加了选择的困难。

因此，本书所写的十大灾荒，只是在相对意义上说，是中国近代历史上发生的灾情十分严重、影响极为巨大的十次重大自然灾害。决不是说，除此之外，就没有什么在程度上与此相差不多的大灾了。为了避免误会，也为了给人们一个关于我国近代灾荒的全貌，我们特意编了一份《中国近代灾荒年表》，作为本书的附录，以便感兴趣的读者可以从中了解灾荒发生的最简要的情况。

无论如何，假如读者有兴趣或者有耐心读完这本书，就一定会对旧中国我们中华民族所受的民族苦难，有一个新的更深的了解；就一定会对近代社会灾荒频发的原因、灾荒和政治的关系、灾荒和社会的关系，有一个清晰、形象的认识；就一定会对旧社会在黑暗政治和无情灾荒双重荼毒下人民群众所过的人间地狱式的生活，有一个深刻的印象。我确实这样相信。

新中国成立后，如本书所描述的一旦发生大的自然灾害，就动辄几十万、几百万甚至上千万人被夺去生命，更多的人流离失所的悲惨情景，已经像噩梦般地成了历史的陈迹。但是，自然灾害仍然是我们国家和社会发展进步的重大障碍，时刻对人民群众的生命财产构成严重的威胁。同自然灾害作顽强的斗争，依然是行进在建设有中国特色社会主义大道上的中国人民的长期任务。温故可以知新。了解旧中国的灾荒情形，对于我们今天增强防灾意识，总结同自然灾害作斗争的历史经验和教训，提高全社会的抗灾能力，是会有重要的借鉴意义的。

我们课题组是 1985 年成立的，到这本书出版的时候，正好有十年的历史了。十年时间不算长，但对于我们来说，为完成这个课题的各种项目而花去的日日夜夜，却是难以忘怀的。这期间，课题组的成员，或因生离，或因死别，也有了很大的变化，但所有参加课题组的同志们，始终保持着良好的亲密的合作关系，我认为这是极其可贵的。岁月流逝，物是人非，在本书正式定稿的时候，不禁令人产生无限沧桑之感。我想，《中国近代十大灾荒》的出版，不仅是对于课题组成立十周年的最好的纪念，也愿以此当作一瓣心香，奉献给共同奋斗而已经永远离开我们的同志。

文　海
1994 年 4 月 18 日
于中国人民大学林园

1　国难河患：鸦片战争爆发后连续三年的黄河大决口

1842 年 8 月 29 日（道光二十二年七月二十四日），时值初秋，炎暑未退。这是以国耻载进近代史册的一天。

这一天，钦差大臣耆英、伊里布，两江总督牛鉴来到泊在南京下关的康华丽号英国军舰上，代表清政府与英国全权公使璞鼎查签订了不平等的中英《南京条约》。

随后，璞鼎查兴奋地宣告：他已为英国资产阶级打开了一个新的世界。

《南京条约》的签订，标志着禁烟运动的彻底失败和鸦片战争的结束，也标志着中国半殖民地半封建社会的到来，它同时也是中国政府被迫与列强签订的一系列不平等条约的开端。从此，深重的民族危机和政治灾难一再席卷而来。

正因如此，人们一提到当时的中国社会，就会马上将"1840——鸦片战争——不平等条约——半殖民地化"联系起来，习惯地想到国难当头的政治局面，这也是客观的历史实际。鸦片战争和作为其结局的《南京条约》，不论在政治上、经济上还是社会心理上，所产生的震颤实在是太剧烈了。

但是，鸦片战争毕竟覆盖不尽 1840 年前后中国社会的全部苦难。恰恰在同一时期，从 1841 年到 1843 年，发生了连续三年的黄河大决口，即 1841 年的河南祥符决口，1842 年的江苏桃源决口，以及 1843 年的河南中牟决口。这三次黄河漫决，受灾地区主要为河南、安徽、江苏等省，并波及山东、湖北、江西等地，这些地区大都离鸦片战争的战区不远。那么，这场正巧在鸦片战争期间连年河决的社会灾难，就不能不给战祸造成的社会震动更增添了几分动荡不安。

水围开封

尺书来讯汴堤秋，叹息滔滔注六州，
鸿雁哀声流野外，鱼龙骄舞到城头。
谁输决塞宣房费，况值军储仰屋愁，
江海澄清定何日，忧时频倚仲宣楼。①

这是林则徐因禁烟运动和坚决抵抗侵略者被革去职务，遣戍伊犁途中，又因黄河在河南祥符决口于 1841 年 8 月 19 日（道光二十一年七月初三日），奉命折回河东效力，到达开封后写下的诗句。诗中连连出现"叹息"、"愁"、"忧"、"哀声"的词句，固然是有感于黄河泛滥而引出的愁绪，但对于这位面临禁烟运动的夭折，又耳闻目睹了英国侵略者船坚炮利之凶横的爱国者来说，这些缘于河患的感慨中，肯定也注进了诗人对时事的忧伤。一个新的，却是让中国人至今不忘的惨痛时代，正是在黄河漫决和外敌入侵的双重灾难中到来的。

1841 年入夏以后，黄河中下游水势陡涨，大河奔涌，险象迭现。据当时的东河河道总督文冲奏称："本年入夏以来，黄河来源甚旺，各厅纷纷报险。"② 他在 8 月 3 日的奏折中具体提到："甘肃宁夏府，黄河于六月初八至十一日长水八尺一寸……河南陕州万锦滩黄河于六月初五、初六、初九等日子、辰、午之时及十四日子刻七次共长水二丈一尺六寸，武涉沁河于六月初五、六、七日三次长水四尺三寸，异常勤旺。而十一日七时之间万锦滩长九尺六寸之多，下注尤为猛骤，历查伏汛涨水，从未有如此之盛，且水色浑浊，前涨未消后涨踵至。"③

1841 年 8 月 2 日辰刻，黄河浊流终于在祥符县（今属开封）上汛三十一堡决口。此处正南对着河南省城开封，距离不过 15 华里，冲出决口的黄水以建瓴之势，凌厉地呼啸着漫卷而下，大溜掀起了满天的黄尘和灰霭，转眼之

① 转引自来新夏：《林则徐年谱》，上海人民出版社 1985 年版，第 371 页。
② 《清宣宗实录》，卷 353。
③ 《再续行水金鉴》，卷 80，第 2076 页。

间就吞没了一个又一个的村庄，直迫省城。8月3日子刻，黄水冲破护城大堤，围住了开封。

这时，那位在稍后参加签订《南京条约》的牛鉴还在河南巡抚任上，他在8月4日的一份紧急奏报中声称已经同驻工黑堽的河道总督文冲失去了联系，这两地虽间距仅20余里，而"一片汪洋，声息不通，未及会衔"①。在几近绝望中，他只能对天号泣、长跪请命，祈求上苍保佑。署理河南巡抚鄂顺安在后来的奏折中回顾说："道光二十一年六月十六日，祥符汛三十一堡漫口，省城猝被水围，其非常之险层见迭出。"②

所谓层见迭出的"非常之险"，最初究竟是什么样的情状呢？据赵钧《过来语》记："六月初八日，黄河水盛。至十六日，水绕河南省垣，城不倾者只有数版。城内外被水淹毙者，不知凡几。"③ 这只是一个非常笼统的概括，但也不难想见，惊涛骇浪，呼啸而至，水高丈余，田庐湮没，城垣坍塌，人民荡析离居，城中万户哭声的灾难性场面。当时的一些地方官吏应急乏策，匆促"重赏雇夫，将五城全行堵闭"。但由于开封城墙是外砖内土的建筑结构，因年久失修，砖多剥落，简直防不胜防，漫水很快冲漏了地势低洼的城西南一段，瓦解了这种纯封闭式的护城办法。河南巡抚牛鉴不得不自发事的三十一堡乘小船绕道回城，监督堵筑。由于河水"湍激盘旋，猛不可状"，在最初几天的守城过程中，就付出了巨大的代价。8月3日到8月6日，城南门地段水深持续在一丈四五尺上下，用去星夜赶做的柴土坝十余道及土戗数十丈，"前之冲漏者乃得完固"。而与此同时，曹门、宋门附近也因为地势低洼，"水势所趋，城垛坍塌，月墙膙裂，不计段数"，又赶紧堆土坎塞之，但"宋门旁之水门洞其深莫测，百计堵筑，水从地出，既堵复渗"，最后不能不"赶用棉被棉袄加布袋砖包以数十万计，始行堵住"。即使如此，仍难缓解开封城"形如釜底"之势④。更重的灾情还在后头。

8月8日（六月二十二日），是立秋的日子，此后的一段时间是我国北方一年当中最怡人的时节了。天高气爽，轻风徐徐，金色的收获……然而，

---

① 《再续行水金鉴》，卷80，第2077页。
② 中国第一历史档案馆藏：《军机处录副奏折》（以下对该馆各类藏件，一律简称为某某档），道光二十二年鄂顺安折。
③ 《近代史资料》，总41号，第133页。
④ 《再续行水金鉴》，卷153，第4023—4024页。

1841 年的秋天，人们却沉浸在弥漫半个中国的天灾和人祸的气氛内。紫禁城里被南国战火扰得寝食不安的道光皇帝，还不能不分出精力来批阅和思虑从河南灾区不断飞递而来的奏折。就在 8 月 8 日，河水再次猛涨，咆哮声声，使本来就被黄水围困的开封城受到更为严峻的威胁。第二天，大水直冲开封城北的护城堤，"其危不测"，牛鉴在奏折中坚持认为："事之至重至急，无有逾于保卫省城者，并无顾此失彼之虑。"① 在这种思想指导下，他一面不断上报："中牟、通许二县……各有十数村庄被淹"；"被水者有荥泽、中牟、郑州、内黄、封邱、考城、武陟、孟县、原武、孟津等十三州县。"② 一面却对这些被淹地区置之不顾，专为守住开封一个孤城而不惜血本："重价购买砖块或买民间破屋或拆毁废庙赶运工次"；"赶做磨盘鸡咀等坝及小砖垛数百道"。由于水势凶猛，大坝随筑随淹，物料难以接济，只好"拆城上垛墙及教场贡院等公所砖石以应猝需，势同剜肉补疮，实迫于万不得已"。当时任开封府知府的邹鸣鹤对 8 月 24 日到 9 月 1 日之间抢护开封城有过一段相当生动而又悲惨的记录——

> 抢护官绅奔命不暇，自初七（8 月 24 日）以来，每日辄长水五七尺不等，加以天时阴惨，大雨滂沱，城内坑塘尽溢，街市成渠。城上督工官弁及做工人夫等上淋下潦，咸胼胝于泥淖之中。而溜益加紧，砖质轻浮，随抛随拆，业已计无复之，随搜买磨石二千余盘及重大石块无算，并飞札济源、巩县等处采买碎石运省应用，将巨石向城角抢抛，俟立住脚底，再以砖块加抛，抛成后复抛重石盘压砖坝，乃不至随流淌泻。城外堤口各村庄，溜所过成泥沙，淹溺死者，不可胜算。甚有攀援上树哀号求救，声不忍闻，而波浪掀天，船不能渡，至水涌树倒，随流而逝者不可胜计。其余迁高阜者半，避入城内者半，而城内民房泡塌，徙避城垛者每日增添……③

就在开封城内外出现上述惨烈局面的期间，1841 年 8 月 26 日，英军侵占了南方美丽的城市——厦门。无论就厦门的失守还是开封的被困而言，灾难还远望不到尽头。英军攻占厦门后，随即沿海北犯，而河南的省城开封则继

---

① 《再续行水金鉴》，卷 80，第 2092 页。
② 《再续行水金鉴》，卷 80，第 2083、2087 页。
③ 《再续行水金鉴》，卷 253，第 4025—4026 页。

续被黄水团团围逼着。

9月1日以后，大水仍无退去的迹象。开封的城墙毕竟年代已久，长时间承受大水的冲击和围困，后果可想而知，牛鉴接连几次在奏报中言及，"汴省城垣本属年久损坏，百孔千疮……泡久则愈形酥损"，"南门地处极洼，城身亦多坍陷"，"四面城身久泡酥损，此修彼坏，百孔千疮"，"城垣之间段坍陷者十余次……"①9月2日，大溜再一次排山倒峡，奔腾而来，"城根汕刷，坐蛰之处比比皆是"。牛鉴别无选择，唯一的办法是抛石护城，这位负有"守土牧民"重任的封疆大员深知开封陆沉的严重后果，干脆住到了城头上"躬督抢抛"，但仍旧未能遏阻住黄水狂涨的势头。三天以后，大溜又以澎湃之势"塌去城墙五丈余"，把执拗地认为凭当时的人力和物力，"以之堵大堤则不足，以之卫省城则有余"的牛鉴，几乎推向了绝境。9月6日，道光皇帝"以开封水围匝月，情形危迫，命牛鉴将城内居民及早迁徙，官员亦酌量迁避"②。牛鉴万般无奈，只好又"率在城司道府厅恭设香案，望北叩祷保护"。一位目击者形容9月9日的险迫情形时称："浪若山排，声如雷吼。城身厚才逾丈，居然迎溜以为堤，而狂澜攻不停时，甚于登陴而御敌。民间惶恐颠连之状，呼号惨怛之音，非独耳目不忍见闻，并非语言所能殚述。"③ 当天用于抢护的物料已尽，城内官民束手待毙，幸而在这时，有两只料船自北冒险飞渡而来。大概就是这两只船内的物料，加上官民日夜冒死的抢护，古老的开封城才不致在大水中覆没。整个9月间，城内官民很难过上一个可以安眠的长夜，"溜去则城稍定，溜到则城必塌，甚至一日塌至数次，每次必至危极险，计共塌城至十六七次，刻刻有满城性命之忧"④。应当承认，守城的官兵和民众，虽面临"登陴御敌"之状，并无惧色，"凡可御水之柴草砖石，无不购运如流；凡力能做工之弁役兵民，无不驰驱恐后"⑤，包括兰仪汛都司邱广玉在内的许多官民都曾因抢护城垣而落水，不少人因此付出性命。他们的抗灾精神，与同一个时间在福建、江浙沿海抗击英国侵略者的官兵们的御侮气概相比，是并不逊色的。

---

① 《再续行水金鉴》，卷80、81，第2086、2092、2094、2099页。
② 郭廷以：《近代中国史事日志》（上），中华书局1987年版，第111页。
③ 《录副档》，道光二十二年二月二十八日折。
④ 《再续行水金鉴》，卷153，第4028页。
⑤ 《录副档》，道光二十二年二月二十八日折。

9月30日，林则徐到达开封。前此，林则徐由于在鸦片战争中坚持反侵略斗争，受到一部分投降势力的排挤，被道光帝"发往伊犁效力赎罪"。行至扬州时，因为另一位被道光帝派去筹办救灾工作的大臣王鼎的极力请求，被允准"折回河东"，参与救灾和治河。8月26日，当此信传到开封时，在正处于深重灾难中的群众间引起了极其热烈的反响。"闻林制军将来，绅民无不喜跃"。"闻之者共相庆也。"① 林则徐从一个灾难深重的地区到了另一个灾难深重的地区，刚刚被迫卸下与侵略者直接战斗的重担，又肩负起与洪水搏斗的艰难责任。一抵开封，他立即赶赴祥符六堡工地，"追随星使，朝夕驻坝"，以至"奔驰成疾，既发鼻衄，又患脾泄，两症相反，医药綦难"。但他置自身的得失于不顾，"在河上昼夜勤劳，一切事宜，在在资其赞画"②，为祥符六堡的堵口工程做出了极大的贡献。从1841年9月到1842年的春天，林则徐在投身堵河工程的同时，仍念念不忘国家民族的命运。"诗言志"，诗也言愁。林则徐在祥符河工处写下了许多诗篇，虽也不乏表现"肝胆披沥通幽明，亿兆命重身家轻"的献身精神，但更多的则如我们在篇首引录的那样，字字句句心情压抑，愁绪万千。他在一首诗中写道：

> 秦台舞罢笑孤鸾，白发飘零廿载官，
> 半道赦书惭比李，长城威略敢论檀。
> 石衔精卫填何及，浪鼓冯夷挽亦难，
> 我与波斯同皱面，盈盈河渚带愁看。

这种愁苦无奈的精神状态，连同"狂澜横决趋汴城，城中万户皆哭声"的忧民意识，与他在这年秋天收到门人戴绚孙关于国家时事的手书和诗作后，"欲拍铜斗而碎唾壶，不知涕之何从也"的激越之情纠搅在一起，构成了林则徐当时以忧患为基调的思想倾向，这也是1841年秋天中国社会的真实写照。就在林则徐抵达开封的次日，英军再陷定海，守城总兵葛云飞、郑国鸿、王锡朋战殁。十天后，发生了悲壮的镇海保卫战，钦差大臣裕谦等英勇献身。林则徐在河干工地一再写信给友人，"力陈船炮水军之不可已"，始终保持了抵抗入侵者的鲜明态度。

---

① 《林则徐年谱》（增订本），第366页。
② 《林则徐年谱》（增订本），第366页。

进入 10 月之后，黄河仍不时"溜势汹涌"。此后直到次年春天，大水始终威胁着开封，"共阅八月之久"。虽不致呈"狂澜排山倒海"之势，但由于整座城市被水长期围困，"城墙水泡愈久，愈觉岌岌可危"，随时可能出现难以预料的局面，防护工作"更为吃力"①。况且鸦片战争正在进行，清政府在腹背受敌、军费浩繁、战局每况愈下的情势下，已经很难腾出精力和财力对被水的开封提供实质性的帮助。好不容易筹措了 500 余万两银子，几经周折，一直到第二年的 4 月 3 日（二月二十三日），才总算使用上，祥符决口也堵合了。

这场来势如此迅猛的特大洪水，当然不仅仅是危害了开封一城，可以说，洪水的走向，是将灾难延伸到了广袤的中华腹地。河决祥符后，大溜直奔开封西北角，然后分流为二，汇向东南，又分南北两股，"计行经之处，河南安徽两省共五府二十三州县"②。其他如江南（今江苏）、江西、湖北等省，"均有被灾地方"。关于灾况，我们还看不到特别翔实和具体的记载，不过，仍可从一些目击者或当事人的记录中感受到这场黄河泛滥对社会生活的影响程度。

当时任翰林院检讨的曾国藩在家书中说："河南水灾，豫楚一路，饥民甚多，行旅大有戒心。"③

安徽巡抚程楙采奏称："据查豫省黄河漫水，灌入亳州涡河，复由鹿邑归并入淮，以致各属被灾较广，小民荡析离居。"④

王鼎、慧成、朱襄、鄂顺安在 1842 年 3 月 24 日联衔会奏："伏查豫省为江南、安徽上游，上年南岸溃堤，三省之荡析离居不堪设想。且洪泽一湖，受全黄下注之水，既抢险停淤之为患，复通漕济运之维艰，工务所关何等重大。且往届即有漫口，尚与省会无干，此次省垣重地，以城为堤，自去夏以迄今春，防险竟无虚日。况漫决若在秋成以后，民犹餬口有资，上年漫在夏间，远近饥民，更难绥辑。"⑤

自始至终亲身经历了抢护开封城河工的邹鸣鹤提供的灾情报告更具可信度："大溜经过村庄人烟断绝，有全村数百家不存一家者，有一家数十口不存

---

① 《再续行水金鉴》，卷 153，第 4028 页。

② 《清宣宗实录》，卷 359。

③ 《曾国藩全集·家书》（一），第 14 页。

④ 《清宣宗实录》，卷 355。

⑤ 《录副档》，王鼎等折。

一人者。即间有逃出性命，而无家可归，颠沛流离，莫可名状。城内居民虽幸免漂没，而被水者辗转迁徙，房屋多倒，家室荡然，惨目伤心，莫此为极。"①

江河同难

从祥符黄河决口的堵合（1842 年 4 月 3 日）到黄河在桃源县的再决口（1842 年 8 月 22 日），黄河中下游流域仅仅平静了四个多月。

道光皇帝肯定无暇为黄河流域的这段暂时平静松口气。因为在距此并不太远的长江下游流域，鸦片战争已经进行到最关键的时刻了。1842 年 5 月，英军撤出他们攻占的宁波和镇海，此后，攻占江浙两省的海防重镇乍浦，炮口对准了长江。6 月，英军攻打吴淞炮台，宝山、上海相继失守。7 月下旬，英军进攻长江南岸的镇江，在这里发生了激烈的巷战，随后镇江失守。恩格斯在获悉镇江守军英勇的抗战情形后赞扬道："如果这些侵略者到处都遭到同样的抵抗，他们绝对到不了南京。"② 然而，一旦过了镇江，南京便指日可下了。

还有一位比道光皇帝更真切地体验了天灾和兵燹交织之苦的当事人，他就是祥符决口的几个月后被擢为两江总督的牛鉴。在前一年的黄河决口中，牛鉴曾据守开封城头，力排他议，为抢护开封城尽了一份气力。牛鉴的保守开封，是以牺牲了河南广大的州县灾区为代价的，而当 1841 年秋他升任两江总督，从黄泛区转到长江下游鸦片战争的战场上时，竟连这点据守孤城、舍身御难的精神也丧失了。1842 年初夏，他和江南提督陈化成奉命扼守吴淞炮台，阻止英军战舰驶进长江。但 6 月吴淞战役中，牛鉴闻风丧胆，临阵逃遁，与英勇作战、据塘击沉三艘敌舰而后捐躯的陈化成形成了鲜明的对照。吴淞炮台失陷后，英舰长驱直入，牛鉴一退再退，躲进了南京城里。到这年夏秋间，他已经和赶到南京的耆英、伊里布商讨怎样与英军议和了。

恰恰就在此时，黄河突于江苏桃源县（今属泗阳）北崔镇汛决口一百九

① 《再续行水金鉴》，卷 153，第 4028 页。
② 《英人对华的新远征》，《马克思恩格斯全集》第 12 卷，第 190 页。

十余丈。刚刚平静了四个多月的黄河水，再一次发出凶猛的咆哮。这次的决口处位于黄河下游。前此，南河河道总督麟庆也曾将甘肃、宁夏、河南等地黄河水位上涨的具体数字频频报告给道光皇帝，奏折中连连出现"险工迭生"、"河流浩瀚异常"、"情形俱属紧要"、"甚为危险"、"堤身万万险要"、"处处险工迭报，危急之至"、"臣……万分焦急"等语句。但也许是道光帝由于鸦片战争而无暇他顾，更大的因素则是清政府根本就拿不出切实可行的防洪方案，因而明知决口在即，身为河道总督的麟庆，除了从事于极原始的加高堤埝等堵防措施外，也只好望河兴叹，"惊恐万分"了。

果然，就在黄河下游沿岸四处报危的紧要关头，8月22日卯刻，一场来自西南的强劲暴风突然袭过桃源县北崔镇一带的黄河河面，水乘风势，掀起排山冲天的大浪，迅猛地冲破堤口，直穿运河，毁坏遥堤，然后灌入六塘河东区。与此同时，上游徐州府附近的铜山、萧县也因"水势涌猛，闸河不能容纳，直过埝顶，致将铜山境内半步店埝工冲刷缺口"①。原来的黄河河道，因桃源决口随即断流。

巨灾大难笼罩在黄水所过之处。最先罹难的，竟然是驻防决口处的守备张源吉，他设在堤下的衙署及家人都被大水吞没。一位恰好途经灾区的太常寺少卿李湘棻向朝廷报告说："臣行至宿迁县，知桃源县北厅扬工下萧家庄漫成口岸。路遇被水灾民询称：'今岁异涨陡发，实历年所未有。'臣缘堤而行，察看北岸水痕，大半高及堤顶，全仗子埝拦御，情形危险至极。"他后来从麟庆口中也得悉："漫溢口门已有百余丈，水头横冲中河，向东北由六塘河、海州一带归海。彼处旧有河形，大溜趋赴，势若建瓴，当不致十分泛滥。唯运河游垫，急宜挑浚。"②

一个星期以后，即1842年8月29日，停泊在南京下关江岸的英国军舰上，清政府的钦差大臣耆英和伊里布与代表英国政府的璞鼎查签订了《南京条约》。一位叫利洛的侵略者在描述此事时炫耀说："离着中国最大河流口200英里，在它的故都的城垣之下，在一个具有74座炮位英国军舰的船舱内，中国第一次被迫缔结的条约，并由三位最高的贵族，在英国国旗之下代表天朝签了字。"这三位贵族中的另一人，就是曾任河南巡抚的两江总督牛鉴。

---

① 《录副档》，道光二十三年七月初二日署两江总督璧昌、江苏巡抚孙善宝折。
② 《录副档》，道光二十二年折。

英国侵略者所以不惜通过战争的代价，把舰船开到长江口内的江面上，他们的目的也是从心理上先战胜清朝政府，攫取更多的侵略"战果"。这个目的达到了。道光皇帝此时已失去了继续作战的信心，他曾在谕旨中无可奈何地说："念江南数百万生灵，一经开炮，安危难保。既经该大臣等（指牛鉴、耆英）权且应允，朕亦以民命为重，先交洋钱六百万元，香港准其凭借，厦门、宁波、上海等处亦可准其贸易。"①《南京条约》的订立表明，耆英、伊里布和牛鉴是完全接受了英国方面提出的大大超过这道上谕所授权限的和约条款，此后中国已经不可能再以一个独立自主的封建国家的姿态存在下去了。牛鉴，这位黄河决口时守在开封城头的"功臣"，也被历史最终评判为投降活动的积极参与者。

1842年的8月，对于黄河和长江来说，都意味着一种历史性的灾难。关于鸦片战争和《南京条约》的影响，至少可以推演到80年以后的清政府的覆灭，但它对眼前发生的黄河人决口，实际上也产生了推波助澜般的冲击。

还是再回到苏北来。这次的萧县、桃源决口，相对上一年的河南水灾，因位处黄河的下游一带，离出海口已经不远，因而淹浸面积较少。曾国藩在一封家书中估计："黄河决口百九十余丈，在江南桃源县北，为患较去年河南不过三分之一。"②然而受灾面积的多少并不完全意味着灾情的轻重，也不意味着灾情影响的大小。黄河决口后，大溜趋注六塘河，据麟庆探查，六塘河两岸"并无城郭居民"，真正令他"心胆俱碎"的，是害怕大水冲断了运河和驿路。当时《南京条约》尚未签订，在紫禁城内坐卧不宁的道光帝一旦得不到及时报来的军情，后果可想而知。因而在决口的第二天一早，麟庆即"渡河至运河查看"，"赶紧设法疏通运道"③。事实上，决口一个多月后，道光皇帝仍得不到一份详细的水灾图说报告，他在上谕中催促说："现在黄河桃北漫口，回空军船阻滞，朕心实深廑念。前有旨令麟庆查明漫口丈尺，绘图贴说驰递呈览，自应遵旨驰奏，以慰朕怀。昨会同李湘棻由六百里驰奏江北防堵情形，仅将中河灌塘约略附陈，其建闸筑坝挑河各事宜据云本月十四日具奏，迄今并未奏到，发递折件理宜权事理之轻重，事关军务，原应驰奏……"显而易见，朝廷所最关心的，是"军船阻滞"等"军务"问题。当

① 《清史列传》，卷48，第3781页。
② 《曾国藩全集·家书》（一），第31页。
③ 《再续行水金鉴》，卷83，第2162页。

时，英国的兵舰还在长江江面上游弋，中英双方正在就战后事宜节节交涉。在朝廷看来，防范英人再起事端的"军国大事"仍不能从日程上抹去。桃源河决虽然没有直接影响鸦片战争的进程，但水灾引起正河断流造成的"军船阻滞"，恰恰是出现在中英谈判的关键当口，这无疑会从政治心理上又一次打击了道光皇帝。

麟庆在另一份奏折中详细说明了河决以后的黄水走向：

> 萧家庄漫水下注黄家口一带，溜势平铺，至六塘河分为多股，又至钱家集水面宽广。钱家集以下溜仍散漫，直至场河归总，场河以下复分两股，其北股溜止三分入车轴河，由埒子口归海，其南股溜有七分，由武障等河汇入北潮河达灌河口归海，查自萧庄至旧海口堤路四百二十余里，现至埒子口三百五十余里，至灌河口三百六十余里，灌河口距旧海口一百余里，至被灾情形桃源最重，沭阳、清河次之，安东、海州较轻，均未被淹及城郭。①

尽管这次黄河决口所影响的范围仅限于苏北地区，也没有出现如上一年水围开封时那样惊心动魄的情景，但仍可以肯定地说，1842年的桃源决口，同样给当地人民造成了极大的困苦。当时的江苏巡抚程矞采向朝廷报告说："窃照桃源、萧县二县，本年或因扬工漫溢，或因开放闸河水势过大，以致田亩庐舍均被浸没，居民迁徙，栖食两无。""在田秋粮尽被淹浸。驿路亦被淹没。"② 我们还可以从麟庆所记录的决口情景中想象到灾情的紧迫和严重程度，他自称看到河决之状时"心急如焚，恨不能即时堵闭，无如水深溜急，料物一时难济"。他还谈道："地方官多雇小船，并备馍饼席片赶紧散放……"如此说，起码在萧县和桃源一带，大水已经造成了一片汪洋的泛滥局面。而当时正值秋收的前夕，这对于靠天吃饭的普通农村老百姓来说，当会蒙受一场何等惨重的灾难性打击！

黄河泛滥了两个月以后，朝廷派来的勘查大臣户部尚书敬征、工部尚书廖鸿荃一行会同当地官员对受灾的村镇进行了一次详细访查，据他们报告，在桃源境内黄河北岸，"秋禾多被淹没，庐舍亦间有冲塌，情形较重，成灾九

---

① 《再续行水金鉴》，卷84，第2172页。

② 《录副档》，程矞采折。

分"者，共十七图。"因黄水汇归六塘等河，并无堤埝捍御，禾稼亦被淹损，情形次重，受灾七分"者，共十一图。在沭阳县境内，"共九镇十三堡地处低洼，始因缺雨，继遭黄水漾漫，秋禾无获，成灾五分"。其他如清河、安东、海城诸县中的许多村镇，"亦因先旱复被淹浸，秋禾间有损伤，以致收成欠薄"[①]。另据淮安府知府曹联桂报告，桃源县应需赈抚的户口 10516 户，其中大口 17492 口，小口 9188 口。

上列数字已经使人感到了大水退去后的悲惨气氛。在方圆数百公里的苏北大地上，岂止失去了一个丰收的金色的秋天，更没有了炊烟和鸡鸣，没有了田园和庐舍，没有了往时正常的生活秩序。剩下的只有黄水造成的灾难性的残迹以及流离失所，对天呻吟的灾民们。安土重迁的百姓面临的只有一条生路——逃荒。

大水过后，有人作了另外一项较为周密的实地勘查，设计出决口以下各处清淤、筑坝、移民等工程并计算了所需费用，认为"统共创筑两堤间段，挑绕越村镇，筹画盐运，共约需银七百六十余万两"[②]。清政府在刚刚结束的鸦片战争中消耗了大量军费，元气大损；又因《南京条约》的签订需向英国赔款二千一百万元，如此沉重的财政负担已经让朝廷挣扎在无形的压力之下，它还怎么能马上拿出那么多的银子，来实施旨在于治理黄河下游水患的大规模的工程呢？麟庆就曾坦言说："唯堵坝挑河需费不少，值此军兴之后，拨款维艰。"[③] 这自然也是实情。然而，黄河上年在祥符决口，此年在桃源决口，来年将在中牟决口，以及十年之后又在丰北决口，直至1855年的铜瓦厢大改道，如此严酷的现实，对于以种种理由为借口，置亟待下大气力治理的河患于不顾，得过且过的腐败不堪的晚清河政，真是个莫大而又无情的讽刺。

浊浪再起

岁月往复，又到了一年一度的汛期。1843年（道光二十三年）入夏以来，河南遇上了几乎九日不雨的阴霾大气，这对于生息在黄河两岸的普通民

① 《再续行水金鉴》，卷84，第2181—2189页。
② 《再续行水金鉴》，卷83，第2165页。
③ 《再续行水金鉴》，卷84，第2170页。

众，是个非常不祥的兆头。

大雨滂沱，造成了黄河水的盛涨，在黄河干流潼关至小浪底河段，迅速流传开一首描述时情的民谣："道光二十三，黄河涨上天，冲了太阳渡，捎带万锦滩。"① 据河道总督慧成奏报："万锦滩黄河于六月二十一日巳时长水五尺五寸，黄沁厅呈报武陟沁河于初八、初九并初十日巳、申、亥三时及二十日寅、午、亥三时，二十一日午、酉两时十次共长水一丈五尺三寸。"② 而省内中部、东部的黄河流域，"两岸普律漫滩，汪洋无际，临黄砖石埽坝纷纷报塌"，新坝随筑随垫，一般地段的水位都已经接近或漫过了堤面，险象环生。河督慧成有前两年的前任文冲、麟庆的下场为鉴，他的心境是可以料想的。因而可以说，自从入伏以后，他的顶戴花翎便交给了滚滚泻下的黄河水。

7月23日（六月二十六日），雷鸣电闪，暴雨又下了一昼夜。到24日黎明，大雨间忽然东北风大作，掀荡着河水，扬起超过大堤数尺的高浪来，面对呼啸而来的排天巨浪，止在中牟县下汛八堡抢护先行垫塌的新埽的官兵顿时立足不稳，束手无策，眼睁睁看着大水奔腾，将中牟下汛九堡冲决，塌宽一百余丈③。

中牟河决时，慧成正远在下游三百里之外的河工工地，他闻讯自然又是"心胆俱裂"，虽连夜冒雨驰赴灾处，还是晚了，他看到的是一片"民舍田庐无不受淹"的惨况。十天之后，他即被清政府"革职留任"，接着又被正式革职，并像前任河督文冲一样，被"枷号河干，以示惩儆"。

由于此回决口正值河水陡涨之际，水势汹涌，兼之当地土性沙松，决口之处不仅无法马上堵合，反而口门不断扩大。数日后"刷宽至二百余丈"。8月25日，朝廷派去的钦差大臣、户部尚书敬征和户部右侍郎何汝霖自灾区奏报："现查口门宽三百六十余丈，中泓水深二丈八九尺不等。东坝头水深五尺五寸，西坝头水深五尺。"④ 此时距决口的7月24日，已经过去了整整一个月。

口门越开越大，洪水的泛滥面自然也收拾不住。大溜自中牟县北部流向东南，经贾鲁河入涡河、大沙河，而后夺淮归洪泽湖。因而可以明确地说，这次决口于河南中牟的黄河水灾，直接覆盖了豫、皖、苏三省的几十个县以

① 引自《中国历史大洪水》，第344页。
② 《再续行水金鉴》，卷85，第2199页。
③ 《再续行水金鉴》，卷85，第2200页。
④ 《再续行水金鉴》，卷85，第2207页。

及更多的村镇。另外，不只决口处下游普罹水患，上游的阌乡、陕州、新安、渑池、武陟、郑州、荥阳等州县，也因自8月6日到8月8日持续三天的大暴雨，致使8月9日黄水陡涨二丈有余，漫溢出漕，沿河民房田禾均被冲毁。只是与中牟的黄河大决口比较，其为害的程度毕竟还有相对的局限性。

更大的灾情还是出在中牟以下的黄河流域。而灾区中心正是决口的周围地带。由于大水吞没了成片的村庄，灾民们无家可归，纷纷逃到地势较高的堤坝上，眼看着房舍树木随水漂去，焦虑惊恐的心态暂可勿论，"嗷嗷待哺"成了迫在眉睫的问题。据敬征、何汝霖奏称，他们派归德府知府胡希周督率"知县、佐杂、绅士等分作四段搭盖窝棚一百余座、按名散给馍饼约计大小人口一万有零"[1]。这在当时的社会条件下，也算很不容易了。

9月19日，另一名钦差大臣、工部尚书廖鸿荃进宫"陛辞"，三天后，他离开京城前往灾区。10月6日，廖鸿荃一行来到中牟九堡。此时，灾民们已经露宿了两个半月。当日，廖鸿荃站在决口处所，"南望一片弥漫"，他第二天向皇帝报告说，"沿途查看灾民，编茅搭席暂居堤上，殊堪悯恻。闻其初被水时，情状尤觉可惨"[2]。

道光皇帝在事出后两个月间接连派出钦差大臣前往灾区勘查、救灾，督办河工，表明了他对这次黄河水灾的格外重视。而廖鸿荃到灾区后所看到的情景与两个多月前黄水决堤时的灾状并无实质性的改观，依然是"弥漫一片"，灾民"居堤上"；至于他所听说的"尤觉可惨"的情状，恐怕是来自一些当事人目击了大水突然袭来，拔树倒屋，吞没人家后所生发的感慨，这还不能意味着两个多月来，救灾工作有了明显的成效。事实上，治河工程进展甚缓，1844年5月4日（三月十七日）上谕谈及河工情况时称："上年中牟漫口，特派麟魁、廖鸿荃会同钟祥、鄂顺安，督率道将厅营办理大工，宜如何激发天良，妥筹速办，于春水未旺以前，赶紧堵筑。乃毫无把握，临事迁延，将次合龙之际，被风蛰失五占，以致水势日增，挽回无术，现在坝工暂行缓办，上年被淹各处，一时未能涸复。"[3] 同年8月29日（七月十六日）上谕又云："中牟漫口后，一年以来，未能堵合，三省灾黎，流离失所。"[4] 可

---

① 《再续行水金鉴》，卷85，第2213页。
② 《再续行水金鉴》，卷86，第2230页。
③ 《清宣宗实录》，卷403。
④ 《清宣宗实录》，卷407。

见，直至第二年的汛期，黄河漫决时的灾状，仍遍布豫、皖、苏等省。又隔过了一年以后的 1845 年 2 月 2 日（道光二十四年十二月二十六日），中牟决口始告合龙。

中牟县是受灾最重的地带。此外，就整个河南省而言，在 1843 年的汛期大约有几十个州县遭到或轻或重的水灾的打击，其中有十六个州县因中牟决口被淹，以祥符、通许、阳武等县受灾最重；陈留、杞县、淮宁、西华、沈邱、太康、扶沟等七县"被灾次重"，其他一些州县受灾相对较轻。中牟上游的郑州、氾水、商水等十州县也因黄河泛滥受灾。另有考城等二十三县"被水、被雹、被蝗"①。

与水灾波及面相呼应的，是这场灾难的社会影响。1844 年 5 月 26 日，河南巡抚鄂顺安的奏折说：灾区"洼下地亩，冬春以来，水未消涸，麦已无收。今漫口未堵，此后大汛经临，水势有增无减，更难望其涸出，补种秋禾。此等失业贫民，夏秋糊口无资，诚恐流离失所"②。在他看来，一场大面积的饥馑，并因此而导致大规模的逃荒现象，是在所难免的了。此后相当长的一段时间内，祥符、中牟一带的黄河流域一直未能恢复元气。数年之后的 1851 年初春（咸丰元年），时任陕西布政使的王懿德自北京启程赴任，途至河南，他注意到祥符至中牟一带，宽六十里，长数百里的地段"地皆不毛，居民无养生之路"。我们完全可以据此想见当地老百姓于这些年实在是挣扎在死亡线上。朝廷就此感慨道："两次黄河漫溢，膏腴之地，均被沙压，村庄庐舍，荡然无存，迄今已及十年。何以被灾穷民，仍在沙窝搭棚栖止，形容枯槁，凋敝如前？"③ 这个"何以"，问得好，但封建统治阶级自己恐怕永远也无法作出正确的回答。朝廷在发问，许多忧国忧河忧民者也在发问，在思索。曾在黄河下游任职的孔继镵于河决时正在汴东，他目睹了所有的灾情，感慨作诗：

> 岂有天遗患？滔滔问大河。
> 几人存直道，真力挽颓波。

---

① 《录副档》，河南巡抚鄂顺安折。
② 《录副档》，河南巡抚鄂顺安折。
③ 《清文宗实录》，卷 26。

歧路来杯酒，荒衔似涧阿。

茫茫身世感，为尔一高歌。

……

河水复河水，万里来覃覃。

生物复杀物，厥性谁穷探？

昔日饮河水，斟酌何醺醺；

今日饮河水，百苦无一甘。

滔滔溃岸去，恣彼蛟龙贪。

问水水不语，何以斯民堪？①

又是一个"何以"。对诗人的这些感慨和疑惑，我们不妨引另一位叫何栻的目击者所作《癸卯六月二十六日河决中牟》的诗来作回答。当时，诗人"在河院幕中，目击此事"，是了解底端的知情人。诗云：

黑云压堤蒙马头，河声惨淡云中流。

淫霖滂沛风飕飕，蛟螭跋扈鼋鼍愁。

隳竹楗石数不雠，公帑早入私囊收。

白眼视河无一筹，飞书惊倒监河侯。

一日夜驰四百里，车中雨渍衣如洗。

暮望中牟路无几，霹雳一声河见底。

生灵百万其鱼矣，河上官僚笑相视。

鲜车怒马迎新使，六百万金大工起。②

透过"公帑早入私囊收"、"视河无一筹"、"生灵百万其鱼矣，河上官僚笑相视"的没落世道，黄患的不治，难道还须向大河的自身去问"何以"吗？

在安徽，灾情同样很重。黄河决口后，漫水席卷田庐，冲往淮河，最终汇入洪泽湖。其间安徽境内的淮河流域普遭不测。安徽巡抚程楙采向朝廷报告说，凤阳一带的水势旋涨旋消，"临淮驿路仍系一片汪洋。水面宽六十余里，非舟不渡"③。雪上加霜，"闰七月上旬"及"十三、十四"等日，又连

---

① 《近代黄河诗词选》，河南人民出版社1985年版，第40、41页。
② 《近代黄河诗词选》，河南人民出版社1985年版，第94页。
③ 《再续行水金鉴》，卷86，第2234页。

降大暴雨，使泗州、五河等30余县处于大雨和黄、淮洪水夹击的危境中。又据程楙采奏报："由于黄水来源未断，而沿淮一带州县又复连日大雨，以致黄淮并涨，宣泄不及，田庐尽被浸淹。目击情形深堪悯恻。"①和河南的官员们一样，他们往往在报给朝廷的奏折中使用"深堪悯恻"一类的套话，而并不具体地描述灾情的细节。但下面的几则上谕，则应该有助于我们对灾状做出恰当的估计。

一份上谕指出："皖省自上次河决祥符，所有被灾州县，元气至今未复。本年漫水，建瓴直下，太和、阜阳、颖上以及滨淮各州县地方，或屋屋塌卸，或田亩淹没，情形较前更重。"②

另一则上谕指出："河南中牟漫，皖省地处下游，被淹必广。现据查，顶冲之太和县，通境被灾；分注亳州及滨淮十余州县，洼地淹入水中。"③

1843年12月7日的上谕，宣布了因灾蠲缓额赋的地区，包括太和、五河、凤台、阜阳等三十七个州县。水灾涉及的村镇当会更多。

上列历史记载足以表明了安徽某些地区的灾情，同河南几乎是不相上下，只是安徽省灾区距河决处尚有不近的一段距离，黄水漫决后一般呈散流漫溢的走势。中牟的惊涛骇浪，在安徽地界里，毕竟是掀不起来了。

江苏北部靠近出海口，属黄河的尾闾地区，灾情要轻些，但也在一定程度上受到了中牟决口的影响。两江总督耆英、江苏巡抚孙宝善于1844年1月24日奏报："本年沭阳县境，因黄水来源不绝，六月间雷雨时作，兼之东省山水骤注，秋禾被淹。饬据印委各员勘明，该县被水田地至大河卫坐落该县屯田均成灾八分，小民生计维艰。"④沭阳以外，省内的五十多个州县及徐州等七卫虽"勘不成灾"，但均"收成减色"。其中有的地方"山水、坝水下注，湖河漫溢，低洼田亩被淹"，也有的地方"或因雨泽愆期，禾棉不能畅发，继被暴风大雾，均多摧折受伤"⑤。江苏的灾情固然不及豫、皖那样严重，似乎也不曾见有"一片汪洋"一类骇人的记载，但江苏是此期间因鸦片战争而罹祸最重的地区之一，沿江许多富饶的城镇，惨遭兵燹袭扰。如孙宝善在

---

①《再续行水金鉴》，卷86，第2234页。

②《清宣宗实录》，卷395。

③《清宣宗实录》，卷395。

④《录副档》，孙宝善折。

⑤《录副档》，孙宝善折。

奏折中曾谈及丹徒县的情况："被兵之后，民业甫复，二麦又被旱受伤，情形尤为困苦。"① 可以这样估计，由于战火直接创及长江口和长江下游的一些城镇（如镇江等地），加上连续两年的苏南春旱，兼之上年的桃源决口以及这年的沭阳因河决被水，南旱北涝，春旱秋涝，使包括美丽富庶的长江三角洲在内的整个江苏，陷于"天灾人祸"的几重打击之下。

中牟决口甚至影响到了黄河以外的地区。一个名叫德顺的主管盐政的官员在1843年奏说："奴才前于本年闰七月间因豫省中牟黄河漫口，漳河、沁河、卫河同时并涨，以致南运河各引地冲没店厂、盐包、房屋、骡马、器具，阻隔水陆运道，其直隶附近南运河并永定河之各引地口岸，亦因之堤决漫口，盐厂被水淹阻，禀请勘办。"这说明，这次黄河决口，其影响不仅限于黄河流域的豫、皖、苏三省，而且已经向北波及于山东、山西，甚至直隶的永定河沿岸了。

谁挽狂澜

据《人民黄河》一书的不很完全的统计："在1946年以前的三四百年中，黄河决口泛滥达1593次。"② 进入清代以后到1855年黄河改道前的二百十一年中，黄河决口泛滥竟达二百三十多次，言其"三年两决口"，是绝对不为过的。因而黄河的决口本不是一项十分罕见的灾患。但是，1841年到1843年连续三年的黄河决口，恰恰发生在民族危机骤然来临的鸦片战争期间，黄水的泛滥和战火的蔓延经常相互呼应，这就为我们的考察提供了一个新的角度。我们在描述黄河流域的水灾时，必然会联想起长江下游及东南沿海的另一场政治性灾难。甚而由鸦片战争所体现的国势的衰败，也可以从同一时期黄河水灾的后果中得到某种切实的印证。

先来做个对照。

两百年前，康熙皇帝当政时，同样面临着这样或那样的困难：内讧、三藩叛乱、准噶尔部叛乱、财政和其他方面的难题、沙皇俄国的觊觎，当然也

---

① 《录副档》，孙宝善折。
② 引自张含英：《历代治河方略探讨》，水利出版社1982年版，第5页。

包括长期得不到根治的河患问题。但康熙皇帝明显地表现出了知难而上的勇气。康熙多次南巡，视察河工是重要的目的之一。他曾在凛冽的寒风中，沿崎岖不平的小道亲临河工第一线，"步行阅视十余里，泥泞没膝"①。足迹所到之处，是许多地方官望而却步的。这也不同于一般统治者的例行视察，康熙自己说："从古治河之法，朕自十四岁，即反复详考。"他确实为此投入了很大的心血，沿堤详勘地势，制定治河方案，对河工的要害，一一细为咨询。经过长时期艰苦的努力，到1703年（康熙四十二年）时，河患得到了有效的治理，"海口大通，河底日深，去路甚速，淮水畅出。黄水绝倒灌之虞。下河等处洼下之区，俱得田禾丰收，居民安晏。"此后的乾隆年间，也曾不遗余力地大施河工，乾隆皇帝曾告诫臣僚说："河工关系民生者更巨，苟有裨益，虽费帑金一二千万，亦非所靳。"② 这种指导思想固然多少体现了他一贯好大喜功的统治作风，但换个角度看，也只有这位以国库充实和国力盛强为后盾的君主，才具有这种不惜代价排除河患的信心和魄力。

进入道光年间，康乾时代的治河情景已难再现，河工流于一种无程序无规划的状态，这自然与世道的衰落和最高统治者的平庸不无关系。1825年11月，东河河道总督张井曾针对当时的积弊指出："自来当伏秋大汛，河员皆仓皇奔走，救护不遑。及至水落，则以现在可保无虞，不复求刷河身之策，渐至清水不能畅出，河底日高，堤身递增，城郭居民，尽在水底之下，惟仗岁积金钱，抬河于最高之处。"而张井面对这种"地上河"的严峻威胁，也拿不出什么更有效的防治办法，当有人提出"改移海口以减黄，抛护石坡以蓄清"的建议时，他则以"不可不从长计议"的借口加以反对③。道光皇帝更没有了康熙大帝那样的胆识和魄力，他既做不到亲临河工督察一切，又缺乏明确的治河思想体系，上谕里经常出现的是一些缺乏主见、模糊不清的指令，如"皆从井请"、"上善其策"、"事下江督、河督会议"、"从琦善议"等等。从皇帝到各级官吏，面对河患议论纷纷。我们从这些议论中最能感受到的，是一种消极应付的态度。《清史稿》也说："河患至道光朝而愈亟。"④ 如此看来，鸦片战争期间连续三年发生河决巨灾，作为自然灾害，有它偶然性的一

① 引自陈正祥：《中国文化地理》，三联书店1983年版，第153页。
② 《清高宗实录》，卷1212。
③ 《清史稿》，卷126，第3737页。
④ 《清史稿》，卷383。

面；倘若从社会现象的视角去观察，我们更能看到它的必然性的一面。

河决之后的事态，也让人感慨。道光皇帝始终表现不出任何积极的抗洪态度。1841年河决祥符时，由于决口不堵，省城形势一直处于洪水包围的险象之中。这时以河督文冲为代表的一些人竟荒唐地主张暂缓堵筑决口，放弃开封，迁省会于洛阳。开封府知府邹鸣鹤代表当地"诸绅士公"提出了一份详细的"请免迁徙"的报告，从六个方面论证了不宜迁城的道理。但道光帝却不予表态，甚至"屡颁谕旨，以省城应否迁徙命钦使暨各大宪详察情形具奏"，并命文冲"同豫抚牛鉴勘议"。1841年8月，当黄水威胁日甚时，他也曾下过从开封做迁移准备的谕令，只是随着时间的推移，开封城的水围之势日减，迁省会之议方告作罢。

道光皇帝的另一个举措是不断简单地罢免和惩罚责任者，而疏于深入地总结教训。祥符决口时的东河河道总督文冲、桃源决口时的南河河道总督麟庆、中牟决口时的东河河道总督慧成，都在河决不久即被罢官，这几乎成了一项规矩。文冲和慧成还被押到大庭广众之前"枷号河干，以示惩儆"。可谓相当严厉了。但这一届届河督的被罢官，并无补于河患日亟和河政腐败的局面，而道光皇帝自己也缺乏他的先祖们的实干精神和战略眼光，才是使河患落到这个地步的症结。事实上，单靠抓几个责任者，不经过彻底的反省和下功夫的苦干，无论从哪方面说，想有效地治理河患，都是徒劳的。

河政的败坏是整个国家机器陈腐的一个侧面。我们从前引的诗句中，如"几人存直道"、"厥性谁穷探"、"生灵百万其鱼矣，河上官僚笑相视"，可以得到一些大致的反映。具体而言，河决之后，这些大臣们又都是怎样表现的呢？

1841年河决祥符之后，前往江苏赴按察使之任的李星沅，正路过河南，他在10月的几则日记中对河督文冲多有记述和评点，从中或许能对文冲的为人和为官，略见一斑：

10月21日（九月初七日）记："文一飞（指文冲）河帅与镜塘（指牛鉴）中承久不相能，此次河决一飞置省城不顾，且留鄂云浦不必入城，免为鱼鳖，荒唐可笑。"

10月22日（九月初八日）记："文一飞视河工为儿戏，饮酒作乐，厅官禀报置不问，至有大决，犹妄请迁省洛阳，听其泛滥，以顺水性，罪不容于死矣！约伤人口至三四万，费国帑须千百万，一枷示何足蔽辜？汴人皆欲得其肉而食之，恶状可想。"

10 月 26 日（九月十二日）记："闻文一飞当六月十六张家湾决口即可廿二日堵合，乃必拣廿四日上吉，以致是夕大溜冲突，附省死亡以数万计，现筹工料已估四百八十五万，殃民糜帑，其罪诚不可逭，又密遣人决水，声言冲死牛犊子，果尔，尤可痛恨。"①

抛开李星沅的个人成见，今天回顾这些评述，河督文冲的荒唐、卑劣、缺乏责任感和贪生怕死，真是跃然纸上。如果真按文冲的意见办，千万群众将葬身鱼腹，后果更是不堪设想。而这样一个无能少德的昏官，却被委以重任，担当关系无数民众身家性命的河道总督，河患的不治，早在河决之前，就已经注定了。

河南巡抚牛鉴虽然不同意文冲的错误主张，坚持抢护开封并一度守在了城头上。但他也并未积极组织抗洪斗争，只是一味"力卫省城"，不计其他，对省城以外的救灾事宜，根本不予置理，致使河南各属一片汪洋。这种片面的守城举措，使城外无以数计的灾民付出了更沉重的代价。更糟糕的是，他在大水直逼开封，形势最紧张的时刻，不是"抱头号泣"，便是"长跪请命"，"免冠叩头、痛哭号呼"，简直束手无策，昏庸到底了。然而，这位面对黄水抱头痛哭的巡抚，却在河决不久、大水尚未退去时就被擢升为两江总督，成为在鸦片战争中把守长江要害的最高指挥官。一年之后，他终因"不能固守吴淞海口，又不能严防长江，以致宝山等县及镇江府城相继失陷"被处以"斩监候，秋后处决"。② 这时，他应该明白，无论再怎样的"长跪请命"、"免冠叩头"、"痛哭呼号"，都无补于中州大地和长江海口的无数生灵是经历过怎样一种覆灭前的痛苦，而他自己也应当是后悔莫及的了。

其他一些河决时的当事人，如麟庆、慧成、鄂顺安、程楙采、方夔卿等，虽不致荒唐和昏庸到文冲和牛鉴那样，但他们在报给朝廷的奏折中除了强调灾情严重的套话，从不正视人员的伤亡。有的学者认为，三次河决，"死亡的人以百万计"③，这就意味着，每次河决之后，都会有至少几十万人被大水吞没。如此深重和巨大的灾难，他们却可以在正式的奏折里只字不提，倘有几句对灾民"殊堪悯恻"一类的感慨，已经是最富同情心的语句了。其中的方

① 《李星沅日记》，中华书局 1987 年版，第 279、280、283 页。
② 《清史列传》，卷 48。
③ 胡绳：《从鸦片战争到五四运动》，第 91 页。

夔卿，据说"当水势逼城，不奋往设备，辄在署检点行李，拆天棚架作筏，为自全计"①。明哲保身的做官原则，成了大多数官僚政客的信条，至于敢于承担风险地提出建设性的治河方案，就根本不可能了。而"公帑早入私囊收"，借河工的拨款大肆贪污的腐败现象，则是并不鲜见鲜闻的。

林则徐曾经参与了1841年河南祥符决口的堵合工作，他是在赴戍西北途中得到王鼎的力荐而留在河工工地的。我们已经提到过，他对这次河工可以说付出了极大的心血。关于他在大工合龙工程中所起的作用，王鼎向道光帝奏报说："林则徐襄办河工，探资得力"。1842年3月，河工基本完成，包括王鼎在内的许多人都希望朝廷能重新重用林则徐，此前有的爱国人士甚至力倡"召则徐于工次，令其来浙襄办，而止琦善"②，恳请让他能对国家发挥更大的作用。但是，就在河工刚刚合龙，王鼎"大开宴会，林居首座"的时候，"忽传谕旨到。谕曰：'于合龙日开读'。明日启旨，曰：'林则徐于合龙后，着仍往伊犁。'"③ 这位曾任东河河道总督，熟悉河务，既有远大抱负，又有实干精神的政治家和治河人才，终于蒙着不白之冤，悄然离开了满目疮痍、百废待举的中州大地。

一场自然灾害，到底是有形的，它也终归会过去，哪怕是这场为害惨重的连续三年黄河大决口。但是，河决前后所显现的一系列腐败现象和腐败行为，已经和鸦片战争的结局一道，证明了中国正处在一场深重的社会灾难之中，这场灾难则是无形的和更为持久的。

---

① 《李星沅日记》，中华书局1987年版，第283页。
② 梁廷枏：《夷氛闻记》，第101页。
③ 邹弢：《三借庐笔谈》，卷12。

2　大河改道：1855 年黄河铜瓦厢决口前后

1952 年 10 月 30 日上午，毛泽东专程来到河南兰封（今属兰考），巡视黄河。

毛泽东沿着黄河大堤向东走去，一直走到东坝头。从这里西望，黄水滔滔，奔泻眼底，夹着骇人的波涛声，直冲脚下的大坝，然后，骤然折向东北，滚滚而来，又滚滚逝去。

这里是铜瓦厢——1855 年 8 月 1 日（咸丰五年六月十九日），原本东去的黄河水突然于此处漫决，导致了改变黄河流向的大改道。铜瓦厢以东黄河断流，成为一条废黄河。这就是黄河自公元前 602 年以来的第 26 次大改道，也是在时间上距离今天最近的一次大改道①。它给黄河流域带来了巨大的变迁和灾难。

毛泽东说：正是要看看这个地方。

毛泽东没有对河赋诗。当夜，他读了《河南通志》。第二天，他对黄河水利委员会的负责人和专家们说：你们要把黄河的事情办好！不然，我是睡不着觉的。

毛泽东曾以山河湖海为题写过许多怀故的浪漫主义诗篇，然而面对黄河，他的心情是凝重的。因为历史上黄河泛滥所造成的社会灾难，毕竟是它的壮观和奇崛所遮不住的。

惨绝人寰的前奏

在有记载的历史中，黄河屡屡变迁。到 1851 年（咸丰元年）时，大的黄

---

①　也有的历史地理学研究者，将 1938—1947 年间的黄河南泛，定为距今最近的一次大徙。这次黄河南泛的情况，可参见本书第 9 章。

河改道已经发生过25起，河决之次数以千计，而河患给历代两岸民众所带来的深重灾难，则是难以用数字去统计的。

咸丰皇帝一即位，就赶上了多事的1851年。

这年1月11日，洪秀全在广西金田正式创建太平天国，随后开始了气势磅礴的战争挺进，给了在宫中尚未坐稳龙椅的咸丰皇帝沉重的一击。很快，农民起义势如燎原。两年后，太平军占领南京，形成了与清王朝分廷对抗的阵式。

也是这一年，平静了不及十年的黄河又突然咆哮起来。9月15日（八月二十日）黎明，滚滚黄水在江苏丰县北岸蟠龙集冲决堤埝，不数日，苏北地区一片汪洋。

此后两三年间，或久不合龙，或堵后复蛰，黄河肆虐的局面几无休止，形成了1855年历史性的黄河改道的前奏。

我们的话题正处在黄河大改道的前夕。那么，还是有必要涉及一下被无数人叹问过的问题——黄河的泛滥为什么久治不除？

从某种意义上说，黄河不是一条很古老的河流。地质学家认为，它只有大约一百十万年的历史。也就是说，当我国出现最早的原始人类的时候，黄河尚未形成。因而，它又是几千年来一直处于冲积功能旺盛时期的一条河流。黄河发源于巴颜喀拉山北麓的古宗列渠，中上游流经大面积的黄土高原，很强的冲击力加上耐冲又很差的黄土土质，构成了黄河无常的变迁史。可以这样说，我们今天看到的黄河两岸的情景，与数千年前相比较，已经绝对不是一回事了。

在黄河中上游，据历史地理学家史念海先生描述，数千年前，黄土高原的面积"由六盘山以东，直抵山、陕两省间的黄河峡谷，其间千数百里，都曾经被称为沃野，农牧兼宜。……还可以重点提到的，则是黄土高原上罗列的群山。那时，这些山上都是郁郁葱葱，到处森林被覆。而山上的林区还往往伸延到山下的平川原野。这些茂密的森林间杂着农田和草原，到处呈现一片绿色，覆盖着广大的黄土高原"①。

在黄河下游流域，史念海先生继续描述数千年前的情景："那时由太行山东到淮河以北，到处都有湖泊，大小相杂，数以百计。宛如秋夜银河中的繁

---

① 史念海：《河山集》（二集），人民出版社1981年版，第357页。

星，晶莹闪烁，蔚为奇观。这里姑举山东西部的巨野泽为例，以见一斑。现在这个泽久已湮淤为平地。然在数千年前实为一个浩淼广阔的大湖……数千年前的人常以巨野和洞庭相比。今洞庭湖已降为全国第二大湖，然在往昔，却是与巨野泽南北相对，互为伯仲。那时巨野泽并不是黄河流域唯一的大湖，太行山东的大陆泽应与巨野泽不相上下。准此而论，那时的黄河下游并不稍逊于现在的长江下游。"①

往事如烟。我们所看到的和印象中的贫瘠的黄土高原，灾难深重的黄泛区，竟然还有一个如此神奇美妙的昨天。事实上，缔造了这些美丽的景致和毁灭了她们的，却都是黄河。

历史走过了几千年。黄河旺盛的冲积功能所导致的地理变迁始终与社会发展的历史进程相伴随。黄河中游流经黄土高原，下游流经华北平原。由于黄土高原土质疏松，易受冲蚀，黄河往往卷走侵蚀下的泥沙东流，而华北平原又是一片极目望去坦荡如海的平衍区域。黄水挟带的泥沙时时随处淤积，促使河床垫高，一遇汛期河涨时，就难免漫溢，导致黄河的决口甚至改道。据统计，黄河平均三年出现两次决口，每百年发生一次较大的改道。当地流传的一首民谣："三年两决口，百年一改道。"与这个统计也正好吻合。

进入清代以后，史念海先生描述的黄河两岸的景致早已不复存在。黄土高原已是贫瘠荒芜、沟壑纵横、植被殆尽；中下游的华北平原成了有名的黄泛区。河患也成了清朝统治者的一块心病，《清史稿》说："有清首重治河。"② 康熙、乾隆皇帝都曾派人西行探河源，寻其究竟，目的也是"穷水患"。

尽管水患在康乾时代曾经一度得到过比较有效的治理，也产生了如靳辅这样有建树的治河专家，但"穷水患"实不过是一个天真的幻想。1644—1844 年的两百年间，黄河虽未出现大的改道，但河决现象十分频繁，共决口三百六十四次，黄河泛滥的为害面积也相当广泛，南及淮河支流的颍、沘、濉和洪泽、高邮、宝应诸湖，中泛微山、昭阳诸湖，北注大清河和其北诸河，冲冲华北平原，动辄即成泽国。前述 1841 年到 1843 年黄河在豫、苏一带连续三年的决口，已经把水患推向了更为险恶的程度。淤泥愈积愈重，河床愈

① 史念海：《河山集》（二集），人民出版社 1981 年版，第 358 页。
② 《清史稿》，卷 126。

堆越高。19世纪中叶，有见地的思想家魏源曾一针见血地指出："今日视康熙时之河，又不可道里计。海口旧深七八丈者，今不二三丈；河堤内外滩地相平者，今淤高三四五丈，而堤外平地亦屡漫屡淤，如徐州、开封城外地，今皆与雉堞等，则河底较国初必淤至数丈以外。洪泽湖水，在康熙时止有中弘一河，宽十余丈，深一丈外，即能畅出刷黄，今则汪洋数百里，蓄深至二丈余，尚不出口，何怪湖岁淹，河岁决。"他预言说："使南河尚有一线之可治，十余岁之不决，尚可迁延日月。今则无岁不溃，无药可治，人力纵不改，河亦必自改之。……惟一旦决上游北岸，夺流入济（按：即大清河），如兰阳、封丘之已事，则大善。"①

无独有偶。另一位杰出的政治家林则徐也曾提出："欲救江淮之困，必须改黄河于山东入海……大抵南行非河之性，故屡治而屡为患耳。""今不亟使东注，而必导之南行，以激烈之性，绕迂缓之程，势必不受。"②

按照魏源和林则徐的预见性的估计，黄河的中下游已处于黄河大改道的前夜。

就在咸丰皇帝即位头一年（1851年）的白露以后，黄河水势逐日上涨。9月15日（八月二十日）夜，风雨交加，河水在江苏丰县北岸三堡无工处漫决。顿时，岸堤上开了一个四五十丈的口子，后又"续经塌宽至一百八十五丈，水深三四丈不等"③。这次河决虽未最终造成黄河的改道，但也成"大溜全掣，正河断流"④之势。江苏、山东一带的人民群众又一次蒙受了巨大的灾难。

苏北是这次河决的重灾区。据南河河道总督杨以增奏：被淹地方居民，罹此凶灾，流离失所。时任内阁学士兼礼部侍郎衔的胜保，在1852年6月19日（咸丰二年五月初二日）所上《奏陈时务折》中称："去岁河决，丰北淹没生民千万。"⑤ 这是一句我们在奏折内难得见到的涉及人民生命损伤的话。

此前，运河也在甘泉（今属扬州）县境内遭溃溢。这样，差不多整个苏北灾上加灾，一片汪洋。江南道监察御史吴若準在奏折中报告说："江苏省自

① 《筹河篇中》，《魏源集》上册，中华书局1976年版，第370—371页。
② 引自《林则徐与鸦片战争研究论文集》，第105页。
③ 《清文宗实录》，卷41。
④ 《清史稿》，卷126。
⑤ 《太平天国史料丛编简辑》，第5册，第284页。

八月以来，奏报江运丰北厅属堤工相继溃塌，淮南场灶冲没，人口损伤。此次江北连遭水厄，地方较广，非寻常偏灾可比。……臣复闻通、泰场灶被淹，伤人奚止数万，灾民纷纷四散。丰北决口已三四百丈，丰、沛浸成泽国，邻近山东等县亦被水冲，淹毙人口不计其数。其田庐之漂没，生民之荡析，更不知凡几矣。"① 位于黄河南岸，与丰、沛接壤的萧县，也是"秋雨积旬，禾稼淹没"②。

据统计，江苏全省共有上元、江宁等五十五个州县，苏州等六卫在不同程度上罹灾③，尤其以丰、沛两县受灾最重。

山东也是这次河决受灾甚重的地区。丰县位于运河流经的微山湖东部。河决之后，黄水灌入微山湖，又泻入运河，"以致滨湖滨河之济宁、鱼台、峄县、滕县、金乡、嘉祥等州县运道、民田均被漫淹。""有全被河湖倒漾之水冲没者，亦有本因秋间雨水过多，各处坡水山泉宣泄不及，现值河湖并涨，内水无路疏消，外水复行倒灌者。"④

山东境内的灾情与江苏略有不同。苏北是直接被水地区，遭淹毙者不计其数，人员伤亡惨重。而山东的灾区与苏北隔着一道微山湖，居民中的凶讯约略少些。虽则如此，但洪水对关系人民群众生计的农田还是造成了极大的破坏。"此次黄河漫口虽在江苏，运道民田受害深重全在东境。……今自济宁以南至峄县境内，河湖一片，汪洋三百余里，八闸上下，水势尤为溜急。"⑤

自然灾害本难避免，但最令人痛心的，并不是猛兽般扑来的洪水，而是面对水患只尚空谈，拿不出任何实际有效的治河举措的统治者以及把持河政的腐败的官员们。

最有力的证明是 1851 年秋天的丰北决口，直至 1853 年的春天（咸丰三年二月）才算合龙。历时一年半左右。其间，或久不合龙，或堵后复蛰，"河工费已四五百万"⑥，而赈灾所须的费用，也已经到了极限。1852 年 6 月 16 日的上谕说："上年丰北决口，山东、江南各州县被灾较广，迭经降旨动拨银款，酌筹捐项，赈抚兼施，俾灾黎无虞失所。现在大工缓堵，时日方长，赈

① 《录副档》，咸丰元年闰八月二十八日吴若準折。
② 《萧县志》，中国人民大学出版社 1989 年版，第 50 页。
③ 参见李文海等著：《中国近代灾荒纪年》，湖南教育出版社 1990 年版，第 115 页。
④ 《录副档》，咸丰元年九月初六日陈庆偕折。
⑤ 《录副档》，咸丰元年九月初六日陈庆偕折。
⑥ 李滨：《中兴别记》，卷 3，见《太平天国资料汇编》，第 2 册，第 44 页。

款所余，诚恐不敷支发，小民待哺嗷嗷，朕心时深轸念。"① 河工和赈务的苍白无力必然引起更强烈的灾难性的社会回馈。

一位可称为"位卑未敢忘忧国"的八品小官陆嵩，曾作过二首感慨丰北河决的长诗，很能说明当时河患的深重之势及其为什么。

（一）闻河决丰北口

丰北连朝朔风急，掣动长堤溜欲夺。
居民恸哭声震天，倒卷黄沙黯白日。
专制一道彼何人，清泄铜池兴方发。
频闻报险怒不解，将弁遭呵那敢说。
中宵蛟鳄翻城头，势猛谁能遏仓卒。
人民庐墓无一完，阖县生灵化鱼鳖。
制河两府亟驰省，奔诉呼号听愤切。
飞章入告邀皇仁，抚恤金钱内府拨。
时过九月种麦难，民食明年欲安出？
江南所重漕与河，百万修防岁岂缺？
纠工集料幸勿迟，水退庶免生理失。
漕船得渡闾阎安，毋再民力东南竭。

（二）河复决

黄河之水西域来，东行入海经大伾。
自夺汴济日南徙，横决时为居民灾。
百余年来险屡薄，奋筑旋看堤成围。
奈何客秋溃丰北，腊尽不得狂澜回。
经春历夏复百日，运料堆垛千夫摧。
合龙指顾复风雨，塞口冲突惊重开。
桃花新涨正弥漫，盛夏势愈喧腾雷。
治河使者少长策，金钱百万成飞埃。
中朝何人主海运，遇此奏上谁能违。
漕船水手近十万，失业剽掠官何为？

---

① 《清实录山东史料选》（中），齐鲁书社 1984 年版，第 1026 页。

堪更灾黎遍远近，安集靡所吁其危。

敢告当事亟储费，兴工毋再几宜乖。

不然改道顺水性，禹迹历历可寻追。

北河水利更修复，转输畿甸无盈亏。

河工岁可万缗省，官侵吏蚀民空哀。

职方九州试稽考，宜稻岂独东南推？①

诗人身份卑微，熟悉下层社会的悲苦疾难，也目睹过那些治河大员们的荒淫和无能。正由于夹杂着同情、悲哀、忧患、愤怒甚至绝望等情绪化的思维取向，使诗作一扫可欣赏的情调，成为一出地地道道的言事悲剧。恸人的难情，腐败的河政，难堪的后果，一概跃然诗中。

我们还可以从其他当事人的描述中，得到许多与诗句相呼应的更为骇人听闻的具体灾况。

礼部侍郎胜保奏称："河决未复，数郡为鱼，离居荡析，所不待言。而数十万赴工之人，非失业之徒，即游手无赖，入春以来，以工代赈，故亦粗安。今工歇，而田庐犹然巨浸，穷无所归，岂能待毙？现闻沿河饥民，人皆相食。兼之粮船水手，素非良善，今岁南粮半由海运，半阻河干，此辈营生无策，岂免冒死犯科？脱枭黠之魁，起而倡之，指臂一呼，豺狼四合，恐朝廷旰食，南顾不遑。况该处风气顽悍，前代之乱，多起于是，此淮徐之忧也。"②

山东巡抚陈庆偕奏说："现值霜清水落，各处浸水业已消长，惟灾分较广，宣泄甚难。黄河漫口一日不堵，则积水一日不消，二麦不能布种，则来岁青黄不接，闾阎困苦情形，必较秋冬为更甚。"③

曹蓝田《癸丑会试纪行》记 1853 年 3 月江苏的情景说："（正月）二十六日，至清江浦，饥民夹道，愁苦之声，颠连之状，惨不忍言。越日渡河，行经邳州、桃源、宿迁等处，沿途饿殍，市井街巷多弃尸。询之土人，皆云前年河决丰北，去年塞而复决，死者过多，故收葬者少。"其时曹蓝田赴京看望去赶考的弟弟，沿途目睹了这场灾难的某些方面。到北京后，他逢人便讲亲眼所见的灾民情状，希望能引起当局的注意和重视，然而"率不获"。后来，

① 《近代黄河诗词选》，河南人民出版社 1985 年版，第 67—69 页。

② 《太平天国史料丛编简辑》，第 5 册，第 286 页。

③ 《录副档》，咸丰元年九月初六日陈庆偕折。

从他弟弟的口中，得悉一些内情："去岁夏秋之交，皇上命大臣相视河工，兼察民隐。大臣奏称：'居民薄收二麦，其丁壮可以即工，现在穷民尚不至急于待哺。'皇上又命江南督臣截留漕粮六十万石，分给所部郡县赈难饥民。督臣卒缴还米八万石，意谓民食已足，无庸虚糜也'。"① 这真是一个令人既不可思议又意味深长的现象。

刑部左侍郎罗惇衍奏陈："丰工决口后，小民流离失所，江苏之清河、宿迁、邳州，山东之滕县、鱼台、嘉祥等处，所在民多饿殍，尸骸遍野。请饬两河总督、江苏巡抚，分饬地方官督同绅士耆老，广置义冢殓理。"②

安徽巡抚李嘉端向朝廷奏报："（咸丰三年）二月十七日由京师起程赴皖，于山东境内，即见有饥民沿途乞食，鸠形鹄面，嗷嗷待哺。及二十八、九等日，行抵山东、江苏交界处所，饥民十百为群，率皆老幼妇女，绕路啼号，不可胜数。或鹑衣百结，面无人色；或裸体无衣，伏地垂毙。其路旁倒毙死尸，类多断胔残骸，目不忍睹。……询之居民，佥称河决以来已将三载……虽合龙之后，田庐皆已涸出，而有恒产者，苦乏籽种牛具，终无生理，无业者更不待言。壮丁离乡求食，类多散走四方。其倒毙之尸，半被饥民割肉而食，是以残缺等语。臣听睹之余，不胜悲骇。小民流离失所，至于以人食人，实为非常饥馑。"③

左副都御使雷以诚奏称：山东、滋阳、邹县、滕县、峄县、邳州等处，"则男妇老弱，什佰成群，扳辕乞丐，皆鹄面鸠形。所在多有倒毙，无人收瘗，问为野犬残噬者。询之途人，称：自道光二十六年水旱频仍，十室九空，以致琐尾流离，不堪言状。上年冬间及今岁正月，冻馁致毙者尤不可数计。当此青黄不接之际，断非挑食野菜所能全活。且察其情形，少壮俱已逃亡，余剩老稚不能相顾，若不及早设法抚绥，势必尽转沟壑"④。

值得深思的是，上述已到了人吃人地步的惨景，并未出现在刚刚河决的时候。由于丰北决口后长期未能堵合，以及一而再、再而三的堵后复蛰，使下游流域的黄河泛滥足足持续了三四年之久。我们从这些主要是清政府高级官员所上的奏折中不难发现，饿殍载道，度日维艰的处境已经算不得什么了。

---

① 《太平天国史料丛编简辑》，第 2 册，第 319、320 页。

② 《清代七百名人传》上册，第 372 页。

③ 《皖抚疏稿》，见《太平天国北伐资料选编》，第 157 页。

④ 《录副档》，咸丰三年三月初二日雷以诚等折。

更为骇人听闻的"人皆相食"、"市井街巷多弃尸"、"尸骸遍野"、"伏地垂毙"、"尸积如山"等字句，众口一词地出现在他们本来很有分寸的笔墨间，苏北和鲁西南一时成了一座惨绝人寰的地狱！1852年4月，即位不久的咸丰皇帝被迫首次颁布"罪己诏"，云："南河丰工漫决，至今尚未堵合，灾民荡析离居，更为可悯，均朕薄德，惟有自省愆尤，倍深刻责而已。"皇帝下诏自责，无非是迫于灾难持久的残酷局面而作的一点点姿态，或许也想以此调整一下失衡的心理。一纸"罪己诏"抵偿不了耗资数百万，劳而无功的罪过，也挽回不了正在灾区伏地待毙的无数灾民的性命，更拯救不了日趋没落的"大清河山"。它只能表明河患的症结已经不在河决本身了。《清史纪事本末》曾经披露："南河岁费五六百万金，然实用之工程者，什不及一，余悉以供官之挥霍。河帅宴客，一席所需，恒毙三四驼，五十余豚，鹅掌猴脑无数。食一豆腐，亦需费数百金，他可知已。骄奢淫佚，一至于此，而于工程方略，无讲求之者，故河患时警。"[①] 我们看到过不少包括诗作在内的抨击河政的言论，而以这一段最为形象和典型，历来发国难财的代价，只能是导致出现更残酷的社会灾难，而它的承受者，则又非普通民众莫属。

这是黄河在大改道前夜的最后一次泛滥。它的余波未尽，1855年，黄河在魏源预料的地段决口，出现了有史以来的第26次黄河大改道，至此，苏北地区黄河断流，两岸劫后余生的灾民们才得到了在悲苦中重整家园的机会。这场历经数年的黄河改道的痛苦前奏，才算过去。

然而，关于黄河的悲剧并没有结束……

横冲直撞的怒涛

1855年7月（咸丰五年六月）。铜瓦厢。

入伏以后，黄河两岸又到了险象环生的汛期。到7月下旬，昼夜不辍的大雨，上游各支流的汇注加上河水本身的盛涨，几相交织，使黄河呈扑天而来之势。两岸普律漫滩，一望无际，间有许多地方堤水相平。大祸在即，是可以料定的。

---

① 《清史纪事本末》，卷45。

7月31日，署东河河道总督蒋启教战战兢兢地向朝廷报告：他任河北道多年，岁岁都要抢险，但"从未见水势如此异涨，亦未见下卸如此之速"①。

第二天，即1855年8月1日，黄水终于借着一阵强劲的南风，掀腾起巨浪，冲决了位于河南兰阳县北岸铜瓦厢的堤岸。

河决之后，黄水将口门刷宽七八十丈，先向西北方向的封印、祥符两县淹去，然后折转向东北，漫注河南兰仪、考城，直隶长垣（今属河南）、东明（今属山东）等县。此后又分为三股，"一股由赵王河走山东曹州府迤南下注，两股由直隶东明县南北二门分注，经山东濮州（今属范县）、范县，至张秋镇，汇流穿运，总归大清河入海"②。大清河从此也为黄河替代。

铜瓦厢以东长达数百公里的黄河河道自此断流，原本横穿苏北汇入黄海的滔滔大河迅即化为遗迹。这就是载入史册的咸丰五年铜瓦厢黄河大改道。

一夜之间，黄水北泻，豫、鲁、直三省的许多地区顿受殃及。而清政府采取"暂行缓堵"的放任态度，无疑更加剧了这场灾难的广度和深度。一时间"大溜浩瀚奔腾，水面横宽数十里至百余里不等"③。不难想象，横宽几十里甚至百余里的滚滚洪流，如脱缰的野马一般四处乱窜，咆哮汹涌，水过之处，将有多少无辜的生命葬身鱼腹？又有多少的屋宇财产付之东流？至于田地被淹、禾稼被毁，就更不待言了。

由于铜瓦厢地处河南东部，改道之后黄水北徙，流向直隶和山东，因此河南主要受冲的灾区只有兰仪、祥符、陈留、杞县等数县，"泛滥所至，一片汪洋。远近村落，半露树杪屋脊，即渐有涸出者，亦俱稀泥嫩滩，人马不能驻足"④。这是河决几个月后的情景，在有些地方，这样的局面持续了更长的时间，甚至变迁为沼泽地势。形成对照的是，兰仪以东旧有的黄河河道断流后，"下游已成涸辙"，数百里"徒步可行"，造成干旱缺水状态。萧县（今属安徽）位于兰仪以东，距铜瓦厢约一百多公里，是旧黄河流经的地方。河决之后，1855年到1857年，萧县出现了连续三年的大旱，导致"岱山湖水涸，秋冬荒歉"，"飞蝗蔽天"等荒情。⑤这应当是黄河改道所致。事实上，

---

① 《再续行水金鉴》，卷92，第2371页。
② 《清文宗实录》，卷173。
③ 《录副档》，咸丰六年七月十七日礼部尚书瑞麟、盛京将军庆琪折。
④ 《再续行水金鉴》，卷92，第2392页。
⑤ 《萧县志》，中国人民大学出版社1989年版，第50页。

非涝即旱，也正是黄河中下游流域自然灾害的一个重要特征。

直隶的开州（今河南濮阳）、东明、长垣等州县，也成了黄水泛滥的区域。《增续长垣县志》载："是年（咸丰五年）六月十九日，黄河自兰仪县铜瓦厢，由盘堌里入县境，被淹村庄甚多。"① 其中尤以靠近山东的东明县为害最巨。黄水奔腾而至，东明县城恰当其冲，大水把县城团团围住，在足足两年的时间里，由于漫口不堵，黄水便源源不断地涌来，县城日益吃紧。当地群众曾在极其困难的条件下，设法在县城东南方向修筑一条大坝，并挖一条引河，以便拦阻黄水，但"黄流势猛，旋筑旋冲。城墙日久被水，渐形坍塌"。直到 1857 年 6 月 13 日（咸丰七年五月二十三日），直隶总督谭廷襄还向朝廷报告说："兹据该县禀报，城西北隅因南面、西面各有大溜一股，齐至其下会合，紧抱城角，折向东，乃回溜漩涡日夜摩荡，外面城砖蛰陷九十余丈，仅存土垣。此外，坐蛰、坍卸、裂缝之处，虽经随时保护，惟瞬届伏汛，恐难抵御。"② 高高筑起的东明县城尚且朝不保夕，而黄河北徙所流经的无数村落以及生活在其中的黎民百姓，更不知有多少还能自咆哮着咄咄逼来的黄水中得到劫后余生的侥幸！

如今，山东省是黄河下游流过的主要省份，倘若头一次乘火车沿京沪线南行，在抵达济南前，我们往往会带着民族自尊感观望这条被誉为中华民族摇篮的黄河。然而 1855 年之前，黄河几乎同山东无缘，它是沿着山东省的最南端，经豫东、皖北和苏北而汇入黄海的。因而可以想见，当排浪冲天的黄河水自铜瓦厢突然北徙，呈东北的走向，分几股大溜斜穿过山东腹地时，将会在山东省的境内，上演一场多么惨重的悲剧。

河决一个多月后，1855 年 9 月 2 日，山东巡抚崇恩向朝廷奏报："近日水势迭长，滔滔下注，由寿张、东阿、阳谷等县联界之张秋镇、阿城一带串过运河，漫入大清河，水势异常汹涌，运河两岸堤埝间段漫塌，大清河之水有高过崖岸丈余者，菏濮以下，寿东以上尽遭淹没，其他如东平、汶上、平阴、茌平、长清、肥城、齐河、历城、济阳、齐东、惠民、滨州、蒲台、利津等州县，凡系运河及大清河所经之地均被波及。兼因六月下旬七月初旬连日大雨如注，各路山坡沟渠诸水应出运河及入清河消纳者，俱因外水顶托，内水

① 《再续行水金鉴》，卷92，第2375页。
② 《录副档》，咸丰七年五月二十三日直隶总督谭廷襄折。

无路宣泄，故虽距河较远之处，亦莫不有泛滥之虞。"① 看来，多半个山东省都笼罩在大灾大难的气氛中。半个月后，他在另一份奏报中进一步统计说：黄水"由曹濮归大清河入海，经历五府二十余州县"，并称："窃恐灾分之广，甚于丰工。"② 按照当时的建制，山东省被划为十府，其中鲁西南西北诸府均沦为灾区。

山东的水灾，菏泽县首当其冲。由于"水势异常汹涌"，"郡城几遭倾覆……而四乡一片汪洋，几成泽国"③。其他州县的情形，一些地方资料可以让我们从中窥其大略——

《濮州志》载："是年河决铜瓦厢，由濮州波及范寿。"

《菏泽县志》载："是年六月河决铜瓦厢，东注县境，西、南、北三面水深二丈余，七月冲溃西堤，水逼城下，旋破城北堤流出。知县童正诗督塞堤口，城乃无恙。然以河决未塞，荡潏东西，靡有干土，又二十余年。"

《郓城志》载："是年六月河决铜瓦厢，水趋濮范支流，由灉河侵郓，灉之五岔口决，由廪邱陂东趋绕城，自城东北入济河。"

《惠民县志》载："是年河南兰仪决口，黄河窜入大清河，秋七月，惠民县白龙湾漫溢，知县凌寿柏出银四百两倡捐修筑。"④

就这样，黄水漫及大半个山东，时涨时消，时急时缓，却迟迟也未退去。到1856年1月，李钧还奏称："勘得兰阳漫口而下，大溜仍分三股……夏间雨水本大，陡遇狂澜，小民荡析离居，实堪悯恻，据曹濮一带溜行靡定，所属积水难消……查东省被灾最重，地面极宽，较之直隶、河南，办理更难措手。"他无可奈何地向朝廷建议"责成地方官认真经理，多保一分田庐，即早苏一分民困……"⑤ 其实，除了黄水波及面广，灾情惨重而外，另一个不利的因素也应当引起注意，即豫、苏两省由于河决频繁，人们对河患的心理承受能力以及治理河患的经验都远强于山东各地。而河决铜瓦厢前，除了极少数人外，尚未形成大河北迁的普遍性的预见。如同十几年前的鸦片战争时，于南国多数官绅士民来说是一场时代骤变一样，山东各社会阶层这时同样是被

① 《再续行水金鉴》，卷92，第2386页。
② 《再续行水金鉴》，卷92，第2396页。
③ 《再续行水金鉴》，卷92，第2382页。
④ 《再续行水金鉴》，卷92，第2375页。
⑤ 《再续行水金鉴》，卷92，第2402页。

宛如千万头巨兽咆哮而来的黄水惊呆了，从而也谈不上任何心理和措施上的应变准备。这无疑会对已经"遍野哀鸿"、"被灾黎庶、荡析离居"的惨痛局面，再增添几分不幸。

关于受灾的程度，据山东巡抚崇恩报告，这一年因受黄水漫淹而成灾十分（即颗粒无收）的有菏泽县邓庄等二百六十六个村庄，濮州李家楼等一千二百十一个村庄，范县宋名口等三百四十四个村庄；成灾九分的有菏泽县大傅庄等二百二十六个村庄，濮州姜家堤口等一百三十九个村庄，范县张康楼等一百四十个村庄，阳谷县张博士集等四百九十二个村庄，寿张（今属阳谷）县何家庄等三百九十一个村庄；成灾八分的有菏泽县桑庄等二百七十八个村庄，城武（今成武）县王家庄等二百十一个村庄，定陶县黄德村等八十个村庄，巨野县刘家庄等九十个村庄，郓城县邱东等四百四十九个村庄，濮州高家庄等一百零一个村庄，范县张常庄等三十四个村庄，寿张县阎家堤等二百六十四个村庄，肥城县刘家庄等一百六十个村庄，平阴县盆王府等九十三个村庄，齐东县郭家庄等二百二十六个村庄，临邑县杨家庄等五十四个村庄；成灾七分的有菏泽县唐主等二百七十二个村庄，城武县前宋家湾等一百六十五个村庄，定陶县折桂村等三十八个村庄，巨野县庞家庄等八十一个村庄，范县朱塪堆等六十三个村庄，肥城县栾湾庄等三十六个村庄，东阿县山口村等三十九个村庄，东平州赵老庄等八十四个村庄，平阴县宋子顺庄等七十一个村庄，齐东县王家寨等三十一个村庄，禹城县小洼等六十三个村庄，临邑县高家庄等五十八个村庄；成灾六分的有菏泽县傅家庄等一百四十三个村庄，城武县刘家桥等二百六十三个村庄，定陶县牛王庄等三十二个村庄，巨野县大李家庄等四十八个村庄，范县高常庄等八个村庄，阳谷县东灼李等一百六十八个村庄，东平州关王庙等十六个村庄，平阴县吉家庄等十四个村庄，齐东县赵家庄等五十个村庄，禹城县不干等三十二个村庄[①]。

据上所述，灾情达十分的有一千八百二十一个村庄；灾情九分者有一千三百八十八个村庄；灾情八分者有二千一百七十七个村庄；灾情七分者有一千零□个村庄，灾情六分者有七百七十四个村庄；六分以下者未计。也就是说，灾情在六分以上的村庄，即达七千一百六十一个。咸丰年间，山东是我国人口密度最高的省份之一，如果我们按每个村庄二百户人家，每户五口人

---

① 《录副档》，咸丰六年三月初七日崇恩折。

统计，那么，山东省受灾六分以上重灾区的难民将逾七百万人。这个统计还不包括所有城镇和受灾略轻的地区。此后几年间，朝廷不得不连连下令，不同程度地蠲缓被水地区的"额赋"。透过这些统计数字，1855 年的黄河大改道给山东人民的社会生活带来何等剧烈的灾难性冲击，则了然于眼前了。

前面我们曾提到，铜瓦厢决口后，原来的黄河下游也顿时面貌全非。山东巡抚崇恩奏说，正河下游曹、单两县"业已断流，二百余里河面尽成平陆"①。也有的地方"长堤千里，屹然如墉"②，成了一处处供后人凭吊的遗迹。十年以后，被称为"江南才子"的晚清诗人冯煦经过桃源黄河故道，顿生感慨，赋诗云：

> 盘盘郭门路，败柳塞烟笼。
> 十步杂川隰，禾黍平沙中。
> 徘徊废堤上，黄河径其东。
> 沧海迥以深，乃与桑田同。
> 马陵日西指，绝壑森乔松。
> 北望芒砀山，剑气成长虹。
> 一歌未及阕，猎猎生悲风。

人们习惯于一种"山河依旧，人事沧桑"的怀故体验。而当诗人徘徊在黄河废堤上时，脑中所浮现的却是当年滚滚东逝的黄河水和眼前禾黍黎黎、乔松森森的废河道的对照。这确是一个令人感慨的反差，难怪诗人"一歌未及阕，猎猎生悲风"。我们也可据此观察到改道以后的原来黄河下游的某些面貌。

1989 年 7 月，笔者在安徽萧县（原属江苏）的黄河故道边看到这样一番情景：原来的河道高出地面数米，相当宽阔，上面沉积着沙土和石子，一眼望去，即可知是当年黄水断流所造成的残迹。故道及两岸杂草丛生，也长成了一些树木，整片的故道地带并没有被改造成良田，而河床、大堤的原貌却早已被岁月改变。换言之，至今我们在黄河故道的某些地段，还看不到北方农村中的那种田园风光。据当地人说，萧县境内的其他河道，由于黄河的北

---

① 《再续行水金鉴》，卷92，第2382 页。
② 《太平天国资料汇编》，第 2 册（上），第 355 页。

去，也随即变成间歇性、季节性的河道。可见，一场大的自然灾害，特别是如同大河改易这类变动所造成的后果，不是几代人所能恢复或能加以成功改造的。重新安排山河，向变易了的大自然开拓生活空间，是一项巨大的工程。萧县的改道遗迹，对于今日的治河减灾，仍不失为形象的历史启示。

堵乎？导乎？

河决之初，包括当地督抚在内的许多地方官没有料到将会出现这样大的黄河变迁，他们甚至得不到比较准确的河势情报。署东河河道总督蒋启敭在决口前一天的奏报中即称："文报已四日不通，亦不知情形如何？"①河南巡抚英桂称："事起仓猝，附近居民田园庐舍不知被淹如何情形，损伤人口若干？"②山东巡抚崇恩也奏说："水势正在增长，下游被淹处所及灾分轻重骤难遂定。"③在河决后的半个月内，一些地方当权人物，除了泛泛地叙述灾情和强调经费维艰之外，对河决本身做不出任何系统和深入的估计，因而在上报朝廷的奏折中，均未就刻不容缓的治河救灾提出倾向性的意见。

但是，大河已决，"怎么办？"这是一个无论如何不容回避的问题。朝廷也频频催促："据奏浸水微向西趋，复折往东北，是已直注直隶山东境内。该河督等建议如何宣泄？由何处导令入海？即著迅速筹办！"④1855 年 8 月 19 日（七月初七日），东河河道总督李钧派人用篝绳在决口处作了一次实地勘查。这次测量的结果是："漫口东西坝相距实有一百七八十丈之宽，东坝下水深一丈五尺，中洪深二丈五尺，西坝下深至四五丈不等。"他提出了一个显然是估计不足的办法："河底形类斜坡，是西坝尤为吃重，必须赶紧厢筑以免再行刷宽。唯西坝迤上，溜势北趋，应先添做鱼鳞埽数段，再行盘做裹头，方能得手。"这个方案"减之不能再减"，也需银三万两，而李钧东拼西凑，还声称捐出自己的养廉银两千两，也才弄到一万五千两。尽管如此，他还是不

① 《再续行水金鉴》，卷92，第2372页。
② 《再续行水金鉴》，卷92，第2378页。
③ 《再续行水金鉴》，卷92，第2382页。
④ 引自萧一山：《清代通史》（三），第451页。

得不向朝廷表示要"添购料物，接续前工，克期赶办"①。

但事情并不如李钧想象的那样简单。河患不仅得不到有效的控制，反而日渐剧烈。半个月后，山东巡抚崇恩又奏说："水势叠长，滔滔下注……现据各属纷纷禀报，实为非常灾异，且大河秋汛方长，而八月海潮正涨，利津海口不能畅泄，则横流旁溢，更无止境……"他也把注意力放在堵决口上，认为"倘得漫口里头及时抢成，此后水势不复增长，则防抚诸事尚冀勉竭驽骀，设法经理。"②

上面的两件奏折可以证明，在河决一个月后，清政府地方决策层的着眼点还是想扼止住黄河的漫决，并没有输导黄河改道的意识。

然而，在清政府的最高决策层，就如何解决黄河改道问题，曾展开了一场争论。一种意见主张抢堵决口，迫使黄水回复淮徐故道。另一种意见则主张"因势利导"，沿着漫水走向，"设法疏消"，使黄水通过山东境内入海。抢堵决口，无疑要耗费大量的人力、物力和财力，当时，由于太平天国的崛起，使清政府付出了沉重的代价。到1853年7月间，已拨军饷二千九百六十三万余两，户部库存所剩无几，"度支万分窘迫，军饷无款可筹"③。1853年7月到1855年8月间，太平天国定都天京后，迅即发动北伐、西征等大规模攻势，清政府继续付出了更为沉重的代价。恰恰在这个当口，发生了铜瓦厢黄河决口，清政府连赈灾的粮米都难以筹措，"司库空匮……军兴以来，又经借支兵勇口粮，其实存在仓者，即尽数动拨，亦恐不敷大赈"④，何况河工所需的成百上千万两银子，更无处可出。因此，所谓抢堵决口的意见，最终只能流于空谈。1855年9月6日，这是崇恩上奏后的第四天，朝廷谕令说："惟历届大工堵合，必需帑项数百万两之多，现值军务未平，饷糈不继，一时继难兴筑，若能因势利导，设法疏消，使横流有归宿，通畅入海，不至旁趋无定，则附近民田庐舍，尚可保卫，所有兰阳漫口，即可暂行缓堵。"⑤ 这表明，朝廷打算放弃使黄水归复故道的任何努力。随后，清政府命李钧委派曾任山东巡抚的张亮基"会同直隶、山东、河南地方官委员等详悉履勘"，提出所谓具

---

① 《再续行水金鉴》，卷92，第2383页。
② 《再续行水金鉴》，卷92，第2386页。
③ 王先谦：《东华续录》，咸丰朝卷24。
④ 《再续行水金鉴》，卷92，第2382页。
⑤ 《清文宗实录》，卷173。

体意见。

在张亮基到达灾区前，崇恩又提出一个以废弃运河为代价的"输导"黄水的办法。他奏请："若欲因势利导，使横流别有归宿，则唯循金时故道，尽废运河诸闸，一使之由济宁迤南会泗水达淮徐入海；一使之由东昌、临清迤北会卫水归天津入海；再以东岸之大清、徒骇、马颊三河为旁泄之路，由利霑等县入海。"① 这个方案，实际上也是想分散黄水流向，以此减轻山东省的黄水压力。但他同时不能不说明这个意见的重重后患：首先，运河被废，漕运就要改走海道。此外，"黄流湍急，挟沙而行，听其奔放不待，半载恐河身已淤成平陆，闸座亦尽倾圮。……会通一河，南北帆樯云集，漕储出于是，都城百货出于是，数百年利济之功一旦废弃，异时运道复故恐非千百万帑金不能修治。"再有，"黄流迁徙，非可以常理测度，运河两岸堤埝向不如黄河金堤高厚坚固，每届伏秋盛涨，万一别有冲决，则修复之资恐与现堵漫口相等，而其贻悬实有不堪胜述者。"② 将黄水导入运河，这的确是个风险系数过大的主意，明知如此，崇恩以为又"别无分泄之策"。但朝廷却很不以为然，迅速批示："张亮基抵东后汝再与之熟筹，不可预存成见。"

张亮基到灾区后，与直隶、山东、河南的地方官一道，经过一番"遍历绕查勘"、"随地传询绅耆"、"采访舆论"、"参稽古法"，虽未采纳崇恩的方案，却也感到输导黄水的"万难措手"，只能"力求补苴之术"。最后，本着朝廷的旨意提出了几条省钱节赈却劳民劳工又很不彻底的所谓"因势利导"的方案。

第一项是顺河筑埝。"黄河悍激湍流，器具难施，泥沙并下，淤垫顷刻……然东西亘长千余里，所费不赀，何敢轻议，此顺河埝之宜急讲也。除河身逼近城垣，不能不筑，做堤坝以资挑御，其余拟就漫水所之边际酌定顺河之埝基，劝民接做小埝，高出平地不过三尺，择取好土坚实夯碾，离河宜远不宜近，勿与水争地也。两垣宜陂不宜陡，勿与水争力也。"

第二项是遇湾切滩。"欲顺河之性以杀其怒，只有遇湾切滩之法，水性直则势平，湾则势急，黄河性善坐湾，每至长少遇湾则怒，怒则横决，被淹必广，唯于坐湾对面之滩嘴劝民切除，以宽河势。水长即可刷直，不特就下愈

---

① 《再续行水金鉴》，卷92，第2391页。
② 《再续行水金鉴》，卷92，第2391页。

畅，并可免兜湾冲溢之虞。"

第三项是堵截支流。"现在黄河漫溢，既不能筑坚堤以束其疏，又不能挑引河以杀其势，则溜势无定，必有分支，小河分则力缓沙停，河身垫高，正溜必就下而四溢，且分支小河一遇盛涨往往掣动大溜旁趋，为害尤重，宜采冬令水弱溜平，劝民于分股处筑柴土坝，务使断流再于迆下跨压沟槽多做土格，相距自三四十丈至百余丈，以离河远近为断，近密远疏，其土格只令高出沟上地面一二尺，漫水再入，上无来源，下无去路，渐冀淤成平陆。"①

这三个办法，看似想得相当周到，顾及了河患的方方面面，但细而推敲，都非解决问题的根本办法，甚而不过是任黄水四处横行、对人民、田产被淹的灾难不问不闻的一种冠冕堂皇的遁词。而其中的"劝民接做小埝"、"唯于坐湾对面之滩嘴劝民切除"、"劝民于分股处筑柴土坝"等等举措，左一个"劝民"，右一个"劝民"，把一切负担都推到普通群众头上，这对于还陷在深重的灾难之中，流离失所、家破人亡又得不到救济的广大灾民来说，究竟意味着什么，则是不言而喻的。但他们的建议毕竟附和了朝廷"暂缓堵决"的倾向，很快得到清政府的正式认可。10 月 23 日，清廷命令说："一俟水落归槽，即可依法次第办理。"②

事情究竟办理得怎样了呢？直到1856 年年初，上述办法仍未见有多大起色。受灾最重的山东省依然一派"小民荡析离居，实堪悯恻"的情形。当地群众依然"急盼堵合漫口"。李钧在一份奏折中无奈地表示："舍此劝民筑埝切滩堵截支河等法，亦别无良策。"③

年关就要到了。朝廷在农历十二月二十六日向灾区发了咸丰五年（1855年）的最后一道上谕。内称："朕详览该河督等所称漫溢处所被灾较广，实深悯恻。因念时值严冬，水落归槽，海口虽属畅销，瞬届春融水长，各河淤垫益高，恐有溃决之患，若议改河流由大清河入海，虽取径较捷，而关系民田庐舍亦属窒碍难行，宵旰焦思，岂忍令大溜旁趋不筹补救，以卫闾阎？此时唯有过湾切滩，使河势刷宽取直，并顺河筑埝堵截支河，为暂救目前之计……"④

---

① 《再续行水金鉴》，卷92，第2392—2394 页。
② 《再续行水金鉴》，卷92，第2394 页。
③ 《再续行水金鉴》，卷92，第2402 页。
④ 《再续行水金鉴》，卷92，第2403 页。

事实表明，到这年年底，距朝廷的命令已过去三个多月，灾况依旧，清朝中央和地方政府也仅仅是重弹旧调，除了畏难无奈之声，没有任何振奋人心的举措或消息，甚至连林则徐、王鼎这样的有识之士也派不出来了。

结果，只有听任黄水的肆意泛滥。在很长的一段时间里，充其量是靠周围居民自发地"先就河涯筑有小埝，随湾就曲，紧逼黄流"，以后逐步加高堤岸……逐渐形成了今日黄河自河南河北交界横贯山东境内，尾闾于利津、垦利两县间流入渤海的基本流向。

新河道的两岸

1855年（咸丰五年），是太平天国运动风起云涌的高潮时期。此前的1853年，太平天国在定都天京后，即派李开芳等率军北伐，途经黄河流域时，得到长期活动在安徽、河南、山东一带的捻军的迅速响应。从此，捻军声势一振，与太平军一南一北，遥相呼应，迫使清政府动用大批军队"进剿"。此次铜瓦厢决口造成的黄河大改道，为当时正与清政府进行艰苦的武装斗争的捻军，创造了进一步发展的条件和机会。

此前，黄河还是阻碍捻军活动的一道天险。黄河下游流经豫、苏等省，把安徽和山东分别隔在黄河两岸南北。这使得鲁皖两省的捻军不易沟通消息，协作行动；也为清兵的"进剿"提供了便利。《中兴别记》论说：改道前，"山东兖州之邹、滕、峄，济宁之金乡、鱼台，曹州之曹、单皆在河北，捻骑每临流而返，不能飞越"，清军"皆倚河为险"①。改道之后，黄河北徙，原来的河道断流，屏障既失，也就无险可守。其情形如山东巡抚崇恩奏云："正河下游曹、单两县现据兖州沂曹济道达铺禀报，业已断流二百余里，河面尽成平陆。"② 河决一个月后，济南知府李天锡也向朝廷报告："黄河断流处所，无险可扼，南面有水沟一道，仅宽丈余，水深数尺及二三尺不等，往来行人涉水而过。曹、单两县河长二百一十九里，处处可通。"③ 几个月后，崇恩又奏说："曹、单两县业已断流二百余里，河面尽成平陆，该处界连豫省之归德

① 《太平天国资料汇编》，第2册（上），第355页。
② 《再续行水金鉴》，卷92，第2382页。
③ 引自陈华：《清代咸丰年间山东地区的动乱》，台湾商务印书馆，第131页。

府,已与皖逆(按:指皖北捻军)逼近。"

与此同时,1855年8月,捻军的各路首领在安徽蒙城雉河集会盟,推举张洛行为盟主,下设黄、白、红、黑、蓝五旗。形成联盟的捻军,乘黄河改道,不失时机地开始向北发展,"自是捻患日侵"。

第二年春天,张洛行率一部捻军攻打河南永城,随后跨过黄河故道,深入山东境内。此后多年间,淮北地区的捻军与山东曹州一带的捻军经常越过黄河故道,互通声息,协同作战。由于皖北的捻军事先已与太平军达成一致,他们北进山东境内后,马上也将鲁西南的捻军号召起来,"剪发为记"、"头扎红巾"、"手执黄旗",形成声势浩大的与清廷抗争的武装力量。他们一般采取流动的作战形式,黄河大改道无疑对捻军的抗清活动提供了更大的余地和更多的机会。1856年7月,淮北捻军逼近鲁南,山东境内的捻军起而响应,"此散彼聚",使清军防不胜防。1858年春,皖北捻军深入山东单县。秋,再入单县,并袭击了城武、曹县,随后又打击了盘踞在巨野、郭城以及金、鱼、济、峄等地的清军。皖北捻军的活动,始终得到山东境内捻军的呼应和协作。到了1860年夏秋间,声势壮大的捻军又深入山东腹地,绕行千余里,袭击二十多处州县,使山东省的捻军起义一时星火燎原。

换个视角,朝廷在作出"暂行缓堵"的决定后,恐怕没有料到后来的局面。

1856年3月23日的上谕中,已有了"捻匪全窜豫省,与山东曹、单地界紧连……现在河水干涸之时,东省下游南北两岸无险可扼,防河兵勇仅止二千余名,极形单薄"[1]的记载。这表明,清廷刚刚感到了捻军对山东的威胁,但尚未投入大兵力镇压。

不久,上谕又说:"皖省捻匪分股窜扰,势极剽悍。山东曹、单等县,与河南虞城、江苏徐州等处,在在接壤,该匪军窜至刘口,分踞上下河滩,董口南岸亦时有骑马匪徒往来,自系意图北窜,且恐其窥伺丰、沛,图犯兖、济,山东省南界情形实为吃重。"[2]

5月19日(四月十六日)的上谕又指示,对捻军要"加意严办,净绝根株,不可虚应故事,仍贻后患"[3]。

---

① 《清实录山东史料选》(中),齐鲁书社1984年版,第1339页。
② 《清实录山东史料选》(中),齐鲁书社1984年版,第1340页。
③ 《清实录山东史料选》(中),齐鲁书社1984年版,第1342页。

两年之后，情况怎样了呢？1858 年 3 月 16 日（咸丰八年二月初二日）的上谕说："捻众北趋，围攻营盘，抄截饷道……现在兰旗捻股由六安窜回，蒙、宿各旗捻匪亦均陆续投入，涡河南北伏莽纷起……贼众兵单，殊形棘手。"① 6 月 7 日的上谕则称："逆捻窥伺东境，业已越过徐城……捻匪刘狗等率党数千，窜扰砀山、丰县各处，大股又由徐州北面至丰县之赵庄、隋家庄等处，蔓延八九十里，筑围扎寨，四出抢掠。又有逆众千余，窜赴单县之马良集地方，并有马贼二百余人意图过河……惟捻势鸱张，北窜堪虞……"② 9 月 25 日，上谕又称："逆匪由丰县阑入山东，单县被围，金乡、鱼台匪踪遍地，是该匪北趋之势，已等燎原。"③

又过了两年。1860 年 11 月 4 日（咸丰十年九月二十二日）的上谕说："济宁为东省繁富之区，久为捻匪所垂涎，此次纠众数万，直扑州城，兵勇接仗失利，致被围困。"④ 11 月 13 日的上谕说："东省捻氛甚炽……曹州、兖州、沂州、泰安、济宁等属二十六州县，均有匪踪出没，济宁、兖州、泗水均各被围。"⑤ 11 月 29 日的上谕又说："大股捻匪，扰及峄境……该匪飘忽无常，避实乘虚是其惯伎，此次深入东境，蹂躏二十九州县，并未大受惩创。"⑥ 此后直至同治年间，地方当局仍将山东捻军的情况不间断地报向朝廷。

我们不避繁冗，罗列了从大量有关捻军的史料中摘出的极小一部分"上谕"。抛开封建统治阶级的诬蔑、咒骂、攻击之辞，便可以看到，1856 年到 1860 年，捻军的活动呈不断地发展、壮大，甚至一度燎原于山东之势。对清政府的地方武装给予了沉重的打击。使朝廷"净绝根株"的严令，成了一具空文。而河决铜瓦厢所引起的黄河大改道，正是产生这样局面的最实质性的因素。清政府在河决前后的种种表现，已经足以说明了它的没落，那么，"天险"已破，一个腐败到家的朝廷，岂能轻易地挡住方兴未艾的起义者的势头呢？

河决之后，黄河故道两岸数百里皆成平陆，至多残留下了一道浅浅的不足二三尺的水沟，出现这样迅疾的变迁，的确有些让人难以置信。而在山东

---

① 《清实录山东史料选》（中），齐鲁书社 1984 年版，第 1356 页。
② 《清实录山东史料选》（中），齐鲁书社 1984 年版，第 1359 页。
③ 《清实录山东史料选》（中），齐鲁书社 1984 年版，第 1361 页。
④ 《清实录山东史料选》（中），齐鲁书社 1984 年版，第 1424 页。
⑤ 《清实录山东史料选》（中），齐鲁书社 1984 年版，第 1425 页。
⑥ 《清实录山东史料选》（中），齐鲁书社 1984 年版，第 1428 页。

省内，则出现了同样大的却是另一幅情景的变化：由于黄水一泻而入山东境内，水到之处，一片汪洋，港汊纷歧，水面宽广到数十里乃至百余里不等。这种局面延续了几年，虽逐渐在改观，但直至同治年间，在曹州府、兖州府、济宁州、东昌府等运河流域的许多县内，仍有因积水不去而形成的大面积沼泽地带。这对于"忽东忽西"、"飘忽无常"，流动性甚强的捻军来说，是最有利不过的根据地了。后来的山东巡抚谭廷襄曾在1862年（同治元年）向朝廷报告说："以黄流衮延往复，其（指捻军）藏匿最深之处，有隔泥沙一二道者，有隔泥沙四五道者。水涨则泡涟数里，水落则曲折千条，必土人方识其径路。"① 官兵只好遇水裹足，望泽兴叹。淮北捻军每每深入山东，都得到了这一带所谓"水套匪"（指在沼泽区域活动的捻军）的接应。"每外匪麇至，则接引渡河，倚其凶焰。"这种依据地势的便利，内外配合、协作行动、灵活多变的战术使捻军"终不得痛击而大创之"，反而使清军时遭打击。1865年捻军在郓城县设伏击毙僧格林沁的著名战役，就得到了当地捻伙的配合和参与。

前面提到过，黄河的决口及其北徙，是一出给山东人民带来深创剧痛的灾难性惨剧。黄水所过之地，桑田化为沧海，数十个府、州、县汪洋无际，难民流离失所、家破人亡，几乎丧尽了基本的生存条件和生存余地。而清廷因军费浩繁，饷糈无继，对黄水既不能迅速堵住决口，又不能作有效的疏导，对灾民更谈不上给予周备的救济，黎民百姓甚至到了逃荒无路的境地。揭竿而起，就成为这场灾难很自然的社会演变的结果了。可以说，咸、同年间在捻军不断发展壮大的队伍里，难民占了很大的比重。还是在河决不久，1855年9月2日山东巡抚崇恩就曾在给咸丰的奏折中提到："现在曹属一带饥民遍野，捻匪已有乘机蠢动之势，虽经委员分路前往安抚灾黎，一面遴委文武各员统带兵勇扼要驻防，弹压奸宄，而灾延数郡，赈不胜赈……一筹莫展。"② 他的担心果然应验了。后来，像"诱胁饥民、纠聚党与数千人"，"各处无业游民及在逃各犯，俱投入伙"，"裹胁饥民，往来窜扰"等记载，时常出现在黄河改道以后的上谕和奏折中，甚至出现了"十余里民寨皆张帜应之，一时之间难民蔽川原"的盛大阵式。

① 陈华：《清代咸丰年间山东地区的动乱》，台湾商务印书馆，第130页。
② 《再续行水金鉴》，卷92，第2386页。

　　捻军本来是活动于河南、淮北一带的农村破产者的游动性求生组织，"每一股谓之一捻。小捻数人、数十人，大捻二三百人"①。他们没有明确的政治纲领，且"过城寨不攻，遇大军则走"②，对清政府构不成太大的威胁。但自从1853年太平天国北伐军横穿淮北一带，特别是1855年铜瓦厢黄河改道后，捻军的"股势"愈来愈壮，声势愈来愈大，据说承认张洛行为领袖的各支捻军队伍达几十万人。甚至有人认为"捻匪之为患有更甚于长发（指太平军）者"③。朝廷及地方统治者曾为此伤透了脑筋。无论出于什么样的动机和站在哪一种政治立场上，捻军的战斗历程都成了当时许多人回顾和记述的主题。但是，倘若没有1855年的黄河大改道，没有那么多的难民和那么有利的地势，捻军力量的发展和壮大，是肯定要大打折扣的。

　　最后，我们从军事风云转向黄河下游社会地理环境变迁的情况。经过一段较长的时期，新的河道在山东渐渐形成。因而可以说，这次黄河改道对山东的影响，不仅表现在1855年的严重水患上，更重要的是表现在以后新河道两岸水灾次数的急剧增加。请看下面两个黄河改道前后的统计表和比较表。

清代山东黄河洪灾决口次数统计表④：

期　别	决口年数			决口次数			分月决口次数（农历）												
	省外	省内	合计	省外	省内	合计	1	2	3	4	5	6	7	8	9	10	11	12	不明
改道前	27	11	38	42	26	68	1	1			5	4	22	10	5	1			19
改道后	14	38	52	20	243	263	23	9	16	1	24	84	27	5	8	6	7		53
合　计	41	49	90	62	269	331	24	10	16		29	88	49	15	13	7			72

清代山东黄河改道前后洪灾比较表⑤：

时　期	清代年数	出现洪灾年次数					合计洪灾平均次间年数	累计成灾县数	平均每年成灾县数
		特大	大	中	小	合计			
改道前	212	3	5	12	18	38	5.6	519	2.4
改道后	56	3	14	22	13	52	1.1	966	17.3
合　计	268	6	19	34	31	90	3.0	1485	5.5

---

①　《捻军》，第1册，第378页。
②　《捻军》，第1册，第357页。
③　《捻军》，第1册，第408页。
④　袁长极等：《清代山东水旱自然灾害》，《山东史志资料》，1982年第2辑，第168页。
⑤　袁长极等：《清代山东水旱自然灾害》，《山东史志资料》，1982年第2辑，第170页。

　　这两项统计都能让我们看到新河道形成前后的鲜明对照。过去，山东受黄河泛滥之害，都是从外省特别是河南省波及而致，自铜瓦厢决口后，山东的黄河洪灾则以省内决口居绝对多数。据上面的统计，从铜瓦厢决口到1912年清王朝覆亡的五十六年中，山东省因黄河决口成灾的竟有五十二年之多，其中三十八年是决于省内的。"在决口成灾的52年中，共决口263次，平均每年决口4.7次，相当于改道前的16倍，决口之频繁确是惊人"。从年景上看，改道前的212年中，山东只出现过三个特大洪年、五个大洪年、十二个中洪年及十八个小洪年。而改道后的五十六年中，竟出现了三个特大洪年、十四个大洪年、二十二个中洪年及十三个小洪年。"共成灾966县次，平均每年17.3县被灾，为改道前的7倍。"① 换言之，1855年之后，山东黄河新道两岸的黎民百姓们，随着成倍剧增的水涝灾患，在心理和生活上也都承受着成倍的困苦。

---

① 袁长极等：《清代山东水旱自然灾害》，《山东史志资料》，1982年第2辑，第168、170页。

3 飞蝗七载：咸丰年间的严重蝗灾

从前，一位外国旅行者漫游印度，行走间，突然感到天晦地暗，似有大片的黑云压来，抬眼间，看到的竟是遮天蔽日的飞蝗。令人难以置信的是，这群飞蝗的"阵容"庞大到宽及 60 公里，而且整整飞了三天三夜，方才过去。

类似的情景也曾出现在我国的各个历史朝代，明崇祯年间，北直隶（今河北省）定兴县闹蝗灾，河内村村民赵道人"家种谷一段，要十亩，一夜苗叶都尽。次日视之，唯黄沙满地，三五病蝗而已。其来也不知何时，其去亦不知何时，乡人皆不之觉"[1]。在一些地方，蝗虫甚至直接伤及动物和人类，据周密《癸辛杂识》载：山西武城县"有崔四者，行田而仆。其子寻访，但见蝗聚如堆阜。拨视之，见其父卧地上，为蝗所埋，须发皆被啮尽，衣服碎为筛网，一时顷方苏。晋天福中，蝗食猪。平原一小儿为蝗所食吮血，唯余空皮裹骨耳。"我国的这些蝗灾记载也许不及上述印度蝗情那样的大规模，但肯定也是骇人听闻的了。

蝗虫分夏蝗（每年5—6月间成虫）和秋蝗（每年7—8月间成虫）两种。它能吃多种植物，一般禾本科类的庄稼如玉米、麦、稻、粟、稷的嫩叶、嫩茎和嫩穗，均为它们袭食的目标。因而在中国历史上，蝗灾一直是各种自然灾害中较为常见，也颇具破坏性的一种。蝗虫也因为以区区之身能酿成巨灾而被捧到了供台上。

从八蜡庙和刘猛将军庙说起

20 世纪50—60 年代，联合国农业气象委员会、粮农组织和国际地理学会

---

① 引自《中国虫文化》，天津人民出版社 1993 年版，第 237 页。

都曾找到当时在台湾执教的地理学家陈正祥教授，请他提供一幅中国蝗灾分布图，而当时陈正祥先生的手头并无现成的地图，他想到了八蜡庙和刘猛将军庙。随后，陈正祥四处奔波，查阅过不下 3000 种地方志，凭各地对八蜡庙和刘猛将军庙的记录，较为准确地考出了关于中国蝗灾分布的范围，并据此绘制出一幅《中国蝗神庙分布图》。他还推论说："中国广大农村是普遍的极端穷困，若非逼不得已，决不会劳民伤财地建立此等神庙……有八蜡庙或刘猛将军庙存在的地方，一定有严重的蝗灾；反之，没有蝗灾，或偶有蝗灾而并不严重的地区，也就不必此等神庙了。"①

我们的目的不在于弄清蝗灾的分布状况。但是要明了蝗灾对农田和人类生活究竟带来何等深重的危害，还须从八蜡庙和刘猛将军庙说起。

八蜡庙缘于八蜡之祭，最初并不是单就蝗神而言的。所谓八蜡，是指八种农事神，包括先啬（神农一类的神）、司啬（后稷）、农（古代对于田种有功于民间的官）、邮表畷（田间小亭，传说能显灵）、猫虎、坊（堤坊）、水庸（沟城）、昆虫。而蝗虫仅仅是昆虫当中一项。后来八蜡庙逐渐演化为祭祀农作物害虫的综合神庙，又演化为主要供奉蝗神的庙。这个演变过程，也反映了蝗灾对农田作物危害的日益突出，以及人们对蝗虫的束手无策，已经到了可以置他事于不顾，要专门立庙来祭祀蝗神的程度。长期以来，人们对蝗灾还达不到科学的认识，又无法摆脱它的袭击，便只好接受"蝗虫是神虫"的说法，以为蝗虫的多少，蝗虫为害与否，都由"天神"来做主，蝗虫为害就是"天降其灾"，不是人力可以挽回的。"蝗"的字音和字形构造，似也能作为上述说法的一个悠远的佐证。因而便产生了一个荒唐的习俗：闹蝗灾的时候，只应该祈求"天神"保佑，不吃庄稼。于是，大量的八蜡庙、蝗虫庙、蚂蚱庙应运而生。蝗灾之年，那里自然是香火兴隆。

但是，蝗虫对于人们虔诚的叩拜，往往不给情面，照样吞噬庄稼，酿成巨灾。于是，人们只好"先礼后兵"，又请来了声威赫赫的刘猛将军替他们驱蝗。刘猛将军庙也随即应运而生。关于刘猛将军是谁，众说纷纭，说法有四五种，但他作为人们心目中能够"代天立言"的具有神力的威猛英雄，则是一致的。于是，一座座刘猛将军庙、刘将军庙、猛将庙、大猛将堂、将军祠等拔地而起。人们在祭祀刘猛将军的同时，还常举行"烧青苗"、"烧蝗"、

---

① 陈正祥：《中国文化地理》，三联书店 1983 年版，第 51—52 页。

抬神像驱蝗等借助刘猛将军神威来驱蝗的仪式和活动。这类以神驱蝗的活动很是兴师动众，因而场面也常常是颇为壮观的。

在一些地方，则是八蜡庙和刘猛将军庙共设，或是在同一庙中供奉两神，也有的将不显灵的八蜡庙改做刘猛将军庙。概而言之，为了躲避蝗灾，人们在供神上可谓挖空心思，无所不用其极了。《威海卫志》说："八蜡庙，俗名虫王庙，在北门外，康熙末年建，后改为刘猛将军庙。刘能驱蝗，有求必应。"《蓟州府志》载："八蜡庙在城东北四里，地名四方台。八蜡庙仲春仲秋上戊日致祭。近又于八蜡之外，添设刘猛将军神位。"《唐县志》载："八蜡庙在城内东南隅。每岁春秋戊日僚属分祭。刘猛将军庙附祀八蜡庙。"①

显然，在我国凡有蝗灾出现的地区，从黑龙江到云南，八蜡庙和刘猛将军庙成了无所不在、无岁不祭的神庙。但祭祀的结果呢？作于清前期的《驱蝗词》讽刺这种巫术说："山田早稻忧残暑，蝗飞阵阵来何许。丛词老巫欺里氓，俟以坏垓身伛偻。曰此虫神能主，舆神弥灾非漫举。东塍西垅请遍巡，急整旗帜动箫鼓。神之灵，威且武。献纸钱，陈酒脯。老巫歌，小巫舞。岂知赛罢神进祠，蔽天蝗又如风雨。里氓望稻空顿足，烂醉老巫无一语。"蝗神庙最终只能证明蝗灾的多发和惨重。陈正祥教授曾依据《大名县志》，对蝗神庙密布的河北省大名县的蝗患作了一项统计："从公元53年到1929年之间，共有80条蝗灾的记录。现在选择其中宋、元、明、清四代比较完整的……可计算出北宋是每隔7.6年发生一次蝗灾；元代是每隔6.7年发生一次；明代是每隔9.3年发生一次；清代约为每隔13.8年发生一次。这四段统计期限，合计为736年，其间共发生蝗灾73次，故总平均为每隔10年发生一次。"②

这个统计结果表明，清时大名蝗灾的频率（1/13）不及平均数的十年一次，但大名的情况并不能完全反映清朝社会蝗灾的全貌。《清史稿》中也有一个算不上太系统的统计：顺治年间共有八年，六十余县次发生蝗灾，平均每两年便有地方闹蝗灾；康熙年间，共有二十七年，一百六十八个县次有过蝗灾的记载，平均也是两年多一次；雍正朝的记录是三年，十三县次，平均大约四年一次；乾隆朝共二十七年，一百零五县次有蝗灾记录，也是平均两年多一次；嘉庆朝共三年，十九县次，平均五年一次；道光朝十三年，六十四

---

① 引自陈正祥：《中国文化地理》，三联书店1983年版，第51页。
② 陈正祥：《中国文化地理》，三联书店1983年版，第54页。

县次，平均两年多一次①。按照这个统计，从顺治朝到道光朝的二百零七年中，共有七十八个年头出现蝗情，平均不及三年一次。需要强调的是，实际上蝗患的频率和覆盖面要大大超过上面的统计。其中有的灾状，也是不让水火的。

清初的1647—1649年（顺治四年到六年），华北一带连续三年发生蝗灾，北京西北面的保安州甚至引发了饥民暴动。据《保安州志》记载："顺治四年秋七月十五日飞蝗从西南来，所至禾稼立尽，并及草木；山童林裸，蝗灾无甚于此者。五年蝗复起。民蒸蝗为食，饿死者无数。六年南山被蝗处饥民作乱，攻破桃花堡。州城闭门，登陴守御，会蔚州屯兵备率军丁击破之。"②康熙时，"飞蝗蔽日"、"蝗集数寸"的情形也时有出现。康熙朝曾任礼部侍郎的严我斯在《捕蝗谣》中写道："飞蝗尔何来？薨薨如风雨。朝飞蔽云天，夜聚漫江浒。江北诸州人苦饥，千村万落少耕犁。高原如焚下江湖，半为鱼鳖半焦枯。天生羽孽复蚕食，此邦之人嗟何辜。"③到了雍正年间，《清史稿》中关于蝗灾的记载十分简略，但正是在此期间，因苦于飞蝗肆虐，以严厉著称的雍正皇帝降谕，令各地奉刘猛将军为驱蝗正神，建庙祭祀，以压飞蝗的气焰。这项活动载进《大清会典》，成为清朝祭祀的重典之一。大量的刘猛将军庙在此后建起，如威海的刘猛将军庙，就是"雍正六年奉文捐建"的。

无论是建庙供蝗还是请神驱蝗，最终都无法抵挡飞蝗的一再袭扰，因而捕蝗到底还是一件非做不可的事情。清时有的地方"示民捕捉，计斤给钱"，用"设局收买"的办法鼓励人们灭蝗。更多的地方是捕蝗与祭祀并行。清前期的文学大家袁枚曾作过一首《捕蝗曲》，精彩地展现了江苏沭阳的捕蝗、祭祀活动，曲云：

> 亟捕蝗，亟捕蝗。沭阳已作三年荒。
>
> 水荒犹有稻，蝗荒将无粱。
>
> 焚以桑柴火，买以柳叶筐。
>
> 儿童敲竹枝，老叟围山岗。
>
> 风吹县官面似漆，太阳赫赫烧衣裳。

---

① 《清史稿》，卷40。

② 引自陈正祥：《中国文化地理》，三联书店1983年版，第53页。

③ 《清诗铎》，卷16，第516页。

折枝探觳虑损德，惟有杀汝为吉祥。

我闻苛政猛于虎，蠹吏虐于蝗。

又闻刘昆贤令蝗不入，刘澄剪秽蝗为殃。

尔今蠕蠕声触草，得毋邑宰非循良？

击土鼓，祀神蝗，椒浆奠兮歌琅琅。

禁烟为我凌苍苍，皇天好生万物仰；

蛇头蝎尾何猖狂！

霹雳一声龙不起，反使九十九子相扶将。

狼如狼，贪如羊；如虎而翼兮，如云之南翔。

安得今冬雪花大如席，入土三尺俱消亡？

毋若长平一坑四十万，腥闻于天徒惨伤。

蝗兮蝗兮去此乡！

东海之外兮草茫茫，无尔仇兮乐何央？

毋餐民之苗叶兮，宁食吾之肺肠！①

像这种无分老幼官民齐上阵以及捕蝗和祭蝗并举的场面，很能反映出清代蝗灾为害之惨和捕蝗中某些"有病乱投医"的盲目性。诗人屡屡引经据典，一再搬出古代的官吏和格言为鉴，似乎引申了蝗灾本身造成的祸患。至少可以说，在清朝，蝗灾以及防止蝗灾，都构成了意味深长的社会问题。

遮天蔽日，田禾俱尽

咸丰皇帝在位仅有十年（1851—1861 年）。在这十年间，发生过许多载进中国近代史册的大事，它是太平天国运动兴起和发展的十年；是列强在鸦片战争后进而觊觎中国腹地，英法联军火烧了圆明园，清政府与列强签订了一系列不平等条约的十年；也是各种自然灾害相乘交织或接踵而至的十年。其间的 1852 年到 1858 年，广西（1852 年、1853 年、1854 年）、直隶（1854 年、1855 年、1856 年、1857 年、1858 年）、河南（1855 年、1856 年、1857

---

① 《袁枚全集》，第 1 卷，第 43 页。

年）、江苏（1855 年、1856 年、1857 年）、浙江（1856 年、1857 年）、安徽（1856 年、1857 年）、湖北（1856 年、1857 年、1858 年）、山西（1856 年、1857 年）、山东（1856 年、1857 年）、陕西（1856 年、1857 年、1858 年）、湖南（1857 年）等省先后或长或短，或重或轻地受到了蝗害的打击。飞蝗七载，占咸丰皇帝在位年份的大约 7/10，覆盖的省份大约也占全国的 1/3。与我们在前面对道光朝以前各时期的蝗灾状况的统计相比较（每二至三年发生一次），咸丰朝堪称作一个蝗祸泛滥的年代。

最先出现蝗灾的地区是广西。这件事的本身就很值得一提，因为广西是我国极少能见到八蜡庙和刘猛将军庙的省份，由此推论广西当也是蝗虫罕至的地区。可是在 1852—1854 年，广西竟连续三年发生了较大规模的蝗荒。当时的广西巡抚劳崇光向朝廷报告：1852 年 11 月前后，广西的武宣、平南、桂平、容县、兴业、北流、贵县、岑溪等县先后发生蝗情。过了一段时间，藤县、大黎、安城、马平、雒容、来宾、柳城等县也出现蝗情。在短短几个月间，有这么多的县频繁地发生蝗患，其场面及其给正在生长的秋冬作物所带来的危害，都是可想而知的，然而我们在这位广西巡抚的奏折里见到的多是些"飞蝗入境"、"飞蝗沿边经过，并未入境"、"飞蝗丛集"以及"随即扑灭"、"随起随扑"、"立时扑灭"、"菜蔬杂粮均无损伤"一类词句，而没有一点灾况的陈述，似乎蝗虫的到来，只是给人们提供了一个欣赏奇观的机会和出气的目标。不否认，当地群众自发开展了捕蝗活动，加之当时阴雨天寒，蝗虫也冻死不少，蝗灾有被限制的一面。但上述被蝗区域的无灾可言，肯定是一幅被掩饰过的图景。可能是地方官因袭"报喜不报忧"的惯伎，层层向上行欺；或者是劳崇光抱着"天高皇帝远"的心理，擅自删掉了灾情实录，反而做成一个邀功的筹码。但不论如何，一篇写于第二年的题为《论粤西贼情兵事始末》的文章在言及当时的蝗情时提供出一个相反的证明，云："柳、庆上年旱蝗过重，一二不逞之徒倡乱，饥民随从抢夺，比比皆然。此又一奇变也。"[①]文中明确提到柳州、庆远两府"旱蝗过重"，到处都是饥民，他们为了活命，在一些人的倡导下，不得不铤而走险，起来抗争。由蝗灾到饥民到"奇变"，构成了自然灾害引发社会动乱的合乎逻辑的演变。一批批成群结阵的飞蝗遮天蔽日，黑云般压来，虽经群众奋力扑捕，终归是捕不胜捕；蝗

① 《太平天国史料丛编简辑》，第 2 册，第 5 页。

虫去后，农作俱尽，饥馑立现，民情浮动。这比之于大批蝗虫过后仍是田稼"均无损伤"的描述，我们以为要更贴切于历史的实际。

1853 年（咸丰三年），广西的蝗灾比上一年更严重。广西巡抚劳崇光在 5 月 5 日（农历三月二十八日）、8 月 22 日（农历七月十八日）、10 月 1 日（农历八月二十九日）先后三次向朝廷报告灾情。第一个奏折提到柳州和浔州一带"有飞蝗停集"和"蝻子滋生"；8 月 22 日的奏折表明蝗虫飞集的地区已扩大到雒容、平南、岑溪、修仁（今属荔浦）、柳城、罗城、宜山、天河（今属罗城）、迁江、宾州（今宾阳）、横州（今横县）、永淳（今属横县）、永福、灵州、临桂等地。这一次劳崇光还亲自带领僚属"诣刘猛将军庙虔诚祈祷"，并"督饬文武，遴派委员分投扑捕，设厂收买甚多"[①]。劳崇光在 10 月 1 日上的第三份奏折中报告说：象州、武宣、贵县、平南的蝗虫"尚未净尽"。不过他依然使用讳饰灾情的故伎，不是说"飞蝗多停落于高岭草地之间，因田间水深苗短，蝗不能集，是以无损伤"，就是说"禾稻虽有伤损，尚不甚多"[②]。三个奏折的字面上虽看不出酿成蝗灾的迹象，但劳崇光到驱蝗庙中祷告之举，仍留给人们以怀疑的余地。也有记载说，灵山县这一年"飞蝗蔽天、田禾俱尽"[③]。灵山既然"田禾俱尽"，蝗虫存活有半年之久的象州等地，怎么倒反而会庄稼毫无损伤呢？

1854 年，蝗灾在广西继续蔓延。据 7 月 28 日的上谕说，这一年广西的"被蝗灾区"包括永福、永宁（今属永福）、荔浦、修仁、象州、融县（今融水苗族自治县）、柳城、来宾、宜山、武缘（今属武鸣）、迁江、桔平、平南、贵县、武宣、宜化（今属南宁市）、横州、崇善（今属崇左）、养利（今属大新）、左州（今属崇左）、永康（今属扶绥）、宁明等二十二州县，以及万承、龙英、都结、结安、结纶、全茗、茗盈、镇远、下名、上龙、凭祥、江州、罗白、罗阳十四土州县。[④] 朝廷蠲缓了这些地区的"新旧额赋"。

1852—1854 年广西蝗灾覆盖面的数字统计是：1852 年，十五县；1853 年，二十县；1854 年，二十二州县及十四土州县。这个数字的变化，也证实了蝗患蔓延的严重和捕蝗的不尽如人意。如果联系起前面奏折中"诣刘猛将

① 《录副档》，咸丰三年七月十八日劳崇光片。
② 《录副档》，咸丰三年七月十八日、八月二十九日劳崇光片。
③ 《太平天国时期广西农民起义资料》，上册，第 18 页。
④ 《清文宗实录》，卷 135。

军庙虔诚祈祷"、"杂粮间被残食"、蝗害"尚未净尽"等语句，以及其他一些记载中"田禾俱尽"、"旱蝗过重"等描述，我们就完全可以透过被公文奏折所轻描淡写了的场面，而体会到广西连续三年为蝗灾所困的饥荒年景，否则，朝廷决不会在1854年一下子蠲缓那么多地区的"新旧额赋"。

与广西遥遥相对的近畿地区——直隶，在1854年到1858年，也连续多次发生了蝗灾。当中以1856年（咸丰六年）的蝗患最为惨重，几次直接惊动了咸丰皇帝。

1854年（咸丰四年），直隶东部的唐山、滦州（今滦县）、固安、武清等地出现蝗情，武清还因此而造成了饥馑的年景。第二年，直隶被蝗地区从上年的津东、津北转移到津南和津西，主要集中在静海和新乐一带。

1856年（咸丰六年）入秋后，直隶的大部分地区都受到了飞蝗的袭击。直隶总督桂良以及其他一些地方官在几次关于蝗灾的奏折中述及的被灾地方有保定、文安、宝坻、宁河、遵化、新城、雄县、平乡、曲周、鸡泽、肥乡、广平、磁州（今磁县）、邯郸、成安、永年、沙河、大名、元城（今属大名）、开州、南乐、清丰（上两县今均属河南省）、东明、长垣、束鹿、东光、南皮、枣强、唐县、祁州（今安国）、高阳、安州（今属安新）、庆云（今属山东省）、获鹿、元氏、晋州（今晋州市）、无极、冀州、赵州、昌黎、清苑、安肃（今徐水）、定兴、新城、容县、蠡县、雄县、阜城、天津、青县、静海、沧州、正定、阜平、栾城、灵寿、邢台、平乡、内丘、清河、玉田、衡水、曲阳、栾平、丰宁、赤峰（今属内蒙古自治区）等将近七十个州县。

9—10月间，当值秋收时，虽然当年直隶各地由于旱涝灾患不绝，收成看减，但铺天盖地而来的飞蝗无疑是雪上加霜，把本来就已成歉收定局的庄稼，吞噬残食到无可收拾的地步。飞蝗过后，禾稼尽成枯枝，这已是连三岁幼童都蒙不住的常识，而桂良等人的奏折在罗列了被灾的地区之后，所下的结论仍然是"扑捕净尽"、"田禾无伤"、"飞蝗经过，并无停落"、"其晚禾谷豆间有残食，不过一隅之中之一隅，于收成大局无妨碍"等平安无恙的调子。这本已是当时在发生蝗情后通常都会出现在封建官吏的奏折中的一种惯用的套话，但不同的是，这次飞蝗就出现在京城周围，逼近了咸丰皇帝的头顶。这年秋天，顺天府属文安县十余村庄"蝗蝻甚多，伤害禾稼"，署文安县知县樊作栋还是照老办法，谎报说是"蝻子萌生，扑灭净尽"，"飞蝗过境，并未停落。"不料咸丰帝忽然认起真来，大为愤慨地批道："值此飞蝗为祸之际，正应君民上下一心，铲除蝗害，而该员却谎报灾情，玩视民瘼，实属可恶。"并下令将樊作栋等人"交部严加议处"。这其实是杀鸡给猴看，给了那些匿灾不报的封疆大吏一个留有面子的间接警告。

咸丰断定这份呈文失实，还有一个缘由。此前，他已经接到大量地方官报来的关于蝗情的奏折，他们虽不谈蝗虫致灾，但对飞蝗的情景，却作了五花八门的描述。如说飞蝗方阵能使白天骤然变为黄昏；又说蝗阵展翅一飞，可刮起一阵阵狂风云云，不一而足。这些"奇观"最终勾起了二十五岁的咸丰皇帝要一睹飞蝗阵式的好奇心。1856 年 9 月 16 日，秋高气爽，天空朗朗无云。咸丰皇帝乘坐马车，在御林军簇拥下，出了京城。马队在京郊田畴相连的荒野中驰行一阵，正当歇息间，忽觉一片乌云夹着阵阵微风自东南飞速地飘来，秋稼沙沙有音，此时皇帝尚在车中，随行人员以为天要下雨，孰料"乌云"盖顶时，竟是一个飞蝗的方阵。赶忙去请咸丰，咸丰出车仰视，但见飞蝗排成方阵，蔽天遮日，从他的头顶上呼啸而过，向远处飞去。飞蝗过后，天晴风止，一切如初。

咸丰大骇。回宫后的第二天，他即下了一道紧急的上谕，还特别提到自己目击到的情况："昨日亲见飞蝗成阵，蔽空往来。现虽节逾白露，禾稼渐次登场，尚有未经收获之处，京畿一带农田被灾，谅必不少。"[1] 他指示地方官要本着除害的宗旨，扑灭蝗蝻，并查明各地受灾情形，据实奏报。樊作栋的报告，是在此后不久递上去的，恰好撞到了枪口上。

咸丰皇帝还针对当时乡间流行蝗虫是神虫，不宜扑捕的说法，命令说：近来听说蝗灾各地方讹传蝗为神虫，不肯扑捕，乡愚无知，殊为可悯。即通谕各省督抚，饬令地方官一体出示晓谕，如果飞蝗入境，无论是否伤害禾稼，均要尽力扑灭，不要为俗说所惑，任飞蝗任意蔓延[2]。

1857 年和 1858 年，直隶继续出现蝗灾。据《清史稿》记载：1857 年（咸丰七年），昌平、唐山、望都、乐亭、平乡、平谷、青县、抚宁、曲阳、元氏、清苑、无极、邢台等地被蝗。其中有些地方被蝗灾弄到了"春无麦"和"食五谷茎俱尽"的程度。当年 7 月 8 日（闰五月十七日），上谕中提到直隶总督曾奏报"磁州所属各村庄，及成安、元成、邯郸等县，均有飞蝗入

---

① 《清文宗实录》，卷206。
② 引自《咸丰皇帝轶事》，第175页。

境"①。1858年的蝗灾集中在京城的东南和南边。当年春末夏初，小麦已熟，天津一带"蝻蝗四起"，不仅伤及收获在即的小麦，且"在地青苗，全行食尽"②。当年的8月，翁同龢前往陕西任典试副考官，行经涿州、定兴一带时，遇上蝗情，他在8月15日的日记中记述："入涿州境，署知州张瀚来迓。蝗虫趯趯，村民挖沟呼噪驱之，沟深尺有咫……"两天后，他又记道："定兴南十五汲地方见蝗虫……"③

河南是有名的黄泛区，提到黄河决口泛滥，十之八九回与河南有关。但1855年到1857年，河南在承受了铜瓦厢黄河大改道所酿成巨祲的同时，又连续三年遭到了飞蝗的侵袭。1855年，只南阳一带有"旱蝗民饥"的记载④。第二年，蝗灾在河南广泛地蔓延开来，宁陵、通许、虞城、洧川（今属长葛）、尉氏、睢州、杞县、鹿邑、考城、祥符、鄢陵、陈留、柘城、固始、商城、许州（今许昌）等十六州县相继被蝗。河南巡抚英桂在奏报这些地方的实况时，同样地强调"飞蝗过境，或蝗子生发，有过而不留者，有一经停落及甫经萌动即时扑灭者；间有蔓延较广，即用重金收买，自二三千斤至五六千斤不等"。声明"田禾微有损伤，不过一隅中之一隅，不致成灾"⑤。事实则不尽如其所报。当时也是金秋时节，成片的飞蝗从天而降，所过之处，禾稼俱尽，村民们只好手扯布单，在田间奋力驱赶，虽捕获了成千上万的蝗虫，饥荒的年景却仍抗不过去。加上一些地方旱蝗交乘，灾民除了仰天号啕，只能四出逃荒。南阳一带出现了饥民竟以食树皮苟延残喘的严重灾情。这年，咸丰帝曾派员往河南受蝗地区查看灾情，同时带去了组织人力扑灭蝗虫的旨令。但事情却愈演愈烈，1857年蝗灾继续肆虐河南省。原籍河南光州的安徽布政使李孟群在奏折中谈及家乡情景时称："秋间蝗灾较早，一食无余，民间之苦异常，有数十里无炊烟者。"这也是我们所见到的关于蝗灾的奏折中，有数的几份摆脱了"勘不成灾"的框框而较为如实地道出灾况的报告，虽区区几十字，却概括出了蝗患害人至极的惨况，这或许与李孟群并非任职于当地的身份以及对乡梓的关切之情有关。

① 《清文宗实录》，卷228。
② 《第二次鸦片战争》（一），第488页。
③ 《翁同龢日记》，第1册，中华书局1989年版，第1页。
④ 《清代七百名人传》（上），第602页。
⑤ 《录副档》，咸丰六年八月二十八日英桂片。

　　江苏省也同河南一样，在 1855—1857 年间，连续发生了蝗灾。苏南当时正处在太平天国政权的统治之下，因而有关的灾象极少在清朝地方官报给朝廷的奏折中得到反映，但却大量出现在当时的许多笔记文献里，这些笔记往往较以套话写成的奏折要真切和生动得多。1855 年，施建烈、刘继增在《纪无锡县城失守克复本末》中称："五年乙卯，大旱蝗。"这个"大"字值得说明一下，据他们介绍，无锡城中崇安寺内一棵"十围"粗的大桑树，桑叶被蝗虫食尽，枝干也因此折扑，田里的庄稼就更不用说了。结果在这一地区形成了"米珠薪桂，民不聊生"的悲苦局面①。

　　1856 年依然是大旱之年。夏秋间，江苏的天空几乎一直为飞蝗笼罩着。"飞蝗蔽日"、"飞蝗遮天"、"飞蝗障天"、飞蝗"满天遍野"、"如云蔽日"、"阵云障雾"等情状在目击者笔下层出不穷。六合、镇江、金坛、无锡、金匮、常熟、嘉定、南京等长江南北的许多地区都遭受到飞蝗的袭击。署江苏巡抚赵德辙在一份奏折中报告说："八月初六日，苏省飞蝗亦蔽大而至。"②在蝗虫袭来之前，长江南北沿岸已遭到了几十年未遇的大旱，赵德辙奏称："计自五月以后，天晴日久，其间虽得阵雨，而入土不濡。"已是一副"哀鸿遍野、困苦堪悭"的惨象。而成群结阵的飞蝗恰恰在这个当口来与饥民们争食。《中兴别记》云："是夏，旱、蝗，江北大饥，斗粟值金一两。"③ 对于飞蝗的来往行踪，有人观察得更细致。如无锡、金匮一带有一股股飞蝗在 7 月27 日自西北方向飞来，就如大片的云彩那样，把太阳顿时遮住。它们一停下来，"食禾如疾风扫叶，顷刻而尽"。当蝗虫密密麻麻地停在"败屋危檐"上时，这些墙屋"则摇摇欲圮"。又如 8 月间，常熟一带"有蝗虫驾海来南，落花地尚不开口，所食野草竹叶。来势满天遍野，如阵云障雾，遮天蔽日"。到9 月初，蝗虫愈来愈多，振翅而飞，呼呼作响，其阵式如漫天猛雪一般，连日色都为之暗淡无光了。蝗虫落地，堆起来竟有尺把厚。"禾稻刚秀，非头即根咬断，即千百亩，亦可顷刻而尽。"其他被蝗地方，也均有类似超乎官方文书的生动描述。《两淮勘乱记》载："六年，大祲，两淮人相食。"④ 可以肯定地说，灾情惨到这个地步，上述飞蝗对田禾毁灭性的肆虐吞食，必是一个关键

①《太平天国》（五），第 246 页。

②《录副档》，咸丰六年八月二十六日赵德辙片。

③《太平天国资料汇编》，第 2 册（上），第 489 页。

④《捻军》，第一册，第 285 页。

的因素。

1857 年，江苏省的蝗灾仍是各省中最严重的。这年春天，农民虽挖掘蝻子，但无法遍掘，天稍暖，蝗蝻就到处丛生。到 6 月间，"小而无翼"的跳蝻成长为"生翼而飞"的蝗虫，"各州县皆然"。等到蝗虫漫山遍野时，已经建立了政权的太平天国农民军"出示捕收，每斤七八文，于是老稚藉有生计。然愈捕愈多，愈后愈大。又出示设局收买，每斤十五六文"。即使采取了这样一些措施，蝗虫还是捕不胜捕，有的地方"蝗虫积地有尺许厚"。据记载，9 月 18 日（农历八月初一日）那天，常熟一带"有蝗虫，即遮天蔽日，较旧秋来势，更胜十倍。间落地，豆英草根，一饮而尽，稻亦有伤"①。当年江苏北部许多地区也是"飞蝗蔽天"，在萧县，"各村庄相率扑打，城内设局收买蝻子数百石"②。两江总督何桂清在一封信内提到"麦将收而蝗虫蔽天"时，用了"人心惶惶"四个字，这自然主要是指人们担心蝗虫将眼前渐熟的麦子吞食殆尽，但恐怕也包含了对上一年蝗灾酷烈，以致"人相食"惨景的余恐。

据记载，浙江省在 1856 年和 1857 年也遭受了蝗灾，那里的灾情比江苏要稍轻些。覆盖面主要有德清、海宁、慈溪、湖州、嵊县、定海、余姚、海盐、杭州、孝丰等地。《花溪日记》说，1856 年 9 月 "忽飞蝗蔽天，自北而来，人民复大惶恐，皆鸣锣敲物以扑之。一日数至"。第二年的夏天，海盐南乡"飞蝗蔽天，食松竹叶殆尽"。德清也出现了类似的情状。蝗虫飞过的区域恰在临海地带，有记载说某一天晚上，大片的蝗虫"飞入海，遂绝"③。这些蝗虫是否能越过大洋，飞到彼岸，或是葬身于大海之中，就不得而知了。此后的 1858 年、1859 年、1860 年，浙江的个别地方仍出现过蝗情。

安徽的北南方分别在 1856 年和 1857 年同样发生过蝗灾。1856 年皖北大旱，"田禾全行枯槁，杂粮补种已迟"。与此同时，"因蝗蝻四起，低洼圩田复被蝗食殆尽"，导致"民食维艰，日形竭蹶，哀鸿遍野，不忍睹闻"④。第二年，皖南潜山一带又出现蝗情。《皖樵纪实》说，一些地方积蝗厚五六寸至尺许不等。令人称奇的是，这里飞蝗阵行并非清一色的蝗虫，而是"有鸟数百

---

① 《漏网喁鱼集》，第 30、31 页。

② 《萧县志》，第 50 页。

③ 《浙江灾异简志》，第 346—347 页。

④ 《录副档》，何桂清片。上奏日期不详。

导其前，蝗随其后"①。

1856 年到 1858 年，湖北则连续三年发生蝗灾。1856 年湖北的武昌府、汉阳府、黄州府及北部的襄阳府所属地方，"均有飞蝗蠢动"，光化的蝗灾尤重。1857 年，威宁、汉阳、宜昌、归州（今秭归）、松滋、江陵、枝江、宜都、黄安（今红安）、蕲水（今浠水）、黄冈、随州、应山、钟祥、潜江等十余州县被蝗。当中有的地方蝗虫"落地厚尺许"，有的地方"飞蝗蔽天，亘数十里"。1858 年，均州、宜城、应城、房县、保康、黄梅、松滋等地发生了"蝗害稼"的灾情。

山西在 1856 年和 1857 年，有交城、文水、平陆、芮城、平定等地先后被蝗。

在山东省，据巡抚崇恩奏报：1856 年，蝗虫"蔓延甚易。泰安、兖州、沂州、济宁及济南、东昌等所属各州县俱报有蝗孽"②。这些蝗灾相当厉害，徐宗干在《斯未信斋文篇》中记曹县的情形说："蝗灾以后，野无青草，马多瘦毙。"③《东平县志》则称："六年飞蝗遍野，饥馑荐臻，盗贼蜂起。"④ 1857年，据《牟平县志》载："飞蝗蔽野，食禾稼几尽，灾祲频仍。"山东是 1855年铜瓦厢黄河改道的重灾区，此后几年都未缓过劲来，在这样的光景中又接连两年被受严重的蝗害，其惨况当可想而知。

陕西和许多省份一样，在 1855 年到 1858 年，连续出现了蝗情。1856 年夏天，渭南最先出现自东部飞来的蝗群，也是"飞行蔽日"，阵式浩大。"蝗虫继续由东向西，不少县份发生蝗灾"⑤。1857 年，陕西巡抚曾望颜于夏秋间曾两次奏报"飞蝗入境"⑥。有的地区"蝗食秋禾及树叶殆尽"。1858 年（咸丰八年），肆虐多年，飞过十余省的蝗群渐趋减少，而陕西却正当蝗患的巅峰时期。当年，"不少县飞蝗遍野"，不胜扑捉。陕西巡抚则命令农民日夜不息地捕捉蝗虫。

湖南虽仅在 1857 年遇到蝗灾，但覆盖面甚广，灾情也较重。长沙、醴陵、湘潭、湘乡、攸县、安化、龙阳、武陵、平江、安福、新化、清泉、衡

---

① 《太平天国史料丛编简辑》，第 2 册，第 97 页。
② 《录副档》，咸丰六年七月二十七日崇恩片。
③ 《捻军》，第三册，第 16 页。
④ 《太平军北伐史料选编》，第 629 页。
⑤ 《旧民主主义革命时期陕西大事记述》，第 17 页。
⑥ 《清文宗实录》，卷 230、234。

阳、常宁等地出现蝗情。攸县在 8 月 21 日（七月十七日）受到数以万计的飞蝗的袭击，"晚稻俱残"[①]。《湖南省志》则称被蝗之"每州县挖掘卵块百数十万不等"。

实证和统计都告诉我们，像这样波及十余省，持续六七年、为害酷烈的蝗灾在整个清朝的历史中，是仅有的一回，在中国历史上，也是罕见的。那么，有必要回过头来讨论一个问题：在当时的历史条件下，从科学的角度看，人们对蝗虫的认识究竟到了什么程度？基于这个认识上而产生的规章、习俗、举措对蝗灾和它的社会问题化，起过哪些作用？

九州无奈小虫何

蝗虫是一种口器坚硬，前后翅和后肢都相当发达从而善飞善跳、给农作物带来巨大危害的昆虫。蝗蝻是它的若虫，也称跳蝻。每年的四五月间（小满前后）是蝗虫的卵化时期，出土时比蝇还小，要经过五次脱皮，才从跳蝻变成飞蝗。从孵化到成为飞蝗，大约历时一个月。人们在五六月间遇见的飞蝗，即是此类，又称夏蝗。夏蝗长成后约二十多天，又下卵，而后孵化成秋蝗，以我们所看到的记载而论，秋蝗的为害要甚于夏蝗。若细分起来，蝗虫的种类很多，我国所发现过的据说就达八十余种[②]，不妨泛称之为飞蝗。

蝗虫的"胃口"很大。一只蝗虫自生至死，可以吃去三两粮食。它的袭食范围也很广，一般禾本科植物，如芦苇、玉米、稻、麦、粟、稷，都是蝗虫的佳肴，因而它生来就注定是要去夺人类的饭碗。单个的蝗虫一般仅有一两寸长，对农作物尚构不成致命的危害，但结群成阵乃飞蝗的一大特性，因而凡闹蝗灾的地方，"遮天蔽日"是个言必提到的现象，一般农户对蝗虫的感觉也是"铺天盖地，漫山遍野"这几个字。区区小虫之所以能传下种种骇人听闻的故事，甚至由虫而"神"，关键之处也恰在这里。蝗虫的另一特性是喜迁移，而且目标既定，便无反顾。跳蝻时期，靠跳和爬，一天能迁移五六里地，一旦长成飞蝗，即可高飞远翔，一小时能飞几十里地，在山东、河南长

---

① 《攸县志》，第 956 页。
② 见邓拓：《中国救荒史》，载《邓拓文集》，第 2 卷，第 243 页。

成的蝗虫，可以飞至江苏和浙江。一些迹象表明，飞蝗的迁移并非纯粹以觅食为目的，而是一种本性，一旦温度超过了20℃，它就要向别处飞，它的两翅之所以发达，恐怕与这个习性不无关系。

蝗灾是自然灾害的一种。但它与水、旱、地震等纯自然界现象所引起的灾祸还有一个明显的区别，它是由于一种小昆虫（活物）吞食农作物而导致的灾荒。昆虫的种类难以计数，靠食庄稼为生的害虫也有许多种。但还没有哪一种害虫，能像蝗虫那样，酿成如我们在前面描述的完全可与水旱巨祲并提的大规模灾荒来。小小昆虫造下无穷祸患，这个鲜明的反差现象，从心理上迷惑过一代代的庄稼人。近代以前（包括我们记述的咸丰年间），普通老百姓还不具备起码的科学意识，只好把无从解释的福祸一概托给了并不存在的神天。对于事先往往并无征兆，根本无法防范又直接严重影响人们生活的飞蝗，更是如此。尽管历史上个别有识者曾排斥巫术迷信，极力倡导过捕蝗，但这说明不了社会的潮流，遍及全国、香火不断的八蜡庙和刘猛将军庙已经确凿地证明，蝗灾比其他的自然灾害，具有更深一层的神秘性。值得提到的是，蝗虫身体里有一个气囊，它要迁飞的时候，常要将气囊鼓足，才有气力飞得远，飞时还可以减轻体重，增加浮力。但气囊鼓足气后，会压缩消化管，此时下落，如体内养料尚未消耗尽，蝗虫就不感到饿，也就不食庄稼。因而往往出现这样的情景，大片的飞蝗落在田禾间，并不吞食谷物，后又飞往他处。这情景由于得不到科学的解释，只能进一步导致对蝗虫的"神"化，起到推波助澜的作用，被以为是真的得到了神的关照，才幸免于灾。于是，每届夏秋间，供蝗神就成了一项隆重的祭祀活动。蝗神庙里自然是香烟缭绕；没有庙的地方，也要临时搭起香坛，供上神位，烧香叩头，焚化纸锭，甚至打醮、做戏、抬着菩萨出会……没钱烧香和买符的人，也跪着向神位叩头哀求。科学的荏弱和蝗患的凶猛，都可以从这些兴师动众的祭祀中，略知一斑。

民间对蝗虫和蝗灾的神化意识也并非一成不变的，尽管这种变化还不包含多少科学意义上的觉悟。明清时期，人们虽仍视蝗虫为神虫，但刘猛将军庙越来越多地替代了八蜡庙，换言之，请神驱蝗成为蝗灾祭祀中的主要活动。如前所述，雍正皇帝还降旨各地奉刘猛将军为驱蝗正神，使这件事成为载入《大清会典》的一项具有法律效力的祭祀活动。据说农历正月十三日为刘猛将军诞辰，也许是借着新年的余波，这项活动相当隆重，有的地方"各乡村民击牲献醴，抬像游街，以赛猛将之神，谓之'趁猛将'。农人舁猛将，奔走如飞，倾跌为乐，不为慢亵，名'趁猛将'"①。开封宋门关外建有刘猛将军庙，供着木牌位，上刻"敕封扬威侯天曹猛将之神位"。开封郊外的乡民，每至神诞日夜晚，结队鸣锣击鼓，聚于庙前，架木柴成井字形，举火焚之，烟焰烛天，名曰"烧蝗"。然后群持火炬，呼啸而去。蝗灾发生在夏秋间，驱蝗的祭祀活动却被早早地安排在农历正月十三日，并且通过"趁将"、"烧蝗"等等粗犷的形式，注进了千百万农民向自然抗争的热诚，这足以表明蝗灾对于一年的农事收成，以及民间的社会生活和社会心理，形成了不可低估的冲击。

自然，请神驱蝗的效果与奉蝗为神一样，再虔诚的叩拜也扼阻不住飞蝗蔽天日、毁稼穑的势头。唯一实际可行的做法还是灭蝗，清朝从中央到地方政权对此确也下过一些气力。康熙年间的一则上谕云："昨岁因雨水过溢，即虑入春微旱，则蝗虫遗种必致为害。随命传谕直隶、山东、河南等省地方官，令晓示百姓，即将田亩亟行耕耨，使复土尽压蝗种，以除后患。……如某处有蝗，即率小民设法耨土复压，勿致成灾。"灭蝗之法被写进堂皇上谕当中。雍正和咸丰皇帝也都曾为此发过上谕。袁枚诗所云"焚以桑柴火，买以柳叶筐。儿童敲竹枝，老叟围山岗。风吹县官面似漆，太阳赫赫烧衣裳"的情景也是相当轰轰烈烈的。《道咸宦海见闻录》的作者张集馨在任山西朔平府知府时，曾经大张旗鼓地开展过捕蝗活动。道咸时期的捕蝗措施已经渐渐形成规定诸多的制度，施行于山西的有这样一个《捕蝗章程》：

> 捕蝗之法，如行军然，以十人为一队，二人持锹挖长壕丈余长，三四尺深，浮土堆在对面，四人在后，二人在旁，齐用长帚轰入沟中，二人在六人之后，用长柄皮掌，将轰不净尽者扑毙。一员官，领二百人，作二十队，每日可得数十担。蝗入沟中，即将所堆浮土，掀入捶实，何虑不死？其在禾稼中者，令妇稚在内轰出，或售卖，或换米麦，悉听民便。其在临河乱石中藏匿者，多用石灰水煮之；在峭壁上长帚不及者，用喷筒仰轰。有蝗之地，如非沙板田地，将跳跃者扑毕，雇牛翻耕，将子捡出，蝗子与落花生形同，每甬百枚。蝗子捡尽，再用石滚将地压平，后又用铁耙刨出，无不糜烂。②

---

① 《清嘉录》，卷1。
② 《道咸宦海见闻录》，第26页。

另有一个"搜扑蝗蝻之法"，也是通过基层政权"晓谕被蝗村庄、乡保并地主、租佃人等知悉"。内云：

> 在有蝻（飞蝗的若虫）之地田畔近处，挑挖长壕，宽三四尺，深四五尺，长丈余，掘土堆积长壕对面，壕口宜陡，三面密布人等，各执柳枝响竹并皮扇鞋底等物，追逐掴挞，赶至壕边。齐力合围，用帚扫入壕内，复以干柴发火焚烧，或用开水煮灌，再将对壕之土填筑，庶不至入土复生。……其蝻子未曾出土者，仍行搜挖，将板荒田地，一律翻耕。①

这些措施现在看来，未免太过原始。当时的老百姓也很不情愿接受这种人海战术。张集馨就曾在一份报告书里抱怨说："定远厅屡牒挖瘗收买，亦无呈缴。"他不得不"捐廉五十两，委署经历张映南立即驰赴定远地方，会同司狱刘应淑雇募人夫，于去年蝗过村庄，分段搜挖，并设厂收买"。后来，他还将一套奖惩办法纳入捕蝗章程中，规定："所有人夫，每日给工资钱八十文……死蝻子每升给钱一百文，成形活动跳掷蝻孽。每升给钱一百二十文……倘该乡地人等，挖捕不力，于十日内不能净尽，甚至长翅飞腾，查出先将乡地提比，仍将村民一并严行枷责示众，决不姑宽。"② 看来，在缺乏近代科学意识的大环境下，即使是建立在朴素道理上的原始灭蝗措施，也很难得到自觉的执行，人们宁愿到庙里去请刘猛将军。

清朝还有一种制度，即一旦发现蝗灾，就要调集军队，前去助民"捕蝗"。这种制度不能说没有起过一点积极的作用，但在许多情况下，特别是到晚清政治腐败的现象愈来愈严重之后，也常常反而给老百姓增添了麻烦。有些军队到达灾区后，即向当地多方需索，不但要好吃好喝招待，而且要送一笔可观的贿赂；否则，这些军队便以"捕蝗"为名，把地里尚未被蝗虫吃尽的庄稼故意踩得稀烂。一首题为《蝗灾行》的诗中所云："官府捕蝗下村落，捕蝗之人胜蝗毒。蝗食民田民无谷，官食民膏民日蹙。"大概指的就是这种现象。所以，一旦发现蝗灾，老百姓宁肯隐匿不报，因为他们知道，这些封建军队实在比蝗虫更可怕，与其引来兵灾，不如忍受蝗害。

总而言之，捕蝗措施尽管订得很细，又是通过地方政权来贯彻的，但由

---

① 《道咸宦海见闻录》，第28页。
② 《道咸宦海见闻录》，第28页。

于政治的腐败、这些措施的落后以及人们观念意识上的陈旧，清朝的捕蝗并未收到明显的实效。咸丰年间的蝗患是从 1852 年开始的，到 1856 年，蝗灾不仅没有被灭绝或得到扼制，反而一再蔓延，成为中国近代史上蝗害最广的一年。受灾的省份有直隶、江苏、浙江、安徽、湖北、湖南、广西、河南、山西、山东、陕西等 11 省。山东道监察御史方濬颐在一个奏折中说："今年入夏以来，雨泽愆期，旱蝗甚广，不独畿辅为然。以臣所闻，山东、河南两省，除被黄水泛滥之区，其余各府，如山东之济、兖、沂、青、泰、武，河南之开、归、彰、怀、卫等属，旱蝗尤甚。江苏、浙江则数百里亢旱，禾稼收成不过十分之二三。湖北黄州、襄阳一带，闻亦间生蝗蝻。至安徽一省，江北之庐、凤、颍、滁、六、泗各属，到处亢旱，遍野飞蝗。是东南灾歉竟有六省之多。"[①] 其中的许多省份都是连年，或连着几年发生大规模的蝗灾，这对于张集馨所详细介绍的"捕蝗之法"，至少说是个不小的讽刺。而各级官吏出于对"部议"、"天罚"的恐惧，往往淡化和隐匿灾情，使本来就不很奏效的"捕蝗办法"得不到大面积的推广，从而往往更加剧了蝗患的严重程度。

我们在翻阅咸丰时期的有关资料时，得到一个明显的印象：凡是闹蝗灾的地方，往往也伴有严重的旱灾。以至旱蝗并提成为当时许多地区灾荒的一大特征。大旱之年，本来就收成锐减，大片大片的飞蝗又在这时席卷而来，肆虐田禾间。我们难以想象，七年间，十余省数不清的灾黎们，在旱蝗交乘的灾祸中，除了流离失所和仰天长叹，还能怎么办！

---

① 《录副档》，咸丰六年八月二十九日方濬颐折。

4　丁戊奇荒：光绪初元的华北大旱灾

　　19世纪的70年代，对于屡遭重创的晚清统治者来说，应该是一段相对平静的时光了。50年代至60年代此伏彼起犹如狂飙怒涛般席卷神州大地的农民起义已经走向低谷；那些乘坚船、挟利炮、纷至沓来、环伺而列的外国资本主义列强，固然仍在不断地挑起边疆危机，但毕竟不曾像两次鸦片战争时那样肆无忌惮地攻城略地，甚至直捣京师，威胁社稷，相反，列强在获得大量权益之后，还表示要和晚清统治者携手联结，从而形成了所谓"中外和好是一家"的外交局面；就连从嘉道以来溃决频闻、纵横泛滥的黄河，在70年代的中后期也暂时收束了往昔狂奔不羁的滚滚浊流，呈现出少有的安澜。然而，历史似乎要给这个濒于灭亡的王朝带来注定的厄运。正当清王朝的统治者们陶醉于"同治中兴"的政治氛围时，近代中国历史上罕见的一次特大灾荒暴发了。这次旱荒历时既长，从1876年到1879年，整整持续了四年之久；覆盖面特广，几乎囊括了山西、河南、陕西、直隶（今河北）、山东等北方五省，并波及到苏北、皖北、陇东和川北等地区；它造成的后果更属奇重，仅遍地饿殍就达一千万人以上。以致当时清朝官员每每称之为有清一代"二百三十余年来未见之惨凄、未闻之悲痛"，甚至说这是"古所仅见"的"大祲奇灾"。当时旅华的外国人士，也把它看成是中国古今以来的"第一大荒年"。由于这次灾荒以1877年、1878年为主，而这两年的阴历干支纪年属丁丑、戊寅，所以时人称之为"丁戊奇荒"；又因河南、山西受害最重，又名"晋豫奇荒"或"晋豫大饥"等等。但无论用什么名目来称呼，它都以其惨绝人寰的灾情荒象显示了所谓的"同治中兴"不过是回光返照的悲剧内涵。

新皇帝登基之后

　　说也凑巧，这场震骇中外的大祲奇荒恰好是在光绪皇帝登基的第一年开始孕育的。1874 年，年仅 19 岁的同治皇帝在给后人留下了一段众说纷纭的宫闱秘闻后便撒手人寰，醇亲王奕𫍽的一个不到 4 岁的儿子载湉在慈禧太后的扶持之下承继了大清帝国的皇位，并将 1875 年定为光绪元年。人们大多了解，这位冲龄践祚的小皇帝大概算得上是中国历史上最不幸的君主之一；但人们却未必知道，他刚刚上台，就遇到了一场前所未有的特大旱灾。

这一年，北方各省大部分地方先后呈现出干旱的景象，而京师和直隶地区的旱情则来得最早。本来，这一地区从 1867 年开始，都一直笼罩在以阴雨为主的天气中，那条横贯全境、变化无常、素有"小黄河"之称的永定河更是年年漫决，截至 1875 年，竟创造了连续 9 年决口 11 次的历史纪录，给两岸人民一次又一次地带来了巨大的灾难。此时，漫长的洪涝灾害总算暂时缓解了，不料却又转向一个异常干旱的年头。《清史纪事本末》载："夏四月，京师大旱"。5 月 11 日（四月初七日）清廷的上谕也说："京师入春以来，雨泽稀少，节逾立夏，农田待泽孔殷。"① 张家口、古北口等地，也因天气亢旱，"麦收大坏"②。由于亢旱严重，清廷特地降旨祈祷，并命"五大臣虔诚求雨"③。但一直到这一年的冬天，全省仍然雨泽稀少，农田大多龟坼，"每遇微风轻飐，即尘埃四起，几至眯目"④。此外，与直隶相邻的山东、河南、山西等省，还有陕西省，也在这一年秋天以后相继出现严重旱情⑤。至于甘肃，因"各郡大旱"，聚集于秦州（今天水市）的饥民即达数十万之众⑥。一场连续数年之久的骇人听闻的特大旱灾自此揭开了序幕。

1876 年，也就是光绪二年，旱区的范围进一步地扩大，旱情也愈加严重，并以直隶、山东、河南为主，北至辽宁、西至陕甘、南达苏皖、东濒大海，形成了一片面积广袤的大旱区域。

在京师及直隶地区，这一年开春后依然亢旱异常，夏禾难以播种，到七八月间（六月）旱情发展到巅峰，麦收歉薄，秋禾未种，全省收成总计不到五分。不少地方还遭到蝗虫的肆虐，从天津以北一直到畿南各地，"飞鸿遍泽，日夕嗷嗷"，密密麻麻的蝗虫，在早已枯萎的黍麦根茎上啮嚼吞食，把本

① 《清德宗实录》，卷7。
② 《申报》1875 年 6 月 25 日。
③ 《万国公报》第 7 卷，台北华文书局 1968 年影印版，第 605 页。
④ 《申报》1876 年 3 月 10 日。
⑤ 《申报》1876 年 6 月 14 日。
⑥ 《陶模传》，载《清代七百名人传》（中册）。

已奄无生机的残存禾稼"搜罗殆尽"①。到了夏秋之间，又因阴雨连绵，西北方向的山水奔腾下注，使大清河、滹沱河、潴龙河、南运河、漳河、卫河同时涨漫，各处的支河民堤也多被冲决，大片土地又为洪水所淹。总计这一年直隶省遭受水、旱、风、雹灾害的地区达六十三个州县②。

河南省的情况和直隶大体相仿，自春至夏，"雨泽愆期，麦收歉薄，秋禾受伤，旱象日见"，特别是黄河以北的彰德、怀庆、卫辉三府，旱情更为严重。7月初以后，旱象虽有所缓解，但原先干旱得最厉害的彰德、卫辉以及光州等地又阴雨连绵，不少田地被淹，禾稼受损，不过全省的大部分地区此时"雨泽仍稀"，以旱为主。通省合计，收成仅在五成左右，"乏食贫民，所在多有"，仅开封一地，靠赈火粥厂就食的灾民即达"七万有奇"③。

至于山东省，则是全年皆旱，除了章丘等小部地区有一段时间"得雨过大"，略遭水害外，绝大部分地区"但见油然之云，并无沛然之雨"，通省收成不到三分④。所以《山东通志》称这一年全省"大旱，民饥"。《字林西报》的一位记者在6月6日所写的一篇灾地通讯中谈到，自天津起程由运河舟行五百里至德州，"沿路农民俱嫌旱干太甚"，高粱棉花只有两寸多高，"除此五百里至百里外，所有麦田竟颗粒无收，一望郊原遍是黄土"，不少地方，"陇畔草根树皮掘食殆尽"。逃荒现象也相当普遍，德州附近的灾黎，"成群向殷户求乞，只图一饱，并不吵闹"。莱州府属则发生数千人聚众闹荒之事⑤。尤其是青州府属的益都、临朐、临淄、昌乐、寿光、乐安等县，自上年8月以后即"无一处有雨水"，这一年自春徂夏，更是亢旱日甚，各乡农民"盈千累万，越数日必会齐入庙诚求（雨），地方官自亦贯索而求，以昭诚敬"，若"此庙祷求不应，则更彼庙再求"，直到求遍各庙而毫无灵验，便"又从最初之庙求起，周而复始"⑥。当时正在青州府活动的英国浸礼会传教士李提摩太乘机在十一个城镇张贴大幅黄纸告示，劝导百姓不要到庙里去向泥塑木雕求雨，而要向"活的上帝"求告。为了笼络到教堂求神的灾民，李提摩太向他

① 《申报》1876年7月19日。
② 《清代海河滦河洪涝档案史料》，第480页。
③ 《清代海河滦河洪涝档案史料》，第479页；第一历史档案馆藏：《录副档》，光绪三年二月十八日李庆翱折。
④ 《申报》1876年6月3日。
⑤ 《申报》1876年6月13日、6月3日。
⑥ 《申报》1876年7月19日、12月11日。

们发放小钱，每次发完之后，就命灾民下跪，他自己则手持"祈求真神"的大木牌，念念有词，向天祈祷①。但西方的上帝也不比中国的菩萨更灵验，严酷的现实打碎了这位传教士的动听许诺。第二年3月8日，李提摩太在寄给《万国公报》的一份劝捐书中说，该地"秋冬雨雪，仍然欠足，麦难播种，农民失望"，以致"室如悬磬，野无青草"，粮价也几乎较平时涨了三倍多，许多饥民"不得不以五谷各糠并草种以及树叶树皮磨面充饥，其中老弱不堪行动不能自如，只得坐以待毙，欲求食谷糠树皮而不得者；亦有将门窗梁檩拆劈卖柴糊口，地土器用贱卖度饥；更可怜者，穷极无聊之人，将妻女儿媳贱卖与人，不计娼优，无如粮价过昂，到手即空，饥寒仍属不免；又有一无所有，逃荒外出"；至于不堪饥寒交迫而"自缢、投井、投河、服毒者，种种情形，笔难尽述"。据他的调查，在益都东乡，"董家庄50余家，饿死12人，逃出10家；江家泉子40余家，饿死52人，卖出2人；宿家庄100余家，饿死110人"；在临朐，"孙家庄50余家，拆屋30间；两县庄50余家，饿死21人；河团50余家，饿死22人，逃出20家；杨家集60余家，饿死31人，逃出15家……董家庄130余家，饿死105人，逃出50家"②。就整个青州府来说，李提摩太估计约有饥民二三百万人，而截至次年3月中旬，饿死的人即达五十余万③。应该说，这位传教士的报告并非耸人听闻。这一年的11月24日（十月初九日）山东巡抚丁宝桢在向朝廷奏报青州府的灾情时也承认，各处"饥黎鬻妻卖子流离死亡者多，其苦不堪言状"④。

灾区向南延伸，便是苏北和皖北了，苏北各地从这一年开春到岁末，一直未下透雨，海州（今连云港市）、沭阳等地大片大片的农田减产或绝收，而蝗灾也极为严重，几乎笼罩了江苏省的全部，禾苗被吞噬一空。旱蝗交迫之下，民间比户悬磬。赣榆县民众早在春间即只能以芋秧、稻草、豆饼、麦麸为食，"入冬后逃亡饿死者不计其数"；"沭阳县西乡境内，八口之家往往仅存一二"⑤。那些铤而走险者甚至"饥则掠人食"，致使"旅行者往往失踪，相

---

① 李提摩太：《在华四十五年记》，转引自顾长声：《从马礼逊到司徒雷登》，上海人民出版社1985年版，第321页。
② 《万国公报》，第6册，总第3639—3640页。
③ 《万国公报》，1877年3月17日，第430期，第415页。
④ 《申报》1876年12月11日。
⑤ 《申报》1877年3月8日、1878年3月28日。

戒裹足"，社会秩序动荡不宁①。大批的饥民纷纷渡江南下，流亡到苏常一带。据江苏巡抚吴元炳奏报，从 11 月中旬（十月初）开始，渡江而下的饥民"十百成群，殆无虚日"，其中由苏南的地方官员和士绅在苏、松、太以及江阴、镇江、扬州等地收养的流民合计约达九万余人②。皖北的旱情略同于苏北。由于入夏之后亢旱日久，庐、凤、颖、滁、泗等府属，"禾苗未能一律栽插"，其间虽一度沾濡雨泽，"又复连日烈日"，连补种的庄稼也大多枯死。综计通境收成只有五分，地势较高的农田则大半歉薄，有的甚至颗粒无收③。于是，这片贫瘠的以走唱凤阳花鼓而闻名的土地又开始骚动起来，到处是四出逃荒的人流。

　　这一年北方的旱区还包括陕西、山西等省。陕西省由于全年干旱，夏秋普遍歉收，冬麦多未下种，即使有少数地方勉强播种了冬麦，也大多苗色萎黄。山西太原等府，因夏间亢旱，秋禾收成歉薄；汾州府属的介休、平遥等县，旱情尤重，几至颗粒不收。此外如奉天的义州（今辽宁义县），也因亢旱缺雨，庄稼大受损伤，补种的晚禾又被严霜冻坏，饥户多达十万零八千九百二十七户，"灾黎遍地，日不聊生"。

　　神州之大，无灾不有。当长江以北辽阔疆土上的芸芸众生急迫地呼唤着雨、雨、雨的时候，长江以南各省却又因雨水过多而普遍遭到洪涝灾害的严重袭击。江西从 6 月初（五月中旬）起，丰城、进贤、临川（今抚州市）、万安、吉水、清江、新淦（今新干）、峡江、南丰等地大雨如注，河水陡涨丈余，沿河的田禾房舍都被淹浸，圩堤也纷纷溃决。省城南昌更是滂沱大雨几昼夜，加上抚州、建昌、吉安、临江等府境的洪水都汇集赣江，省河宣泄不及，到 6 月 15、16 日（五月二十四日、二十五日）水势涨到一丈四尺有余，城厢内外低洼处所积水达二三丈不等，大批的房舍淹没水中。至 7 月下旬各河之水又汹涌而至，省城再次沦为泽国。濒临赣江的重镇吉安城外的街市更是被一概冲没，境内樟树镇附近的一个村庄八九十户人家，绝大部分被洪水卷走，只有二三户幸免于难。广昌的大水"不但漫过城墙，即城外最高处，房屋尽皆淹没"，该县的甘竹镇被浊浪冲去，"所存者仅数户而已"。与江西毗连的福建，入春以后就雨水不断，"迄无连日晴霁"，6 月上中旬之交又连续

————————————————

　　① 《李金镛传》，载《清朝碑传全集补编》，卷 19。
　　② 《录副档》，光绪三年二月十八日收，吴元炳折。
　　③ 《申报》1877 年 1 月 18 日。

暴雨四昼夜,闽江上游之水奔腾下注,适遇海潮顶涌,水势更急,福州城外,水深至七八尺到丈余不等,城内最高处也积水一二尺。水深之处,弥漫无涯,所有城乡官署民居、田园、道路、桥梁,均被淹没,"被难居民,或攀树登墙,或爬蹲屋上,号呼之声不绝于耳",不少百姓被倒塌的房屋压毙,更多的人则为洪水吞噬,葬身鱼腹,仅福州大桥小桥一带,即捞获尸身五六千具。与此同时,台湾、浙江、湖南、湖北等地也程度不同地发生了洪水灾害。①

江南洪水和北国旱荒的交煎相逼,从一个侧面预示着小儿临朝的老大帝国,正在无可挽回地走向崩毁。

饿殍一千万

天祸晋豫,一年不雨,二年不雨,三年不雨,水泉涸,岁荐饥;无禾无麦,无粱菽黍稷,无蔬无果,官仓匮,民储罄,市贩绝,客粜阻;斗米千钱,斗米三千钱,斗米五千钱;贫者饥,贱者饥,富者饥,贵者饥,老者饥,壮者饥,妇女饥,儿童饥,六畜饥;卖田,卖屋,卖牛马,卖车辆,卖农具,卖衣服器具,卖妻,卖女,卖儿;食草根,食树皮,食牛皮,食石粉,食泥,食纸,食丝絮,食死人肉,食死人骨,路人相食,家人相食,食人者为人食,亲友不敢相过;食人者死,忍饥致死,疫病死,自尽死,生子女不举,饿殍载途,白骨盈野。②

这一篇题为《晋豫灾略》的短文,不知是出自当时哪一位作者的手笔,通篇似乎只是信手拈来的事象罗列,而不是悲天悯人的诗意铺陈,但我们之所以首先把它介绍给读者,则是因为它毕竟以其屈指可数的 180 余字和白描式的手法勾勒出了光绪三年、四年(1877 年、1878 年)以山西、河南为中心的区域内发生的骇人心魄的大荒之象,展现出千百万灾民在连续数年的旱魃肆虐中从顽强挣扎到大批死亡的悲惨历程,这样至少会使我们的读者对下面大量的触目惊心的细节描叙先有一个大致的了解,并有一种体验旧社会人民

---

① 参见李文海等著:《近代中国灾荒纪年》,湖南教育出版社 1990 年版,第 349—363 页。
② 《万国公报》,第 11 册,总第 6672 页。

群众地狱式生活的心理准备。

在经过差不多两年的亢旱之后，华北大部分地区的荒情在丁丑年即1877年达到了无以复加的巅峰期，尤其是山西省的旱荒空前严重。按照山西巡抚曾国荃的说法，是"赤地千有余里，饥民至五六百万之众，大浸奇灾，古所未见"①。这一年春间，山西省就滴雨未下，由春至夏，虽偶有微雨，但从未深透，麦收无望，此后自夏徂秋，"天干地燥，烈日如焚"，间或补种的荞麦杂粮，出苗之后，"仍复黄萎，收成缺望"，全省只有大同、宁武、平定、忻、代、保德等几处略有收获②。由于长时间大面积的减产与绝收，民间蓄藏一空，严重的粮荒冲击着灾区的每一个角落，将愈来愈多的灾民推向饥饿与死亡的绝境。如果说在春荒时期，一些贫民还可以靠挖食草根树皮勉强度日，那么入夏以后，在前任山西巡抚鲍源深于5月30日向朝廷奏报灾情时，已经是"树皮既尽，亢久野草亦不复生"，于是"到处灾黎，哀鸿遍野；路旁倒毙，无日无之"③。各地灾民为了"苟延一息之残喘"，有的"取小石子磨粉，和面为食"，或则"掘观音白泥以充饥"，然而"不数日间，泥性发胀，腹破肠摧，同归于尽"④。有的则将柿树皮、柳树皮、果树皮、麦糠、麦秆、谷草等等和着"死人之骨、骡马等骨碾细食之"，至于家犬鸡猫牛羊等牲畜早已宰杀殆尽，有的干脆"将牛羊等皮扯块连皮毛掷灶中，火燎毛尽，皮可半熟，不待烹调，不嫌燥臭，两手一搓，忙催入口"⑤。

待一切可食之物罄尽无余，灾民们赖以维系生机的只有"人食人"了。这骇人听闻的字眼，在光绪三年入冬以后已是司空见惯的现实。王锡纶《怡青堂文集》中有这样一段令人不忍卒读的描写："……死者窃而食之，或肢割以取肉，或大脔如宰猪羊者；有御人于不见之地而杀之，或食或卖者；有妇人枕死人之身，嚼其肉者；或悬饿死之人于富室之门，或竟割其首掷之内以索诈者；层见迭出，骇人听闻。"因此，当奉旨前往山西稽察灾情的前工部侍郎阎敬铭周历灾区时，堂堂晋阳，犹如鬼国。在他往来二三千里的路程中，北风怒号，林谷冰冻，"目之所见皆系鹄面鸠形，耳之所闻无非男啼女哭"，

---

① 《曾忠襄公奏议》，卷8。

② 《荒政记》，《山西通志》，卷82；李文治编：《中国近代农业史资料》，第1辑，第741页。

③ 《光绪朝东华录》，第1册，总第409页。

④ 《曾忠襄公奏议》，卷5；《申报》1877年6月30日。

⑤ 《万国公报》，第8册，第5114页；《申报》1878年3月29日。

甚至"枯骸塞途，绕车而过，残喘呼救，望地而僵"①。

为了使读者对当时人间地狱般的灾区图景有一个更为具体而详尽的感官印象，我们不妨抄录一份刊载在《申报》上的《山西饥民单》——

　　灵石县三家村92家，（饿死）300人，全家饿死72家；屹老村70家，全家饿死者60多家；郑家庄50家全绝了；孔家庄6家，全家饿死5家。汾西县伏珠村360家，饿死1千多人，全家饿死者100多家。霍州上乐平420家，（饿死）900人，全家饿死80家；成庄230家，（饿死）400人，全家饿死60家；李庄130家，饿死300人，全家饿死28家；南社村120家，饿死180人，全家饿死29家；刘家庄95家，饿死180人，全家饿死20家；桃花渠10家，饿死30人，全家饿死6家。赵城县王西村，饿死600多人，全家饿死120家；师村200家，饿死400多人，全家饿死40家；南里村130家，饿死460人，全家饿死50家；西梁庄18家，饿死17家，洪洞县城内饿死4千人；师村350家，饿死400多人，全家饿死100多家；北杜村300家，全家饿死290家，现在20多人；曹家庄200家，饿死400多人，全家饿死60家；冯张庄230家，现在20来人，别的全家都饿死了；烟壁村除40来人都饿死了，全家饿死110家；梁庄130家，全家饿死100多家；南社村120家，全家饿死100多家，现在40来人；董保村除了6口人，全都饿死了；漫地村全家饿死60多家；下桥村除了30多人，都饿死了，全家饿死82家。临汾县乔村600余家，饿死1400人，全家饿死100多家；高村130家，饿死220人，全家饿死80余家；夜村80家，除30人都死了，全家饿死70多家。襄陵县城内饿死三四万；木梳店300家，饿死五六百人；义店120多家，饿死了6分。绛州城内大约1800家，饿死2500人，全家饿死60家，小米3300文1斗；城南面3个村子510家，今有280家，死1000多人，全家死200家；城北面6个村子1350家，死2400人，全家饿死500余家；城东面5个村子1700家，死1200人，饿死300多家，城西面6个村子1900家，饿死1500人，全家饿死100余家。太平县6个村子饿死1000多人，全家饿死100余家。曲沃县5个村子970家，全家饿死400家，饿死2000余人。

---

① 《光绪朝东华录》，第1册，总第514—515页。

蒲州府万泉县、猗氏县两县，饿死者一半，吃人肉者平常耳。泽州府凤台县冶底村1000家，6000人饿死4000人；天井关300家，现存60家，全家饿死240家；阎庄村360家，全家饿死260家；窑南村85家，全家饿死74家，下余五六家人亦不全；阎庄村符小顺将自己亲生的儿子6岁活杀吃了；巴公镇亲眼见数人分吃5、6岁死小孩子，用柴火烧熟；城西面饿死有7分，城东面饿死有3分，城南面饿死有7分，城北面饿死有3分。凤台、阳城两县活人吃活人实在多。阳城县所辖四面饿死民人有8分；川底村200家，饿死192家。沁水县所辖大小村庄饿死人有8分。高平县所辖大小村庄人饿死7分。潞安府8县光景不会（好）多少。所最苦者襄垣县、屯留县、潞城县。屯留县城外7村内饿死11800人，全家饿死626家。王家庄一人杀吃人肉，人见之将他拉到社内，口袋中查出死人两手，他说已经吃了8个人，活杀吃了1个，有一女年12岁活杀吃了。又有一家常卖人肉火烧，有一子将他父亲活杀吃了。有一家父子两人将一女人活杀吃了，这就是一宗真事。潞城县城外6个村庄5000家，饿死3000人，全家饿死345家。襄垣县城外11村内2000家，饿死2000人。汾州府汾阳县城内万家，饿死者10分中有2分，服毒死之人甚多，有活人吃死人肉者。汾阳县城东面7村内4080家，饿死2200人；城西面3村内1200家，饿死者10分中有3分；城北面7村内1万家，饿死者10分中有3分；城南面念村内5000家，饿死者10分中有3分；共有名之村大约360村，饿死者足有3分。孝义县城内5000家，饿死者有3分；城东面8村内2800家，饿死者有3分；城南面16村内1960家，饿死者有3分；城西面19村内2000家，饿死者有3分；城北面10村内1170家，饿死者有3分；米粮不敢行走，因强夺之人甚多。死人甚多，有卖人肉者，此外混行无能人食干泥干石头树皮等。太原县所管地界大小村庄饿死者大约有3分多。太原府省内大约饿死者有一半。太原府城内饿死者两万有余。光绪四年正月念日抄。①

我们相信，只要是有耐心读完这一份令人毛骨悚然的材料，就不会有哪一位读者还能够忘记我们的民族在近代历史上曾经承受过的创深痛巨的苦难。

---

① 《申报》1878年4月。

河南省的灾情，同山西约略相同。这年自春至夏，一直雨少晴多，小麦只有一半收成。入夏后更是"连日灾风烈日，干燥异常"，立秋时节，虽局部地区有些零星细雨，但大部分地区仍持续亢旱，土地干裂，草禾黄萎，特别是开封、河南、彰德、卫辉、怀庆5府，被灾尤为严重，许多地方河渠因之断流①。连昔日汹涌澎湃的黄河在伏秋大汛时竟然也波涛不兴，偌大的河槽仅有一线中泓缓缓流动。可是就在当时的河道总督李鹤年不无庆幸地向朝廷奏报"普庆安澜"时，辽阔的中州平原却已化作千里赤地了。《申报》上有消息说河南全省"歉收者50余州县，全荒者28州县"；奉旨帮办河南赈务的刑部左侍郎袁保恒抵豫后则称，全省报灾者八十七个州县，饥民五六百万，"被灾之广，受灾之重，为二百数十年来所未有"②。在这里，首先遭到天灾冲击的自然是那些"本乏盖藏，无以自给"的"贫穷下户"，他们"或变卖衣物器具，或拆售房屋瓦木"，等到"搜括罄尽"，便"不得不逃亡四出，扶老携幼，号泣中途"。至于"中户之家，日食不继，亦复如此矣"，"小康殷实之家，坐食山空，亦复如此矣"。③有一篇发自河南灾地的新闻通讯是这样记述灾民们的最终命运的：

> 某等自十月初十日由清江起早前往，一入归德府界，即见流民络绎，或哀泣于道途，或僵卧于风雪，极目荒凉，不堪言状。……若怀庆所属之济源，卫辉所属之获嘉，陕州所属之灵宝，河南所属之孟津及原武、阳武、修武等县，皆连旱三年，尤为偏重。其地非特树皮草根剥掘殆尽，甚至新死之人，饥民亦争相残食。有丧之家不敢葬张，潜自坎埋，否则，操刀而割者环伺向前矣。而灵宝一带，饿殍遍地，以致车不能行。如此奇灾，实所罕有。较诸海州、青州之荒更加数倍。即如汴城虽设粥厂，日食一粥，已集饥民七八万人，每日拥挤及冻馁僵仆而死者数十人，鸠形鹄面，累累路侧，有非流民图所能曲绘者。日前风雪交加，而冻毙者更无数之可稽。所死之人，并无棺木，随处掘一大坑，无论男女，尸骸俱堆积其中，夜深呼号乞食，闻者酸心，见者落泪。汴城灾象如是，其

---

① 《申报》1877年9月13日。
② 《申报》1878年1月11日；袁保恒：《文诚公集·奏议》，卷6。
③ 袁保恒：《文诚公集·奏议》，卷6。

余可想而知。①

饥荒的魔影还越过黄河天险和豫西山脉，笼罩着陕西全省及甘肃东部，毗连陕甘的川北也发生了百年不遇的奇旱，成为这一大荒区域的组成部分。陕西省的旱灾在时人看来是和晋、豫两省同等严重的。有关记载总是用"关中大旱，赤地千里"、"死亡遍野"、"涂莩相枕藉"来形容陕西省当年的情势。尤其是同州府属的大荔、朝邑、郃阳（今合阳）、澄城、韩城、白水及附近各县，灾情"极重极惨"。无以为生的饥民不得已纷纷聚众抢粮，有的甚至"拦路纠抢，私立大纛，上书'王法难犯，饥饿难当'八字"②。代理同州知府饶应祺到任时，连遭饥民拦阻，史称"饥民汹汹，遮道不得前"，饶氏不得不软硬兼施，宣称"此来赈汝饥耳，哗变者杀无赦！"才解开重围③。至于川北的旱灾，《南江县志》有颇为翔实的记载：

> 丁丑岁，川之北亦旱，而巴（中）、南（江）、通（江）三州县尤甚。……赤地数百里，禾苗焚槁，颗粒乏登，米价腾涌，日甚一日，而贫民遂有乏食之惨矣！蔬糠既竭，继以草木，而麻根、蕨根、棕梧、枇杷诸树皮掘剥殆尽。红籽一斗价至一缗，更复啖谷中泥土，俗曰神仙面。至冬而豆麦青苗亦盗食之，耕牛几无遗种。登高四望，比户萧条，炊烟断缕，鸡犬绝声。服鸩投环、堕岩赴涧轻视其身者日闻于野。父弃其子，兄弃其弟，夫弃其妻，号哭于路途。转徙于沟壑者，耳目不忍听睹。……是冬及次年春，或举家悄毙，或人相残食，殣莩不下数万。仁厚者始施棺，次施席，席不继则掘深坎丛葬之，名曰万人坑。灾之异，盖如此独怪。

从山西、河南往东直至大海之滨，包括京师在内的直隶全省和鲁西北地区以及江苏、安徽的部分地区，这一年依然有较严重的旱灾。直隶省年初即有春荒，入夏以后又亢旱缺雨，并一直延续到次年4、5月间，加上保定以西、河间以南，旱蝗交乘，因而灾区极广，仅河间一府就有二百余万灾民嗷

① 《申报》1878年1月11日。
② 《申报》1877年10月3日。
③ 《清史列传》，卷61，《饶应祺传》；《清史稿》，卷448，《饶应祺传》。

75

嗷待救，灾情之重为"数十年所未有"①。灾荒迫使大量饥民铤而走险，死里求生。在武强县，有千余灾民组成"砍刀会"，活动于景州、阜城、武邑、枣强、衡水、饶阳一带，霸州、通州、固安、故城等地也多有灾民组织武装，进行抢粮斗争。这逼近辇毂的武装抗争，与整个辽阔荒区内的饥民闹荒事件相互呼应，连绵不绝，使刚刚趋于平静的社会政治局面又骤然动荡不宁，清朝统治阶级"大有朝不保夕之忧"②。

进入 1878 年，北方大部分地区一开始仍有相当严重的旱灾，尤其是山西省，自春至夏，依然是雨泽稀少，连河水都"深不盈尺"，此后在经过 6 月间短暂的雨水期后，又遭连续亢旱，直到次年 7 月末始得透雨。不过从整个灾区来说，旱灾的严重程度已大大减轻了，陕西、山东、河南、直隶等省及其他地区的旱情从春到夏次第解除，持续数年的特大旱灾终于度过了它的巅峰阶段而趋于缓解。但是，旷日持久的大旱毕竟已使人民群众对于自然灾害的承受能力差不多到了极限，因此，我们在前面所描述的灾民们种种因饥就毙以及"人相食"的惨象，不仅没有随着旱情的缓解而相应地减少、绝迹，反而更加严重，更加普遍了。在山西，越来越多的村庄和家庭被毁灭了。有时，"全家饿民死于屋内，日久无人埋葬，或赤身弃于村外者，或掷于沟壑者，人食狼吞，惨不忍见"；困极无奈的灾民因无力养育子女，往往含泪把他们投到河渠沟壑之中，甚至有"母子偕投井者，有母没于路中，其婴尚生卧于死母怀中者"③。至于"父子而相食"、"骨肉以析骸"，也层见迭出，以致阎敬铭和曾国荃在向朝廷联名上奏时称之为"人伦之大变"④。在河南，也是"满门饿毙"、"尸横遍野"，侥幸活下来的饥民大多奄奄垂毙，骨瘦如柴，"既无可食之肉，又无割人之力"，有的甚至随风倒地，气息尚未断绝，即被饿犬残食⑤。在直隶的河间府，儿童们"只剩下枯干的皮包骨头，肚子膨胀，面色青黝，两眼发直"，一些壮年饥民"竟在领受赈济的动作中倒死在地下"⑥。就是那些逃奔京师的灾民，往往也逃不出死神的魔掌。或许是因为这里特殊的政治地位，动以数十万的灾民相率而来，以致挤满了京城各大粥厂，"每日竟

---

① 《李文忠公全集·奏稿》，卷 31，第 11 页；《李鸿章致潘鼎新书札》，第 130 页。

② 《光绪朝东华录》，光绪三年七月，第 5 条。

③ 《申报》1878 年 4 月 1 日。

④ 《荒政记》，《山西通志》，卷 82。

⑤ 《申报》1878 年 6 月 15 日。

⑥ 马士：《中华帝国对外关系史》，第 2 卷，第 340 页。

不得一饱"，于是"倒毙日多，横尸道路"，惨死在帝王权贵们的眼皮底下①。

不仅如此。就在春夏之间阳和雨露、旱情缓解之际，大面积的瘟疫又接踵而来。这场瘟疫来势极猛，席卷了灾区各地的城镇和乡村，许多奄奄一息的孑遗之民被无情地夺去了生命。河南省几乎十人九病，"此传彼染，瞬判存亡"②，安阳县死于瘟疫的饥民即占半数以上③，连钦差大员袁保恒也染疫不治，死于任上。陕西省"灾后继以疫疠"，道殣相望。延榆绥道道员以及榆林县的三任县令都相继染疫病殁，以至无人再敢赴任，弄得榆林府知府不得不一身兼摄道府县三官④。官宦如此，一般平民就可想而知了。山西省更是"瘟疫大作"，全省人民因疫而死的达十之二三。⑤据光绪《临汾县志》载，该县城关地面在这一年春间瘟疫盛行时，每天倒毙的饥民，不下数十百人，附近乞讨为生的男男女女，每隔十几天"辄一更易"，因为"从前行乞者尽成饿殍矣"。由于死亡人数太多，该县县令组织各地绅董，整整花了两个多月的时间，还没有掩埋干净。有些地方干脆草草了事，挖掘大坑，把尸体集体埋葬，平阳府小东门外，挖掘的万人大坑有三五十处，"坑坑皆满"⑥。待到秋来风凉，"沴气尽除"，一望荒原，尽是黄沙白草，累累枯骨，不闻鸡犬，不见炊烟，往往数十里杳无人迹。山西巡抚曾国荃当时在给友人的一封信中是这样发表他的感慨的："茫茫浩劫，亘古未闻，历观廿一史所载，灾荒无此惨酷"⑦。

时序转到1879年7月（光绪五年五月），这一场持续数年的大祲奇灾，总算快要噩梦般地过去了。在东起直鲁、西迄陕甘的广阔土地上，尽管山西省仍酷旱如故，尽管到处都还是一派大灾之后的荒凉破败景象，但龟裂的土地毕竟已开始湿润，久已干涸的河沟里重又流淌起涓涓碧水，田野上也点缀了些许绿色。然而，正当那些九死一生的人们开始盘算着如何重建家园的时候，一场新的灾难又降临到他们身上。这就是发生在西北地区的震级达8级、烈度为11度的甘肃武都大地震。

---

① 李文海等著．《近代中国灾荒纪年》，湖南教育出版社1990年版，第389—390页。
② 李文海等著：《近代中国灾荒纪年》，湖南教育出版社1990年版，第394页。
③ 《安阳县续志》，卷末。
④ 《清朝碑传全集补编》，卷19；《清史稿》，卷45，《童兆蓉传》。
⑤ 《荒政记》，《山西通志》，卷82。
⑥ 《申报》1879年7月21日。
⑦ 《曾忠襄公书札》，卷11。

这次地震发生在 7 月 1 日（五月十二日），震中在甘肃南部与四川接壤的阶州（今武都）和文县一带。据有关资料记述，当地震发生时，"有声如雷，荡决数百里"，阶州和文县两地一时间山飞石走，地裂水涌，城垣倾圯，房倒屋塌，城乡人民惨遭压毙的比比皆是，总共约有三万余人；加上地震时，因山岩崩坠，河水壅决，各地大水暴发，又有不少人被淹死，仅文县城就淹没了一万零八百三十余人，而阶州下游一个名叫"洋汤河"的巨镇，"万家烟火，倏成泽国，鸡犬无踪，竟莫考其人数"①。如果把压死和淹死的人数加在一起，那么，在震中地区，有数字可查的就有四万余人。仅仅就此而论，这也是近代中国从鸦片战争到中华人民共和国成立前夕这一百十多年历史中，除了 1920 年的海原大地震外，破坏性最大的地震之一②。何况其波及范围"东至西安以东，南过成都以南，纵横几二千里"③，其中受到较重破坏的地方有甘肃的西固、礼县、西和、秦州、秦安、南坪（今属四川）、徽县、清水、临潭、成县等，受破坏较轻的或受到影响的则有甘肃、山西、陕西、河南、四川、湖北等地至少一百三十四个县市，其中大部分地区在旱荒区域之内④。这无异于给正在从旱灾中复苏的群众一个新的沉重的打击。整个的华北灾区，几乎陷入惶惶不可终日的状态之中。

旷田畴十年未尽辟

如果说以英国为首的西方资本主义列强发动的两次鸦片战争，是中国"有开天辟地以来未有之奇愤"（冯桂芬语），如果说从 19 世纪 50 年代初期到 70 年代初期长达二十多年的时间内发生的清政府血腥镇压农民大起义的战争，是近代中国历史上最大的国内战争（就人口死亡数字而论），那么，随之而来的惨绝人寰的"丁戊奇荒"，也称得上是近代中国损害最为惨重的灾荒之一。

---

① 秦翰才：《左宗棠逸事汇编》，第 64 页，《清史稿》，卷 40，《火异志》；《中国地震目录》，第 178—182 页。

② 据《中国地震目录》、《近代中国灾荒纪年》等著作，近代中国 110 年中，造成万人以上死亡的灾难性大地震共有 6 次，其中和上述地震死亡人数相近的只有一次，即 1927 年 5 月 23 日甘肃古浪大地震。

③ 《光绪朝东华录》，第 1 册，总第 783 页。

④ 《中国地震目录》，第 178—182 页。

它从时间和空间两个方面，将我们这个民族在这一时期所遭受的种种巨大的苦难进一步无情地延伸了下去，扩展了开来，对当时整个的社会经济生活产生了十分广泛而深刻的影响。

据不完全统计，从1876年到1878年，仅山东、山西、直隶、河南、陕西等北方五省卷入灾荒的州县总数即分别为二百二十二、四百零二和三百三十一个。表列如下：①

省别 州县数 年代	山东	山西	陕西	直隶	河南	合计
1876 年	76	8		63	75	222
1877 年	79	82	86	69	86	402
1878 年	78	56	55	86	56	331

而整个灾区受到旱灾及饥荒严重影响的居民人数，估计约在一亿六千万到二亿左右，约占当时全国人口的一半；直接死于饥荒和疫病的人数，尽管在当时众说纷纭（参见下表②），但至少也在一千万人左右；从重灾区逃亡外地的灾民也不少于二千万人③。其中，山西省在灾荒蹂躏之下人口损失最为严重，在一千六百余万居民中，死亡五百万人，另有几百万人口逃荒或被贩卖到外地④。据故宫档案户部清册载，该省人口1877年达一千六百四十三万三千人，到1883年时只有一千零七十四万四千人，净减1/3以上。河南省在灾荒刚开始蔓延的1876年人口总数为二千三百九十四万三千人，到1878年旱灾达到高峰时急剧下降到二千二百一十一万四千人，共损失人口一百八十二万九千人⑤。陕西省人口损失也很惨重，尤其是渭河流域的西、同、凤、乾各属，"道殣相望，大县或一二十万，小县亦五六万，其凋残殆甚于同治初元

---

① 此表系据《近代中国灾荒纪年》而制。其中河南省1876年受灾州县数参见李文治编：《中国近代农业史资料》，第1辑，第734页，直隶省1877年受灾州县数参见《清德宗实录》，卷61，第9页。

② 表中数目依次参见李提摩太：《在华四十五年记》（英文版），第135页；马罗立：《饥荒的中国》（英文版），第29页；王士达：《现代中国人口的估计》，载中央研究院社会科学研究所编：《社会科学杂志》，1930年12月，第1卷，第4期，第39—40页；马士：《中华帝国对外关系史》，第2卷，第310页；王士达前引文，载《社会科学杂志》，1931年3月，第2卷，第1期，第78页。

③ 马士：《中华帝国对外关系史》，第2卷，第310页。

④ 马士：《中华帝国对外关系史》，第2卷，第340页。

⑤ 严中平：《中国近代经济史统计资料选辑》，科学出版社1955年版，第370—374页。

（著者按：即清政府镇压回民起义时期的人口损失，共五十余万）"[1]。

估计者	李提摩太	外国赈灾会	哈柏 （A. P. Happer）	马士 （H. B. Morse）	柔克义 （W. W. Rockill）
死亡人数（千人）	15000— 20000	9000— 13000	13000— 17000	10000	9500

至于重灾区，死亡率几乎都在半数以上，所谓"民死十之七八"、"户口损三分之二"、"户口已减十分之六七"等等记载，在灾区各县的方志中频频出现。有的学者根据有关史料，列出了山西、河南重灾区死亡人数如下表：[2]

山西省灾情严重地区的死者数

地　区	灾前人口	死　者	生　者	死亡率
太原府	100 万	95 万	5 万	95%
洪　洞	25 万	15 万	10 万	60%
平　陆	14 万 5 千	11 万	3 万 5 千	75.86%

河南省灾情严重地区的死者数

地　区	灾害以前	1877 年	1878 年	死亡率
灵　宝	15 万—16 万	—	9 万	37.5%—40%
荥　阳	13 万—14 万	—	6 万	53.8%—57%
新　安	15 万	10 万	6 万	60%

由于人口损失奇重，山西的部分地区如芮城、太谷、临汾、灵石以及河南灵宝等县的人口数目，直到民国时期，也未能恢复到灾荒前的水平。如芮城县1877年尚有人口十二万六千一百九十一人，到了四十余年后的1921年只有七万一千三百九十八人；临汾县大灾之后虽然补充了来自直隶、山东等省大量客民（约占全县当时人口的3/10），但60余年后的1933年，人口仍比灾前少了近两万人[3]。这种现象，固然同近代史上这些地区灾荒连年、生态失

---

① 《续陕西通志稿》，卷31，《户口》，第1页。

② 何汉威：《光绪初年华北的大旱灾》，香港中文大学中国文化研究所专刊二，1980年，第33—34页。

③ 《芮城县志》（民国），卷2；《临汾县志》（民国），卷2；《太谷县志》（民国），卷3；《灵宝县志》（民国），卷10。

衡的全局性环境有关，但"丁戊奇荒"所造成的人口凋零，确实是重要的成因。1934 年重修的《灵石县志》痛心地回顾了这一重大变故：

> 呜呼！[光绪] 三年，秋无寸草；四年，夏成赤地。两季不收，一年无食，而流离失所，死亡相继，论户四千余家，论人四万余口，至今几六十年而灾情犹存，元气未复，此亘古以来未有之奇灾也。是为记。

这里需要特别强调的是灾荒时期大规模的人口贩运所造成的灾区妇女人口的损失。由于饥民们在走投无路时纷纷卖妻鬻子，一些不法之徒更是乘灾打劫，拐卖诱骗，辗转掠贩，年轻妇女则是他们猎取的主要对象。从晋豫荒区向东向南分别经归德（今商丘）、周家口、光州（今潢川）至徐州、安徽、湖北等地的大路上，"贩子驱逐妇女南下者，百十成群"，或一二百人或三五百人不等，有时竟以千计①。豫北、豫西的济源、修武、灵宝、孟津、获嘉、安阳等县甚至出现了人市，被贩卖的女子，大都按照年龄长幼标出高低不同的价格，"换人两斤面，立刻夫妻分离"②。这样，死亡、逃荒再加上被贩卖，灾区妇女日见其少。河南卫、怀各属的年轻妇女，"死亡者半，贩买者半，所存不及十之一二"；新安县城甚至找不到青年妇女的踪迹，因为她们"尽被掠卖"了③。直隶省的年轻女子，也大都被带到南方去，仅灵丘（疑为任丘）一县，就有十万以上的妇女被拐卖了④。凡此种种，不仅制造了一幕幕妻离子散的家庭悲剧，而且严重损害了灾区的人口结构，导致人口性别比例的长期失衡，最终也就在很大程度上迟滞了北方地区人口恢复的进程。

从 19 世纪 40 年代开始到清朝政权灭亡，近代中国的人口基本上处于停滞不前的状态，19 世纪 50 年代初期，清中叶以来人口持续猛增的势头即告中断，并开始进入一个相当长的突降级段，此后直至 1887 年也没能恢复旧观，全国人口由 1851 年的四亿三千六百二十九万九千人下降为三亿七千六百十四万四千人⑤。在这里，最具决定性的原因自然是人所熟知的清政权长达二十余年的对农民战争的残酷镇压，但人们往往忽视了紧随其后发生的这场大祲奇

① 《申报》1878 年 5 月 30 日、7 月 6 日、7 月 10 日。
② 《申报》1878 年 2 月 27 日、7 月 25 日。
③ 《申报》1878 年 8 月 6 日、12 月 14 日。
④ 马士：《中华帝国对外关系史》，第 2 卷，第 340 页。
⑤ 章有义：《近代中国人口和耕地的再估计》，《中国经济史研究》1991 年第 1 期。

灾，也是这一时期中国人口大减员的重要因素之一。按西方学者哈柏的估计，这次旱灾所造成的人口损失，占这一时期人口死亡总数（61000000—83000000，其中农民起义时期的人口损失为 48000000—56000000）的20.48%—21.31%①。换一个角度来说，这一时期北方地区人口变动的大趋势虽然与全国的情况一样，但与之相应的升降过程并不是南北同步的。尽管陕西省自 1856 年起人口即急剧减少，河北省自 19 世纪 60 年代开始也有所下降，但山东、山西、河南等省的人口几乎一直保持了缓慢增长的势头，因而到1877 年，北方五省人口总数仍为一亿零七百八十万八千人，几乎接近 1851 年的水平（108352000 人）。只是在连续的大褪奇荒之后，北方人口才急剧减少，同 1851 年相比，1887 年人口减少了七百六十五万三千人，占全国同期人口差额总数的 12.7%②。正是"丁戊奇荒"构成了这一时期全国人口突降的另一个重要阶梯。

当然，北方地区在灾荒期间人口损失如此惨重，并不只是表现为对千百万人民生命的戕害，它还意味着对当时的社会经济造成的巨大的破坏。人口大规模亡失的本身，就是对社会生产力的极大摧残，因为人——准确一点说是劳动者，本来就是生产力系统中起主导作用的因素，或者如列宁所说的，是"全人类的首要生产力"；何况在自然经济占统治地位的农业社会中，如此大规模的人口逃亡，又是一种强迫性的劳动者和土地——最基本的生产资料——的痛苦的分离过程，必然导致被灾地区土地的大量荒芜。在山西省，灾区各地因人口亡失过重，"荒田废地，无一无之"，大都蒿莱满目，杂草丛生，不少地方甚至严重沙化、盐碱化，变成不毛之地③。据山西当局灾后的勘查，全省五千六百四十七万六千八百零三亩耕地中，因灾招致的"新荒地"（即所谓有地无主者）达二千二百万零七千七百六十亩；至于有主而无力耕种的"暂荒地"，虽然没有确切的统计，但数量当不在前者之下④。陕西省 1880

---

① 王士达：《现代中国人口的估计》，载《社会科学杂志》，第 2 卷，第 1 期。转引自《光绪初年华北的大旱灾》，第 140 页。

② 章有义：《近代中国人口和耕地的再估计》；赵文林、谢淑君：《中国人口史》，人民出版社1988 年版，第 405—412 页。其中 1877 年河北、陕西的人口数，系赵书修正补充数，陕西人口较 1851 年估计减少 4153612 人。

③ 《光绪朝东华录》，第 1 册，总第 600 页；李文治编：《中国近代农业史资料》，第 1 辑，第667、937 页。

④ 《曾忠襄公奏议》，卷 17；《山西通志·荒政记》。

年荒弃的田地约占全省民田（共三千零一十八万六千二百亩）的 3/10，其中很大一部分是"连岁大祲、转徙流离"造成的①。河南省也因"逃亡过半，村落为墟"，无人耕种的土地随处可见②。

问题还远远不止于此。在人丁骤减、田园荒废的同时，广大灾区的社会物质财富也遭到了极其严重的破坏。在旷日持久的大旱威胁之下，广大的饥民们为了充饥活命，总是不惜一切代价地变卖家产，诸凡衣、住、行等方面一切被认为是有用的物品无不拿到市场上进行廉价大拍卖，许多地方的灾民不惜将房屋拆卸一空，当作废柴出售，以致"到处拆毁，如被兵剿"③。就是平常被看作半份家当的牛马等牲畜也被宰卖殆尽，或充作了裹腹之餐。这一期间中国牛皮出口贸易的数据从正反两个方面反映了灾区畜力损失的惨况。1874 年牛皮出口量还只有一千二百零七担，1876 年就急剧上升到一万一千三百五十担，约相当于 1874 的十倍，这些牛皮绝大部分是从华北灾区输往国外的。到了 1877 年，由于灾区的农民们大量宰杀牛群，使牛皮"供应过多"，价格猛跌，"足以刺激对伦敦的大量输出"，致牛皮出口量猛增为五万七千一百九十二担，比 1876 年又翻了五番多。1878 年后牛皮出口量开始大幅度下降，则是因为这一年灾区瘟疫盛行，幸存的耕牛大批死亡的结果。即使如此，从 1876 年到 1879 年的 4 年间，牛皮输出总量也高达十三万五千五百零七担④。因此，千千万万的北方人民，经过顽强而绝望的挣扎之后，他们，甚至包括他们的祖辈惨淡经营、辛勤积攒的哪怕是非常有限的财产，也连同生命一起被残暴的天灾剥夺净尽了。待到幸存的人们死里逃生，他们除了空空的两手和嶙峋的瘦骨之外，已一无所有。他们为了延续曾经备受蹂躏过的生命，首先必须获得最基本的生活资料，因而也就限制了他们对农业生产的投入，即时人所谓的"急于糊口，而缓于耕作"⑤；即使他们有意于耕作，也没有籽种，没有农具，连从远方高价购求的耕牛，往往集合一村的力量，也无法饲养成活⑥。这样，一方面是劳动力奇缺，一方面是土地的大量抛荒，而联系二者之间的中介——生产工具又极度匮乏，种种因素，错综交织，使北方农业

① 《光绪朝东华录》，总第 968 页。
② 李文海等著：《近代中国灾荒纪年》，湖南教育出版社 1990 年版，第 393 页。
③ 《申报》1878 年 3 月 29 日。
④ 姚贤镐：《中国近代对外贸易史资料》，第 2 卷，中华书局 1962 年版，第 1125—1130 页。
⑤ 《光绪朝东华录》，总第 968 页。
⑥ 《曾忠襄公奏稿》，卷 16。

元气尽伤,在灾后相当长的时期内也没能恢复到原有的水平。十三年后接任山西巡抚并监修《山西通志》的张煦在追述此次大灾的影响时称:

> 耗户口累百万而无从稽,
> 旷田畴及十年而未尽辟。①

与农业生产凋零的状况相应,北方地区传统工商业也遭到了致命的打击而一蹶不振。山西省就是一个缩影。该省境内最主要的手工业——冶铁业趋于停顿,潞安、平定等地"户口凋伤,工匠略尽";道光年间拥有一千多座冶铁炉的晋城县,灾后"百业萧条,炉数顿减大半"②。著名的丝绢织造业,也因"桑植不蕃,机匠零落"而濒于断绝。极盛时机户达"千有余家"的泽州地区,灾后只剩下一家;原来向省城织造局提供工匠的十一个州县中,灾后就有九个州县召募无人③。该省原来尚称发达的商业更是一片萧条。潞安一带各行铺户,幸存的"仅止数家",而且"资本缺乏,销路无多",大都是"售卖残货"④。该省的厘金收入因此大幅度减少,收入最低的年限,与1876年相比,减少了54.90%以上,太原、平阳等府的税额甚至不及灾前的1/10,有些地区则"无从征收"。直到1883年(光绪九年),全省的厘金收入才达到灾前的水平⑤。可以说,在大祲奇荒的肆虐之下,近代以来举步维艰、严重衰败的华北经济自此更是急遽衰退,各地人民的生活也更加困顿不堪。1883年《北华捷报》上刊登的一篇对直隶农民的采访报告颇能说明问题:

> 农民们……大部分都很贫穷。……在荒年,他们经常以野菜为食,甚至连野菜都找不着而成群饿死,正像1878年和1879年的情况那样。在最好的年头,他们也吃最低级的食物,穿着朴素的衣服。他们的食物几乎完全是和大豆或豆腐渣混合起来的高粱玉米及小米。一块白面馒头便是一种特别的款待,当然更难吃到任何肉食。有一天一位贫农在叙述皇帝豁免田赋的时候说道,如果他是皇帝,他将成天都吃大饼,吃饱了

---

① 《荒政记》,《山西通志》,卷82。
② 《张文襄公全集》,卷5,奏议5;彭泽益:《中国近代手工业史资料》,第2册,第144页。
③ 《张文襄公全集》,卷5,奏议5。
④ 《曾忠襄公奏议》,卷16。
⑤ 罗玉东:《中国厘金史》,台湾文海出版社1960年影印本,第466页;《曾忠襄公奏议》,卷16。

就躺下休息。这就是贫农对生活享受的最高理想。①

　　然而，大祲奇荒对近代中国社会经济的影响还有更加深远的一面。在中外经济不平等交往的时代，它给中国人民带来的饥馑与贫困，又为外国资本主义列强无孔不入的经济侵略提供了极为便利的条件。灾荒之前，西方资本主义商品倾销的浪潮虽已开始冲击华北地区，但和东南沿海相比，毕竟还处于初始阶段，在整个对华贸易中，只占很微弱的一部分。此后，由于北方经济惨遭重创并长期竭蹶不振，人们的生活资料和生产资料近于枯竭，迫切仰求于外来产品的供应。而蓄势以待的廉价洋货，立即乘间而入，轻易地突破了内陆腹地自然经济的坚固壁垒，迅速占据广阔的华北市场，对华出口贸易额有了相当显著的增加。如灾前在华北地区的销售虽已"历有年所"但使用对象仅限于富商大户的洋布，就是在 1879 年以后才开始为广大农民所使用的，因而销数激增。据当时的海关报告称，该年"全国输入的棉布，大半系被天津、汉口、烟台三埠所吸收。天津吸收之数，不下 30.62%"。这种情况，"实收华北旱荒终止之赐。盖灾民随身衣着，经三年之服用，俱破旧不堪。其余各袭，亦已典质净尽，至是非重置新衣不可。顾土布产量有限，未免求过于供，势须借重洋布，以应急需"②。此后洋布进口一直保持持续不衰的势头。其他如洋米、洋面的输入量也开始增长，而洋纱、洋铁等商品进口量较之灾前则有着成倍的增长③。外国资本主义商品侵略如此迅速地扩张，加剧了中外贸易的不平衡状况，改变了中国对外贸易结构，使其开始了年年入超的新格局④。

单位：1000 两

项目 ＼ 年代	1875	1876	1877	1878	1879	1880
出口净值	68913	80851	67445	67172	72281	77884
进口净值	67803	70270	73234	70804	82227	79293
出超（+）、入超（-）	+1110	+10581	-5789	-3632	-9946	-1409

　　从上表可以看出，灾前出口远多于进口，出超达一千余万两。灾后进口

① 李文治编：《中国近代农业史资料》，第 1 辑，第 917 页。
② 《中国近代对外贸易史资料》，第 2 卷，第 1352—1353 页。
③ 参见《中国近代对外贸易史资料》，第 3 卷，第 1603—1604 页。
④ 参见许涤新、吴承明：《中国资本主义发展史》，第 2 卷，人民出版社 1990 年版，第 77 页。

锐增，入超近 1 千万两，前后形成鲜明的对比。当然造成这种状况还有其他重要的乃至根本性的原因，但毫无疑问，大祲奇荒确然成为中国经济半殖民地化进程中的一个重要环节。

创巨痛深后的沉思

应该承认，大旱奇荒发生以后，当时的中国社会为拯救这场灾难确曾付出了巨大的努力。清朝封建统治阶级为了维护岌岌可危的统治秩序，减轻灾害造成的严重后果，不得不运用行政手段，动员了大量的人力物力，采取诸如减免赋税、散放钱粮、设厂放粥、设局平粜等一系列荒政措施，力图赈灾安民。正在成长中的、具有近代资产阶级意识的新兴工商业者——主要是以上海为中心的江浙地区的绅商也挺身相救，发起组织了民捐民办的义赈活动，他们一面凭借自身的社会声望，劝捐募款，一面又亲历灾区，登门施赈，在苏北、山东、河南、山西、直隶等灾情最严重的地区，几乎都留下了他们的足迹。生活在中国香港、新加坡、菲律宾、泰国、日本及美国等地的广大爱国同胞和华侨也纷纷慷慨解囊，献出一片片赤子之心。而在华活动的西方传教士、官员及商人，为了扩大他们的势力和影响，首次有组织有计划地将西方的赈灾事业引入中国，客观上多多少少地增加了中国的救灾力量。然而正如薛福成在 1879 年代李鸿章起草的一篇序言中指出的，尽管当时的人们"博求拯济之术"，"知无不为，为无不勉"，但所取得的实际效果，和巨大的灾难相比较，仍显得微乎其微，"拯救不过十之二三"①。两者之间的强烈反差，不能不引人深思：究竟是什么原因导致这场灾难的？

自然灾害，顾名思义，是由自然条件的变化引起的，但这种变化只有通过社会内在的不同条件，才能对社会发生不同的作用。尤其是像"丁戊奇荒"这样的千古巨祲，更不仅仅是由气候的异常变化引发而生的偶然现象，即所谓"大祸晋豫"，它实际上是这一时期中国社会内部危机的一种特殊表现形式。因为长时间大面积的干旱固然可以造成农产绝收、粮食不足，但最终导致奇灾大祸，应是当时中国社会内在的政治、经济条件所决定的。从某种意

---

① 薛福成：《庸庵文编》，第 3 卷，第 15—16 页。

义上来说，"丁戊奇荒"正是近代中国半殖民地半封建化历史进程中经济凋敝、政治腐败等社会危机演化发展的必然产物。

我们已经说过，"丁戊奇荒"是在紧接着那一场绵延了20余年的战乱之后降临到中国人民头上的新浩劫，这种时间上的连续关系背后，就已经隐含着某种内在的因果链条。在外国侵略者将战火引向畿辅腹地之后，在清朝军队镇压农民起义的烧杀劫掠之下，北方地区原本十分落后的社会经济更加残破不堪。河南、山东、直隶等省的大片土地以及苏北、皖北一带，"田园荒芜，庐井零落，民之颠连无告者所在皆是"①。地处黄土高原的陕甘两省，受战乱破坏的程度也不亚于东南各省，大多数州县人烟稀少，土地废耕，水渠壅塞，仓储尽毁，呈现出"千里萧条，弥望焦土"的荒凉气象。山西南部各州县也因多次遭到战火的波及而疮痍满目，元气大伤。即令是一时幸免于战火洗劫或受害较轻的地区，也逃避不了清政府为应付庞大的军事开支而倾压过来的财政经济负担。如山西省每年的财政收入不过三百万两左右，而解拨各种名目的军饷如京饷、固本饷、协饷及本地军饷等，总计将近五百余万两，朝收夕解，入不敷出②。农民的负担当然随之空前地加重了，因为种种军饷大都是以钱粮（田赋）及其加征浮收的形式最终转嫁到他们身上，而除此之外，他们还要承受沉重的兵徭征派，"粮银一两，派银数倍不等"③。长此以往，纵是民殷物阜，也会损耗殆尽的。"各省被扰而晋省骤贫"，这是灾后不久继任山西巡抚的张之洞对该省民穷财尽的缘由所下的断语，事实上，北方各省的所谓"完善之区"，又何尝不是如此！

在所谓"同治中兴"时，清朝统治者也曾喧嚷着要减赋减征，但以往强加于北方人民的剥削压迫实际上并没有减轻，尤其是差役征派，经过长时间的发展以后反而转化为北方各省根深蒂固的苛敛陋习。据钦差大臣阎敬铭披露，此时兵差固然少有，但"流差为害滋甚"。这种"流差"，名目繁多，诸如借差、例差、藏差等等，不一而足，连一些官员回籍探亲或私事他往，也要以公差的名义向过往州县索取差费银，折收车马钱。各地农民，每呈交"粮银一两，率派差钱八九百、一串余不等"④。山西省由于"右辅畿疆，西

① 葛士浚：《皇朝经世文续编》，卷93，第13页。
② 《曾忠襄公奏议》，卷18。
③ 《光绪朝东华录》，总第759页。
④ 《光绪朝东华录》，总第759—760页。

通秦蜀，军差、藏差、饷差络绎于道"，各州县为了支应差徭，几乎"日不暇给"，每年所派差钱，大县五六万缗，小县万缗至数千缗不等，大都按粮摊派①。介休县每亩地丁制钱二百文，差钱则派至四百—五百文，已是正赋的二倍多②。这样，农民们一年的劳动所得，除了纳赋、应差以及充作牛力籽种之外，往往一无所余，就是在正常年景也难以糊口，一遇荒歉，就只有陷于饥馑流离的境地了。当时的有识之士谈及此次大祲奇荒与赋役的关系时，曾经不无痛切地指出：

> 山西丁粮视东南为重，农家地少已形困苦，而差徭之重尤甚于正供，往往禾稼在田，追呼在室，竭终岁耕作之苦，不足交官，何有盖藏，至灾既成，犹有以赈粮抵差钱者，平日可想。……故饿殍见于既荒之际，饥溺已形于未荒之年。③

与战火的洗劫和差徭的勒索不同，鸦片的种植显然是在一种悄无声息的状态中迅速蔓延到北方各省的。这是在商品倾销的浪潮大规模袭击之前，外国资本主义对北方农业经济最主要的也是最致命的摧残。

近代以前，我国基本上是没有鸦片种植的，但经过两次鸦片战争，以英国为首的资本主义列强不仅强迫清政府放弃禁烟政策，还进一步取得了鸦片贸易合法化的特权，输入中国的鸦片逐年激增，自20世纪60年代后每年多达五六万担，耗银二三千万海关两，成为中国经济生活中一大无法堵塞的漏卮。这种情况迫使统治者转而采取挖肉补疮的消极方式，自种自产，与"洋药"争利，如李鸿章即认为，既然"洋药不能禁其来"，倒不如"开洋药之禁以相抵制"④。这种看法是很有代表性的。实际上自鸦片贸易合法化后，清政府已无法坚持禁种政策了，而1859年实施的征收土药税厘的条例，则更为鸦片种植大开门径。同时，由于鸦片禁令的逐渐废弛，吸食鸦片的人愈来愈多，到1877年，"通计各省士民陷溺其中者率十之四五"⑤，鸦片的社会需求量不断增长，这在很大程度上也刺激了鸦片种植的发展。因此，到了70年代

---

① 《光绪朝东华录》，总第601、1358页。
② 《申报》1879年7月25日。
③ 《解州志》（光绪），卷11。
④ 《朋僚函稿》，《李文忠公全集》，卷17，第14页。
⑤ 《光绪朝东华录》，总第396页。

初期，我国西北地区的鸦片种植面积迅速扩大，甘肃、陕西、山西成为罂粟盛产之地，山东、河南也大量种植，给北方地区的农业生产造成巨大的破坏。罂粟一方面不断侵占粮食及其他经济作物的耕地，使大量良田沃土沦为恶卉生长之区。如山西全省五十三万顷土地，有1/9种了鸦片；甘肃之宁夏"宜谷腴地，半已化为妖卉"；陕西省"地尤肥饶"的渭南，也开遍了粉红杂绿的罂粟花①。另一方面，它又侵占和损害了大量的农业劳动力。因为罂粟收浆之际，正逢农忙季节，结果"人力尽驱于罂粟，良苗反荒芜而不治"；况且随着鸦片种植面积的扩大，民间吸食鸦片的人也日渐增多，"业已种之，因而吸之，家家效尤，乡村反多于城市"，劳动者体质大受损害，"怠惰颓靡，毫无朝气"，终至懒于劳作，荒废农时②。由于大量的耕地、劳力被"可食无肉"的鸦片占夺而去，粮食产量大幅度下降，本来即已存在的粮食供给不足的问题也就更加恶化了，灾歉之时，必然形成严重的粮荒。正如曾国荃所言，"此次晋省荒歉，虽曰天灾，实由人事。自境内广种罂粟以来，民间蓄积渐耗，几无半岁之粮，猝遇凶荒，遂至无可措手"③。当时的陕甘总督左宗棠也说，"上年奇灾（著者按：指晋豫秦），乃鸦片之一大劫"④。这些议论足以表明鸦片种植危害之烈。不过需要强调的是，造成这场劫难的罪魁并不是这种无知觉的植物本身，而是隐藏在其后的外国资本主义丧心病狂的经济侵略。

当北方各省的社会经济在内外夹击之下极度衰败乃至差不多完全丧失了对特大旱荒的抵御能力时，清王朝的统治危机也日趋加重，腐败程度更是有加无已，这不仅使清政府在灾荒发生后所作出的种种救荒努力，在很大程度上被来自它自身的腐败力量抵消了，有时甚至使其荒政走向反面，人为地加重了灾区人民的苦难。

经过农民大起义的重创之后，清王朝的统治机关固然基本上完整地保存了下来，但毕竟失去了往昔高度集权的统治局面，皇室纷争不已，督抚各自为政，中央和地方之间也矛盾重重，或遇利必争，或遇事推诿，明争暗斗，风波靡定，整个统治机构运转失调，行政效率大为降低。这种情况必然给救

① 赵矢元：《"丁戊奇荒"述略》，《学术月刊》1981年第2期；《左宗棠全集》，奏疏，卷53，第8页；《曾忠襄公奏议》，卷8。
② 《曾忠襄公奏议》，卷8。
③ 《曾忠襄公奏议》，卷8。
④ 《左宗棠全集》，书牍，卷20，第13页。

灾工作带来极为不利的影响。诚然，在清廷的督导之下，受灾各省不少督抚大员勤于赈灾，不辞劳瘁，但往往自顾不遑，各自为战；灾轻或无灾省份的封疆大吏除少数热心支持赈救外，大都作壁上观，对于清廷支持灾区的谕令，拖延搪塞，从不认真执行。而位居枢要的中央户部大员和军机大臣对救灾工作也"毫不助劲"①，对来自灾区各省请求拨款拨粮的公文置若罔闻，正如一位御史所揭露的，"今（疆臣）请帑则部臣驳之……乃枢臣一准部议而不审是非……疆臣格于部议而莫可如何"，竟至"文书往复互相推诿，坐视两省（著者按：指山西、河南）灾民靡有孑遗，悍然不顾，是数百万垂尽之残黎，不死于荒而死于部臣之心术也"②。

更为严重的是，正当灾荒不断发展时，垂帘听政的慈禧太后和恭亲王奕䜣之间的斗法也愈演愈烈。慈禧为剪除异己，竟然以"遇灾修省"为借口，在1878年3月（光绪四年二月）将奕䜣及其同党宝鋆、沈桂芬、景廉、王文韶等军机大臣"严加议处"，"革职留任"③。这一出其不意的行动固然打击了恭亲王的势力，但不可能收到振衰起敝、力挽颓风的效果，反而于赈务吃紧之际制造了一场不大不小的政治地震，使赈务备受掣肘。

至于灾区各省的种种弊窦和黑幕，就更是一言难尽了，诸如"匿灾不报"、"买灾卖荒"、侵吞克扣等传统荒政的各式痼疾，无不蔓延扩大，恶性发展，有的甚至到了敲骨吸髓、令人发指的地步。如河南省早在1876年（光绪二年）就已经出现了严重的灾情，然而到了第二年8月，河南省当局还在刻不容缓地"催比征科"，有些州县则"逞其威断，肆意刑求"，迫使灾民们"卖儿鬻女以充正供，舂石和泥以延残喘"④。尽管清政府也严惩了一些作奸犯科的官吏，但往往于事无补，"民隐虽宣而民生垂尽"；更何况在一个严重腐朽的政权统治之下，这种做法也只能收效于一时一地，却不可能澄清泛滥于各地政界、生生不已的浑水与浊流。

从某种意义上来说，北方地区当时极为落后的交通运输条件也增加了饥荒的严重程度。在整个辽阔的荒区内，除了直隶、山东可得海运之便外，河南、山西、陕西等省均处于内陆腹地、黄土高原，物资转运主要依赖以人畜

---

① 《朋僚函稿》，《李文忠公全集》，卷19，第32页。
② 《光绪朝东华录》，总第532页。
③ 《光绪朝东华录》，总第556页；《清德宗实录》，卷68，第15页。
④ 《光绪朝东华录》，总第449页。

为动力的陆路运输。尽管官方和民间想方设法从东北、东南及西南各省调购了大批的粮食，但却无法迅速地运往灾区。如赈济山西的粮食运抵河南道口、直隶泊头及山东馆陶等地后，"相距晋界均在千里之外，舍舟登陆，雇车极难"，而且一进入山西省界，又由于道路逼仄，山径崎岖，全靠马拉驴驮，"辗转飞挽"，行进艰难；更何况大灾之后，牲畜也倒毙一空，运输工具极为缺乏，致使赈粮"往往滞于中途，万难速到饥民之口"。① 即使是在平原地区，赈粮虽然可以利用水运，但在转运过程中也遇到了很大的困难。前述运至道口、泊头、馆陶等地的粮食，大部分是以天津为中枢河运而来的，由于天旱水涸，河道浅狭，舟行极慢，因而长期堆积在天津难以及时运出，形成"米至天津竟为止境"的局面②。河南省购自南方的赈粮，也因为沙、涡各河，"处处阻浅"，"濡滞不得亟前"③。而陕西省从湖北、湖南采购的粮食，则因"襄河浅阻，汉水可以徒涉，丹江久涸不能通舟"，不得不改为车运、夫运④，增加了粮运的艰难。水陆交通如此不便，不仅使赈粮不可能及时地运往灾区以接济奄奄垂毙的灾民，而且导致运价奇昂，使赈款耗费在路途上而不是转化为民食。据估计，山西、陕西两省用于运粮的经费都超过了赈款的一半以上⑤，这不能不是令人痛心的事实。不过，这种交通不便对灾情的影响，只是在灾区各地由于上述各种社会因素导致的普遍贫穷和严重粮荒的情况下，才凸现出来的，它本身并不是构成大祲奇荒的直接原因。《山西通志》曾就这种"千里赍粮"而"待毙日众"的现象，对"丁戊奇荒"与1846年北方的旱灾作了一个比较，并得出如下合乎逻辑的推论：

> 较其情形（按：指丁丑、戊寅年灾情），略与道光丙午（1846年）相仿，即陕豫并歉，亦无甚异。乃昔但借仓缓赋，不烦公家之赈，并无大伤；今则发帑截漕至竭天下之财，几于不救，岂非时使然欤？⑥

按我们的理解，这里的"时"，从本质上来说，应该是近代以来国内封建主义日趋腐败的政治制度和残酷的经济剥削，是国外资本主义日趋加深的经

---

① 《曾忠襄公奏议》，卷14。
② 《申报》1878年6月7日。
③ 《文诚公集·函牍》，卷2，第11页。
④ 盛康：《皇朝经世文编续编》，卷45。
⑤ 《荒政记》，《山西通志》，卷8；《谭文勤公奏稿》，卷6。
⑥ 《荒政记》，《山西通志》，卷8。

济侵略。当然，强调这场灾难的社会根源，强调它发生、发展的历史必然性，丝毫也没有低估、更没有排除源于自然界的异常破坏力量。实际上，饱经蹂躏、摧残而衰败不已、严重失调的北方社会经济，正是在来势凶猛的特大旱灾袭击之下全面瘫痪的，并因此转化为一场椎心泣血的人间悲剧，转化为后世中国人民刻骨铭心的惨痛记忆。天灾造成了人祸，人祸加剧了天灾——这在剥削阶级占统治地位的社会之中，确是一条铁的规律。

5　南国巨潦：1915 年珠江流域大洪水

1915 年的中国处在这样的历史时期：四年前，爆发了具有伟大历史意义的辛亥革命，把中国最后一个王朝的最后一位皇帝拉下马来；三年前，具有资产阶级共和国性质的中华民国成立，孙中山在南京就任临时大总统，但仅仅几个月后，他就被迫辞职，把政权让给了窃国的袁世凯；此后，相继发生宋教仁被刺案、以讨袁为目的的二次革命和下层民众自发反抗的白朗起义，最终也都无改于袁氏集团的黑暗统治。就在这年（1915 年）年底，袁世凯竟然冒天下之大不韪，决意复辟帝制，下令改第二年（1916 年）为"中华民国洪宪元年"，准备在 1916 年的元旦正式登上皇帝宝座。

辛亥革命正如一道闪电，她的辉煌光芒一度照耀了中华大地，却并没能够让中国走出黑暗的半殖民地半封建社会。尽管以孙中山先生为临时大总统的南京临时政府，在它存在的短短三个月时间里，曾经采取一系列有利于社会发展的措施，但这新的气象毕竟是太短暂了。鲁迅先生说："见过辛亥革命，见过二次革命，见过袁世凯称帝，张勋复辟，看来看去，就看得怀疑起来，于是失望，颓唐得很了。"这种失望的心态，已经揭示出了 1915 年前后的社会面貌和实质，在这个大背景下，任何寻找自然灾害得以减轻以及抗灾、赈灾的状况得到明显改观的企图，都只能落为泡影。

就在这一年，以广东为中心的珠江流域在连年的水灾之后，酿成了毁灭性的洪水大泛滥。

鱼米之乡的忧患

珠江的长度在我国的江河中只排第五位，但它的流量却为黄河的七倍，仅次于长江。它是由干流西江（流经云南、贵州、广西、广东）和北江、东江在广州附近汇集而成。由三江年深日久地冲积而成的珠江三角洲也成了广东的象征。三角洲上风光秀丽，四季常青，河渠纵横，稻浪无垠，盛产大米、蔗糖、蚕丝和塘鱼，是南国大地上一颗灿烂的明珠。缔造这块沃土的珠江，含沙量仅为黄河的大约1/300。可以想见，珠江是多么的清澈。那么，是否可以就此下个结论，珠江的水患要少得多，也轻得多？

不，珠江有它自己的致患因素。珠江各河流经高温多雨地区，雨季长，台风多，潮汛急，广东每年的汛期（4—10月）达半年之久，洪水暴涨便是寻常事。据验测，西江一般在5月发洪，历时30—45天；北江、东江4月发洪，而最大洪水也常出现在5—6月间。一旦东、北两江支流的洪峰和西江干流洪峰相遇，就会造成不可估量的水灾（我们将要描述的1915年珠江水患，正是这样一个典型的实例）。另外，由于珠江流量甚大，尽管含沙量小，但河口淤沙，水位日高，从而导致河决基围的情况同样不可避免。

据《珠江三角洲农业志》统计，在1278年（宋）以前的三百零九年中，共发生水患五起，平均间距61.8年；1279—1367年（元）发生水患十四起，平均间隔6.29年；1368—1795年（明—清中叶），发生水患二百十六起，平均间距1.98年；1796—1949年（清嘉庆—民国），发生水患一百三十七起，平均间距仅1.116年。这个统计表明，在宋元以前，珠江流域的水患还很不足为道，但从晚清到民国年间，水患已经迅增至几乎无年不灾的程度。这种历史性的水患变迁状况让我们不能不做这样的估计：黄河流域泥沙淤存，河床垫高，渐而形成悬河终致河决的水患过程，同样可以降临在珠江之上。而当地特有的大降雨量、强台风和长汛期，对于珠江的泛滥，往往起到致命的作用。

一项对1796年（嘉庆元年）到1911年（宣统三年）被灾地区统计的结果是这样的：珠江流域总计为七百五十一县次，其中西江二百五十五县次，北江一百三十四县次，东江六十一县次，珠江三角洲河口区三百零一县次[1]，平均每年约有8.2个受灾县次。进入清代特别是嘉庆朝以后，珠江水患愈演愈烈，这个明显的变化受到封疆大吏和地方舆论的普遍注意。光绪朝曾任两广总督的张之洞奏称："粤广肇两府水害考诸省志，以前每数年、数十年而一见，近二十年来，几于无岁无之。"[2]此前咸丰年间的《顺德县志》载："（顺

---

① 据《清代珠江韩江洪涝档案史料》，中华书局1988年版，第8—11页统计。
② 《重辑桑园围志》（光绪朝）。

德）在乾隆以前水患未甚，已有筑堤环衬拒水者，近三十年来，则势益甚，岁益数大率无三年不被淹浸。"道光年间的《新会县志》说："乾隆间沙坦承报尚少，而西潦未为大患。及今承垦愈多石坝愈多，水患亦愈烈。沿海居民，西潦一至，田庐尽废，禾稻不登，民有其鱼之叹。南、顺、新、香、番、东莞等县地方皆然。"从咸丰年间"无三岁不被淹浸"到光绪时的"无岁无之"，珠江流域的水患明显地表现为加速度发展的趋势。

1906年之后，伴随封建王朝末日，也是民国时代前夜的珠江水患，可以举出许多——

1906年5月17日（光绪三十二年四月二十四日），署两广总督岑春煊奏称："本年入夏以来即已大雨时行，有时黑云低压，白昼如晦。三月下旬至四月上旬大雨如注，连宵达旦，以致西、北两江涝水同时暴涨，水势之盛为近年所未有，各属围基岌岌可危。……今岁春末夏初淫雨为灾，以致水涨决堤，牵连多处。新秧甫插旋被水冲，或为积雨所淹，沙土所压，桑禾俱损，蚕业失收，灾民失业离居。"① 这次洪水，造成南海、三水、清远、顺德、香山（今中山）、高要、高明、四会、封川、信宜县等许多地区围堤冲决，城垣坍塌，民房毁损，田禾冲刷。其中香山县的一些地方，在四月十五日又遇上了强烈飓风，致使"雷雨交作，倒塌房屋篷寮四百余间，压毙男妇三十五口，压伤一百五十余人"。三个月以后，肇庆、高州等地又一连数天大雨不住，西江水势骤涨，"四会县属之姚沙围，被水冲决七处。广宁与茂名、化州、石城、吴川等州县，各被水冲决河堤，均有倒塌房屋并压毙、淹毙人口情事。船只亦间有漂没，田禾多被淹浸"②。

1908年6月1日，两广总督张人骏奏报："粤省光绪三十四年五月间大雨经旬，东、西、北三江涝水同时涨发。"九月，"飓风复作"，"山水与海潮并涨，各属多有冲决围基，倒塌房屋，伤毙人口，淹没田禾情事"。被灾地区涉及数十州县，"灾黎几及百万，待赈孔殷"③。

1909年是中国最后一个皇帝——三岁的溥仪即位的第一年。广东省的"献礼"便是水患频频。省城广州从农历四月初即阴雨霏霏，四月底到五月初一直降大雨，西江水势亟涨，东北两江同时并涨，十几个州厅县，"各有冲决

---

① 《清代珠江韩江洪涝档案史料》，中华书局1988年版，第183页。
② 《清代珠江韩江洪涝档案史料》，中华书局1988年版，第183页。
③ 《清代珠江韩江洪涝档案史料》，中华书局1988年版，第187页。

基围田茔，并或坍塌房屋，或溺毙、压毙人口情事"①。秋后，又是"风雨骤作"，二十余州县"或倒塌衙署民房，伤毙人命，或覆溺船只、塌卸城垣、冲决基茔、淹浸田禾"，其中东莞县冲决大小堤茔六十三处，新宁县塌屋三百四十余间，翁源县冲决基茔一百五十余丈，善县塌屋千余间，高要县冲决围基二百余丈，东安县淹田四万余亩，塌屋二千四百十四间，淹毙人口不计其数。据当时的两广总督袁树勋获悉的灾况，"统共遭风被水二十三厅县，冲坏围基自数百丈及数十丈、数丈不等，虽情形轻重不同，而受灾贫民均堪怜悯"。

1911年（宣统三年），在清廷覆亡的大约前一个月，广东东部属韩江流域的潮州府又发大水。两广总督张鸣岐奏报："潮州府属地方，本月（七月）十一日大雨，山水暴发，江流陡涨，东津堤骤决，淹没田亩无算。次日，海阳、澄海等县属各堤，又相继冲决，淹毙人口不可胜数，受灾均属甚重。"②

1911年10月10日，武昌革命爆发，中国封建王朝的丧钟终于敲响了。12月25日，孙中山从国外回到上海，六天以后，中华民国宣告成立，孙中山就任临时大总统。这一天是1912年的元旦。

新的纪年。新的国家。新的政治集团。新的总统。然而，一连串形式上的新概念并没能创造出一个中国的新时代来。万众寄予期望的中华民国临时政府仅仅存在了短短的三个月。中华民族依然呻吟在天灾人祸当中！

一些先进的中国人首先丢掉幻想，陷入了深深的忧患。1913年李大钊作文悲叹道："哀哉！……满地兵燹，疮痍弥目，民生凋敝，亦云极矣。……农失其田，工失其源，父母兄弟妻子离散茕焉，不得安其居，刀兵水火，天灾乘之，人祸临之，荡析离居，转死沟洫，尸骸暴露，饿殍横野。"③ 他在另一篇描述国情隐患的文章中同样忧愤地写道："蒙藏离异，外敌伺隙，领土削蹙，立召瓜分，边患一也；军兴以来，广征厚募，集易解难，饷糈罔措，兵忧二也；雀罗鼠掘，财源既竭，外债危险，废食咽以，财困三也；连年水旱，江南河北，庚癸之呼，不绝于耳，食艰四也；工困于市，农叹于野，生之者敝，百业雕瘵，业敝五也；顽梗未净，政俗难革，事繁人乏，青黄不接，才难六也。"④ 这两段简略的文字是对民国初年悲惨社会的系统概括。其中"天

① 《清代珠江韩江洪涝档案史料》，中华书局1988年版，第188页。
② 《清宣统政纪实录》，卷59。
③ 《李大钊选集》，第3页。
④ 《李大钊选集》，第6页。

灾乘之"、"连年水旱"等句，反映了一个杰出的爱国者对当时自然灾害的严重程度的警觉。而在这一时期频发的灾害中，洪涝之灾席卷大半个中国，几乎成了灾难的象征。

1912年到1914年，安徽、江苏、福建、广东、湖南、直隶、陕西、四川、浙江、云南、湖北、广西、吉林、山西、黑龙江、山东、江西、贵州等省相继被水，举国到处汪洋，这给本来就难以看到光明和昌盛的中国社会，更添上了几分阴晦和凋敝。

请看广东省——

1912年。初夏，东江流域的惠州先发大水，《申报》云："军民绝食。"东江自旧历端午节出现涨水的情势，连日不辍，到7月初，惠州城成了水国，水深已达五六尺之多，城内东禄元街的积水已没过人头。"连日住宅铺户共约倒塌百数十间，街上之水亦溺毙男女数人。"① 随后，广州西部位于三江交汇处的三水县潦水陡涨，汹涌的水势将大海洲乡的围基崩决，四围顿时化作一片汪洋，"禾田杂粮尽遭淹没，饥民遍地，有令人目不忍睹云"②。各处江岸的溃决险情层出不穷。广东东部的潮州府连被水患，7月10日《申报》报道说："惠来县于六月十三号起，大雨连夜。至十七号，平地水深四五尺余，城门不能出入……房屋倒坏数十间……田园植物多已浸坏，想早造亦难望有收矣。又二十一号忽又雷雨大作，水势更汹，城之北隅被水推倒约三丈余，为从来数十年未有之奇灾云。"1912年是民国元年，到广东发生水灾时，孙中山先生已经辞去了临时总统的职务，政权落到投机军阀袁世凯手中。虽然看不到了以往常见的"总督"、"巡抚"们就水情上报给朝廷的奏折，但《申报》的记述，能让我们和前面谈到的清末最后几年的灾情作个比较，新的政权并未扭转珠江流域的灾患局面。

1913年春天，广东西江、北江一带"迭遭风雨，水势陡涨"，又是一番拔树倒屋淹没人畜禾稻的惨象③。5月4日的《申报》，以较长的篇幅，对5月初的一场奇惨的水祸作了细致的写实报道——

　　昨夜三点钟时，自飞来峡上至英德县属，忽起狂风，继则滂沱大雨，

---

① 《申报》1912年7月4日。
② 《申报》1912年7月4日。
③ 《东方杂志》，第9卷，第12号。

直至午后一点始息。闻琶江附近，当起雨时，先雨雹约一小时之久，大如鸡蛋。雨止后，英德一带之江河忽然澎涨，其来源颇猛，一日夜之久，竟涨至一丈余，如源潭关前琶江口横石等墟及附近各村乡，多被淹浸，致田间野地亦成为一片汪洋。当狂风陡起之际，闻胡联村倒塌房屋数间，树木多被拔起，又粤汉铁路横石站全间瓦盖亦被揭去。……粤汉铁路黎洞站附近之山，其路轨原系穿山而过，是时该山忽然崩下，阻塞洞口。而琶江附近叔伯塘之路基又泻下数尺。最奇者，石梨塘之路基，在基中深入数尺，其形如井。其自源潭以上，沿路均有倒泻，故英德之东亦不能南下，二十四日之北上车尚能勉强抵琶江口，而二十五号则仅到源潭而止。……此次西江水涨，其故缘于上游雨水过多。从化县于本月二十四日早四点钟起至暮止，倾盆大雨，以致山水暴发，各处纷报崩基，计当时鱼梁尾埠基围崩四十余丈，新河基围崩十余丈，大凹村基围崩至七八十丈，麻村石峡各崩围二三十丈，东区大石洞、韶洞冲塌屋宇无数。除牲畜不计处，溺毙数十人。麻村墟大富围石峡各村，适当其冲，全村屋宇皆被冲塌，家具牲畜悉被漂流，溺毙十余人。人民饥饿无依情形，至为惨苦。而县城城门各处，亦浸至二丈余，县署亦被冲塌。约计损失总数在百万内外，实为近年来罕见之奇灾云。

半年之后的 10 月份，已届晚秋时节，珠江流域突然又风雨如潮，大水山呼海啸般地袭来。长宁、普宁、清远、陆丰、英德、惠州等县顿遭沦没。有的地区"冲塌店屋数千间，淹毙人民百余口，遍地尽成泽国"；有的地区"田禾尽淹"；有的地区"城垣崩塌数处，电线折断，民居船只沉倒压溺"；有的地区"大雨倾盆，通宵达旦"，百姓"望洋而叹"，"农夫待哺嗷嗷，难免枵腹……"①

1914 年入夏后，西江、北江流域又被大雨罩住。据当时有影响的《东方杂志》记载：广州、肇庆一带"被灾尤甚，决去基围二十余处，灾黎数十万，灾区广约九千方里"。这场洪水来势甚猛，冲决基围，直扑周围的禾田和村庄，在一些地区酿成了百年未遇的大灾。据 6 月 27 日《申报》记述："肇庆围面连铺三重沙包，水仍穿过，其势甚危，镇南街地址至高亦浸四五尺。"高

---

① 《申报》1913 年 10 月 8 日。

要县下游"所有三四班之金渡霖及广利永安一带之围基，计二十号止，已崩决十九处，由高要而下至三水小唐柴洞西南佛山等处，不知崩围多少也"。看来，"道高一尺，魔高一丈"，以往尚能起一点作用的防洪基围根本抵御不住这场异常暴烈的大洪水。一个又一个村镇，一片又一片庄稼，一户又一户人家，眼看着漂没在冲决了基围的大水中。8月7日（六月十六日）申刻，洪水又将新窦一带的基围突破了百余丈，"围内环居二十一乡，面积八百余顷，桑基鱼塘，均被淹没，田园庐宅为水冲激崩坏倾圮者触目皆是"①。在新会县河塘乡，大水将石龙围冲决数十丈，"淹没田禾桑果鱼塘数百顷。……民居市墟店铺约三千余户，水浸至檐口者过半，倒塌亦多，灾民数万，待哺嗷嗷"②。

俗语云：事不过二。照此推之，到1914年，广东珠江流域连续四年遭受了大的洪水灾害，已经打破了一个心理上的数字极限，而这一回回的大水灾恰恰发生在辛亥革命的当年以及民国元年、二年和三年，就不免让我们在回顾自然灾害时，要产生对政治和社会背景的联想。不过，这也只是刚刚开了个头，最触目惊心的一幕，发生在下一年——袁世凯打算称帝的1915年。

泽国与火城

我们在前面提到过，珠江是由西江、北江、东江分别从粤西、北、东三面流向广州附近，最终汇集而成的大江。总流域面积覆盖了几乎整个广东省。每届汛期，若是当中的一两条江出现洪水险象，灾情尽管也许相当惨重，但终究还是发生在局部地区。而一旦三江水势并发，就一定会出现难以收拾的毁灭性的大劫难。

1915年夏天，从6月下旬到7月上旬，华南的许多省份都笼罩在暴雨和沉雷中。在广东省各地，"连日大雨，雷电交驰"、"霪雨缠绵"、"淫雨为灾"、"连日风雨"的情形不绝于当时的记载中。大雨的最直接的后果是引起江水暴涨。1915年夏季的连阴天加上7月上旬的一场大暴雨，在珠江流经的地区，包括广东省以外的云南、广西、江西等省份，都导致了人们最不情愿

---

① 《申报》1914年6月27日。

② 《申报》1914年6月27日。

看到的局面。

《东方杂志》照例刊载了北京政府 7 月 14 日颁发的一道命令，当中有一段对灾情甚为笼统的轮廓性描述："粤省三江潦水先后涨发……冲决围基，坍塌房屋，淹毙人畜，损害田禾，不可胜计"。仅凭这些，还不能断定此次水情与历年有哪些不同，但这道命令中的另一段话："此次东西北三江，同时漫溢。灾区之广，灾情之重，实为从来所未有。"[①] 尽管也很笼统，却言及了这场灾害的严重程度。据可以科学地解释这段话的某些文献记载，西江在两广交界的梧州一带洪峰流量达到 $54500\mathrm{m^3/s}$，北江横石一带的洪峰流量达到 $21000\mathrm{m^3/s}$，都突破了历史上的最高纪录。"1915 年上下两站洪峰流量推算结果同为 $54500\mathrm{m^3/s}$。因此根据禄步河段历史资料估计，梧州河段 1915 年洪水稀遇程度不仅仅是有实测记录以来 90 余年中最大洪水，而且在 1784 年以来 200 余年中也是最大的一次。""（北江）横石站洪峰流量 $21000\mathrm{m^3/s}$。据文献资料考证，其稀遇程度为 1764 年以来最大洪水。"[②] 同时，东江也形成了巨大的洪峰，水位达到十三米多。"三江并发"，成为当时水灾的一个代名词。7 月 9 日，东江的大洪水率先闯进珠江三角洲地区，10 月，西、北江洪水接踵袭来，加上也几乎同时（7 月 12 日）出现的大潮，骤然间把广东省推向了灾难的深渊。

那么，抛开上面的概括，大水到底把灾区毁成了什么样子？请看实况——

三水县：7 月 5 日（五月二十三日）深夜，先到一步的西江洪峰将石版围冲决，殃及验涌、和涌、白木、古灶等围。即将成熟的早稻和刚刚插秧的晚稻均被吞没，荡然无存。当地数以万计的农民，被迫风餐露宿，而米价飞涨，其情形惨不忍闻。榕塞火围围内百余乡，崩决二口，每口约数十丈，一片汪洋，乡民溺毙无数。

佛山周围：佛山全镇数十万难民露宿岗顶，绝食待毙，"传闻死于难者二万余人"。附近的罗格围被洪水崩决 20 余丈，"围内数十乡村均养蚕桑鱼塘，概被潭没"。佛山西南的二洲围也崩决十数丈，"围内人口数万，早造稻禾尚未收割，凄惨万分，食宿俱无"。大朗围崩决数十丈，"围内禾田三万八千亩

① 《东方杂志》，第 12 卷，第 8 号。
② 《中国历史大洪水》，下卷，第 630—631 页。

悉数淹没，饥民遍野，露宿风餐，嗷嗷待哺，惨难言状"。

鹤山县：各围围内已成泽国，所有鱼塘，已一律被大水淹没，难民遍山野。

肇庆府城周围：景福围于 7 月 9 日（五月二十七日）崩塌，缺口 200 余丈，三马街及其附近的铺户，尽行倒塌，死者数千人，满江浮尸，饥民十余万。

高明县：洪水直灌县城，溺死灾民无数。高明县位处西江流域，秀丽围、桑园围、古劳围都在西江之冲："共决五口，各决数十丈。"几十万难民或露宿山岗，或栖息基面，已无家可归。

东莞县：县属之石沥滘及石滩等处被洪水吞没，"各乡禾田一律淹没"。由于山水暴发，位于这一段的广九铁路路基被冲毁几十丈，致使火车运行中断。

韶关县、英德县、清远县：此三县均处在北江流域，韶关最北，英德居中，南为清远。由于江水暴发，三县境内的所有禾稻、秋秧、甘蔗、果木"均淹没乌有"。一片汪洋，望不到尽头。大部分店铺屋宇都被淹到房檐以上，米店告罄，车船又被大水阻截，眼见数十万灾民无以果腹，却等不来救援的希望。清远县的县城也被大水浸灌，"塌屋逾万"。

花县：炭步墟附近有一乡百余住户全被淹没，只存一间，各乡民栖宿山上。增成、上都、冈尾围连日被东江的大水冲击，"围内居民露宿冈基顶，饥寒惨象，不忍目睹"。县属随塘、炭步圩干乡以及赤泥圩、白泥圩一带均成泽国。

高要县：县内的景福大围崩决三处，口子达到数百丈，"伤亡最多"。全县各围"悉数崩决，灾情最惨"。

顺德县：紫溪、同福、和乐、闲步、马营等围遭崩决，其中的马营围被冲决三处，周围又无山岭或高地可以避难，积水骤高丈余，灾民无奈，只好爬上屋顶，"呼救之声不堪闻"①。

以上罗列的只是部分被水地区的灾情。实际罹难的地区则是上述县份的数倍。据 1915 年 8 月 17 日《时报》的统计，广东受灾县份已达四十三个之

---

① 以上灾情均引自 1915 年 7 月 15—25 日《申报》，《中国历史大洪水》，下卷，第 643、644、646 页。

多，它们是：开建、封川、德庆、高要、云浮、罗定、新兴、高明、新会、鹤山、顺德、香山、乐昌、乳源、南雄、始兴、曲江、英德、翁源、连山、阳山、佛冈、清远、从化、花县、四会、三水、南海、兴宁、龙川、河源、惠阳、博罗、东莞、龙门、增城、信宜、化县、吴川、电白、阳春、阳江。这样，广东大约半数的县份和三分之一的民众成为这场洪水直接打击的对象。

无情的江洪让三江流域特别是珠江三角洲迅速化作一座难民营和活地狱。

——大水突破了一个又一个县的一个又一个基围，更突破了老百姓的心理防线。灾民们呼天喊地，奔命于山顶屋脊间，眼巴巴望着收获在即的早稻和刚刚插下的秋秧泡在汪洋大水中，而珠江口的海面上更浮满稻禾，"势如山积"，以致阻碍了船运。这种荡析离居的创痛和生活寄托的幻灭，只能把人引向绝望之途。

——更为残酷的是，洪水"溺毙灾民不知凡几"，成了一条记载中的常用语。1915 年 7 月 16 日的《申报》报道说："帆船运尸首至香港者无数"。1915 年 7 月 25 日《申报》又报道说："海面浮尸遍布。"

——铁路、邮政、电讯，这些在当时可算是现代化的设施，成了最立竿见影的牺牲品。广九铁路的路轨早被冲断，铁路运输陷于瘫痪，各地的电报杆线已多被毁坏，各种公文往来倒退到了中世纪的传递方式。

浮尸、饥民、汪洋一片和大水退去以后泥沙淤积的废墟——这就是 1915 年夏天广东省的写照。

我们有意没有将广州纳入上列的地区，因为它的特殊灾情绝非几句话就能够概括出来的。

广州位处河网密布的珠江三角洲核心地带，是西、北、东三江流向的目标。1915 年 7 月上旬，西江的洪峰在肇庆左岸冲破景福围注入北江，西北两江洪水遭遇，怒啸着泻向广州。

7 月 10 日，广州河南一带"潦水即已浸街"。

7 月 11 日，西关一带的水势愈益盛涨，丛桂南、兴隆街、仁济西路水月宫一带已被水淹。

7 月 12 日一早，大潮突涌。此前广州下西关已积水三尺上下，但由于近年来西江之水连连浸袭，当地居民并不很在意，前一晚仍如常入睡，及至如鼓大潮和骤涨的水势将人们从梦中惊醒时，祸已临头。12 日一整天，"水势汪洋，不可复遏"。下西关的水位几乎没及屋瓦，上西关水位及门，灾民们纷纷躲进城内，但仍旧避不过势可吞没一切的大洪水。因为街道狭隘、街栅林立、难民云集，警方的救生艇无法行进，灾民只好爬上屋顶待援，救命之声响彻城内。然而潮水是不等人的，"房屋纷纷倒塌，人民即溺毙水中"。下西关是个富裕的地带，有钱人家可以出大价钱，"有一百元而雇一艇，有数十元而雇一轿，有三五百元而救一命者"。但对于普通的平民百姓而言，与其说"坐以待援"，未如"坐以待毙"更为恰当①。

7 月 13 日，"水势益盛"。广州城西繁荣的商业区被淹没。"是日商工停业，交通阻塞，省港轮船、各乡渡船皆因水猛不能开行，全城自来水皆因水管被浸不能开放。晚上则电灯亦因电机被浸，不能放光，全城皆成黑暗世界。"整个广州城已陷于瘫痪的境地。《申报》报道说，当天为"最恐怖之时"。大批乡间的灾民涌入城内，"由西门入城者，则栖息于光孝寺、元妙观、金刚庵、旧将军衙门等地。由太平门入者，则栖息于旧海关署。由大南门入者，则栖息于大佛寺、广府学宫等地。而在大门外，则栖息于西山寺及双山寺庄房者尤多"。据《申报》估计，大约有二十万难民"避入城内，麋集于庙堂空地"。他们大都惊魂落魄，鸠形鹄面，僵卧呻吟，不及避往高处的多数灾民往往"在树上躲避，小孩子则以绳系于树上"②。而广州城外则已汪洋一片，"尽成泽国"。

最残酷的情景也发生在这一天。

7 月 13 日下午，正当水势浩瀚之际，避难于西关十三行一带的商民，在做饭时不慎失火，火势迅即蔓延到附近的同兴街上。这是一条以经营火油火柴为主的商业街，大量易燃易爆物充斥其中。大火引致一条街火油箱的爆炸，"火油随水浮流各街，油到之处店房悉行着火。瞬息之间，数路火起，风猛势烈，不可响弥"③。小半个广州城成为火上浇油的悲惨世界。

火灾实况之一：当火势最猛时，某消防队奉命出勤灭火，适值一大商店倒塌，许多消防队员殉职，有消息说整个消防队平安返回者仅数人。

火灾实况之二：7 月 14 日下午，警方在各界的纷纷电请下，不得不动用警力在军队的配合下强行"拆开火路"，以分散火情。即使如此，火势仍难以控制，愈演愈烈，当日，位于六甫的崇德堂书店在隆然一声中，全座倾倒。

---

① 《申报》1915 年 7 月 24 日。

② 《中国历史大洪水》，下卷，第 644 页。

③ 《申报》1915 年 7 月 25 日。

火灾实况之三：在有的街巷，丧身于大火中的尸体膏油流出水面达半寸之厚，大批无人收殓的尸骸纵横道上，只以草席遮掩。起火地点十三行的九如茶楼，当时约有100余人避水于其中，火势将该楼掀毁，所有难民悉数葬于火场。有的街巷数百名妇女儿童在屋顶上面对酷烈的大火进退无路，"跳下则为水所淹，不逃则为火所毙，状极惨怖，哭声震天"。即使火里逃生者，也皆焦头烂额，伤胸折臂，惨不忍睹。

火灾实况之四：火起之后，趁火打劫者蠢蠢欲动，"夜间呼劫声，驳壳声不绝于耳"。7月13日夜，第七甫某店遭劫。14日夜，高寿里又有喊劫声。16日晚，十二甫中药师郑宅又被劫。一连几天，劫匪猖獗。甚至有许多滋事者趁机纵火，"如小市街，则有人爬上电灯柱，身带有惹火物者被获。广府前壬癸坊口，则有人将火药包在街栅上燃烧，亦被获"① 等等。

火灾实况之五：7月18日大水退去后，广州有三种商店生意最隆。一为棺材店，"因死亡人数过多，大有应接不暇之势"；一为搭棚店，各处房屋火吞水没，亟须"搭架支持"；一为泥水匠铺，"各处房屋倒塌之后横梗街道，故从速将其收拾，以免阻碍交通"。

灾情统计之一：这场大火一直烧到7月15日的早晨。被殃及的街巷有：十三行（起火地点）、白米街、显镇坊、杉木栏、福德里、浆栏街、十七甫、怀远驿、杨巷、装帽街、故衣街、宁远坊、登龙街、打铜街、清乐街、长乐街、拱日门、鸡栏、联兴街、靖远街、荥阳街、同文街、同安街、同兴街等二十余条。其中的不少街巷在烈焰中连烧一昼夜，付之灰烬。

灾情统计之二：据警察厅调查，大火焚去铺店约二千八百多间，烧毙约一万余人。到7月16日，已获死尸一千六百余具。参与救灾的军警人员死者也逾千人。其中消防队三十三人中，死去三十人。

7月的水灾刚息，不料8月上旬以后，封川、德庆、高要、高明、鹤山、南海、顺德、肇庆、曲江等县再度遭水。其中曲江出现了"亘古未有"的特大洪水，冲没了大约一万多间房屋，淹没田禾十四万余亩。

西江上游流域的云南、广西以及与珠江流域相邻的韩江、闽江、赣江和湘江等流域的湖南、江西、福建等省也不可避免地遭到洪水冲击。广西约有30余县受灾，灾民流离数十万人，房屋冲塌十万余间。

---

① 《申报》1915年7月24日。

对于这场水火交乘的大劫难，许多传媒，如有影响的《东方杂志》、《申报》、《大公报》、《时报》等都作了触目惊心的连篇报道。如《申报》派出的记者一直没有离开灾区，7月13日各报馆被洪水淹没，报界一律停业时，他也随难民避于城中，目击了种种奇惨的灾患场面，并在后来发回了大量详细的新闻稿。我们今天能做这样还算是反映了实情的描述，也包含了这些记者当初冒险工作的奉献。

杯水车薪的赈济与画饼充饥的治河

珠江的怒啸吞没了数以万计的生灵，并把数百万灾民逼到嗷嗷待哺的境地。这是锦绣南国百年未遇的大灾难。

据解放后珠江水利工程局的调查和统计，珠江三角洲十八个县市1915年受灾面积达六百四十七万余亩，受灾人口达三百七十八万余人。而广东全省受灾农田达一千零二十二万亩，如果再加上西江流域的广西，两广合计受灾农田约一千四百万亩，受灾人口逾六百万，这还是相当保守的估计。

怎么办？

难民们只存一念——求生。于是，城内的寺庙观庵和城外的山岗高地甚至许多树杈枝头，都成了难民竞相奔逐的去处。数以万计、十万计的鸠形鹄面、惊慌失措的黎民百姓得到了生存机会，却摆脱不掉无穷的后患。他们在祈盼援救的同时，眼巴巴望着浸没于大水中的田园宅舍和浮于水面的具具腐尸，或许还要挂念着不知去向，生死未卜的亲人们。悲恸、凄苦、绝望……不知有多少难耐的痛苦缠绕着他们，这是一种何等残酷的现实和心灵的打击。

珠江水灾震动了中国社会，随后，在一些大中城市里，社会各界纷纷发起和参与了各种救灾活动。

7月15日的《申报》载香港消息："东华医院昨晚与会人认捐八千元，中国商（会）认捐七千元又续认三千六百元，美英烟（草）公司认捐千元，太古洋行等合助二千元；中国商会总董……将去年水灾赈济捐款余资提拨两万元以救灾民。"

7月17日，旅居上海的广东籍商人集会讨论粤省灾情，以"捞尸骸日以万计，实千古未有之奇"，立即电汇四万元到香港，交东华医院拨往灾区。

7月18日，旅沪的粤籍商民再次集会讨论筹赈办法。议决由金星人寿兼水灾保险公司垫款，从芜湖购运赈米八千包往灾区。7月19日的《申报》报道说："本埠（上海）各界人士日来捐赈者亦络绎不绝。"

7月22日的《申报》载："催眠术家陈维新、华侨梁芹生假座海宁路域多利戏院开演维新游戏……初九日起至十二日止报效四天，戏资悉以助赈。……并由杨小川、张×云、易季复诸君演说粤省灾情，说至悲惨处台下掷金充赈者如雨点……"这是我们所看到的唯一一次大型赈灾义演的报道。

7月22日，旅京的广东人士在南横街广东会馆召开筹赈大会，许多粤籍人士到会，"当即讨论筹赈事宜，以便设法救济"①。他们还联合呈请袁世凯派特使前往灾区办理善后事宜。

7月23日《申报》转载香港消息：17日，"港督提议……拟拨款五万元以救灾黎……本港亚力山打行内之品利洋行东人闻水灾惨状，即发起捐二千元为救济之用"。香港的其他一些机构和人士也纷纷发起参与救助灾民的活动。

尽管在上海、北京、香港等大城市确实掀起了一股赈灾的热潮，甚至出现了某些感人的场面，但在灾区嗷嗷待哺的灾黎似乎并没能盼到什么。7月23日《申报》载：广州市内一些寺庙由于灾民太多，出现了"粥饭欠缺"的局面。又云："各四乡到救灾公所求急赈者多至二百余起，均以绝食对"。7月25日《申报》又载："各乡灾黎，逃至该处者数以万计，其走避不及被水溺毙者亦不知凡几。现已数日之久，无人到赈，势将绝急。"7月16日的《大公报》载："电报频称粮食告罄，故特请速运馒头饼食各种干粮，以济燃眉。"一方面是热烈的捐赈场面；一方面是在灾难中呻吟和煎熬着，看不见任何希望的难民们。两相对照，不难发现，社会各界看似轰轰烈烈的赈灾活动，实质上却很虚弱。

珠江水灾也直接惊动了北洋政府，连一心梦想黄袍加身的袁世凯，为了稳定政局人心，也不得不在赈灾上做点表面文章，接二连三地发布赈灾令。他在7月14日颁发命令："著财政部速发银洋十万元。并由本大总统捐洋一万元。克日汇粤，交该上将军巡按使拨各县遴委员赶办急赈。仍由该上将军

---

① 《申报》1915年7月23日。

巡按使宽筹款项。陆续拨济，俾资赈抚。"① 广州火灾发生后，7 月 17 日，袁世凯又发令 "著财政部再发银十万元，仍由本大总统捐银一万元，即日汇交该上将军等分派妥员赶办急赈"②。7 月 24 日，"发银五万元赈江西水灾……著财政部速发银五万元，并由本大总统捐银五千元……以恤灾黎"③。9 月 5 日，"令发银赈广西水灾……著财政部再发银五万元，并由本大总统捐银五千元即汇交"④。北洋政府频频做出赈灾的姿态，袁世凯本人还先后四次捐银数万元，或许存有收买人心的用意，但这场大洪水给珠江流域造成的毁灭性摧击，已经影响到袁氏政权的兴衰，肯定也是一个相当重要的因素。

事实上，袁世凯所操纵的北京政府，一直对一系列自然灾害（包括我们所提到的连年珠江水患）负有不可推脱的责任。《中华民国史》认为："由于政治腐败，兵祸连绵，致使水利失修，天灾频仍。1912 年湘、赣、闽、粤大水。1913 年，直隶永定河决口，江淮泛滥，赣、豫、皖大旱。1914 年，粤、桂、湘、赣等省水灾，濮阳黄河决口，川、湘、鄂大旱，苏、皖两省虫害。是年受灾农田几乎占全国农田的一半左右。1915 年 5 月，濮阳河工决口，8 月，黄河决口，浙、赣、鄂、湘、鲁、粤、辽、黑大水……"⑤ 如此频发的灾害，绝非偶然的纯天然因素所致。1915 年，当时任全国水利局总裁的张謇在一封信中提到："至走所辖水利局，在昔已为最穷机关，今更测费无着，挪垫不灵，目前已在万难之中。"⑥ 同年 5 月，他就治淮工程致信袁世凯，请求拨款，并在信中无可奈何地叹道："无米之炊，巧妇所难。水火之眚，无不我缓。"⑦ 但仍得不到圆满的答复。水利职能机构已陷于瘫痪的境地，水利的失修从而导致水患连年不绝，自然是势所难免的了。对于这样一个忙于争夺权力和地盘，置连年频仍的自然灾害于不顾从而酿成大祸的投机政府，难道还能指望它来拯救在水深火热中挣扎的灾民们吗？

灾后，广东振武上将军龙济光、广东巡按使李国筠深感这场水灾"为亘古所罕有"的严重程度，忙不迭地在巡按使署设立一个"全省水灾筹赈处"。

---

① 《东方杂志》，第 12 卷，第 8 号。
② 《东方杂志》，第 12 卷，第 8 号。
③ 《东方杂志》，第 12 卷，第 8 号。
④ 《东方杂志》，第 12 卷，第 8 号。
⑤ 李新、李宗一主编：《中华民国史》，第 423 页。
⑥ 《张謇存稿》，上海人民出版社 1987 年版，第 119 页。
⑦ 《张謇存稿》，上海人民出版社 1987 年版，第 115 页。

任命财政厅长刘庆锽、粤海道尹蒋继伊为总办。但这个筹赈处也只是个空架子，并未筹来多少赈灾款。面对"灾民倒悬待救"和"灾区辽阔，需财孔亟"的局面，东凑西借，总算向中国银行和商号勉强借来二十余万元，派人去香港买回一批大米。但杯水车薪，这对于数百万饥寒交迫的灾黎，又岂能长久哉！

8月3日，袁世凯派往灾区"慰问"并办理善后事项的两名特使凌福和李翰芬途经上海，旅沪粤籍人士为他们举行了一个茶会。与会者围绕广东连年不绝的水患展开了一场讨论，茶会从晚九点开到深夜，100多人到会。在论及治标和治本的问题时，一位与会者认为"当此洪潦横臻，自不得不为治标之计，而灾祲迭降，尤不能不筹治本之方，今治河处甫有测量之中，忽遭横决之变，徒言治河，一无的款"。他对广东的现状能否承受一个治本的大工程甚为悲观，云：广东"迭遭灾乱，久已财尽民穷，以此巨大工程，全责膏馨髓竭之粤民，恐无米之炊，再历百岁千秋，亦无告成之日，吾粤三千万同胞将与洪涛巨浸长终古耳"。他呼吁中央政府能"颁发巨帑"根本解决珠江的水患问题。另一位曾经到过荷兰的与会者建议"聘外洋精于治河之工程师会同本国熟悉水利之人，庶易收效"。一位叫杨小川的与会者也言及曾与美国治河工程师会晤，"所言测量粤东河道及治河办法甚详"。他主张"标本并治"。这场讨论大致反映了两个思想取向：一、根治水患，被迫切地提到了桌面上；二、不少人对传统的治河方法产生了怀疑，他们希望能借鉴国外的先进技术，以达到根除河患的目的。

8月15日，北洋政府不得不公开承认："本年各省水灾迭见，虽由雨泽过多，谅以平日水利不修，为其本病。"并下令："兹据全国水利局总裁张謇呈请，责成被水各省，将业经准设立之水利分局或水利委员会、河海工程测绘养成所克日成立，并将被灾区域，绘其图说。"①

第二年4月6日，当龙济光、张鸣岐在袁氏统治大势已去的压力下通电"独立"时，仍将"粤省连年灾患，地方已极凋零"的一段话摆在了前面。可见连年的大水特别是1915年的特大洪水对广东的冲击，决不亚于一场持久的战火和兵燹。然而，由于连年动乱，国弱民穷，无论是设立水利机构的政令，还是治标治本的各种方案，都只是停留在政界或名流的议论里，对于频

---

① 《东方杂志》，第26卷，第9号。

年受到天灾威胁的人民，无异于画饼充饥。

劫后余生的灾民们一如惊弓之鸟，到了闻灾色变的地步。《申报》以《广东水患之余恐》为题作了如下描述："粤垣城西一带住户自遭水险后，余悸未宁，日来又因海潮汛期，水势高度略为增长。因此谣言四起，谓滔天劫祸又将复来，以致无知妇孺栗栗危惧。因此，逢源、逢庆、多宝、连庆各街老幼，日来纷纷奔避，一若大难将至也……关镇人民睹水之来，不寒而栗，咸有自危之心。"

说珠江大水是一场伤及人们灵魂的巨灾，大概也不为过。

6 北疆浩劫：1920年北五省大旱灾和甘肃大地震

公元 1919 年，这是一个中国人永远也不会忘记的年头。因为这一年爆发了波澜壮阔、震撼世界的五四运动，近代中国的历史从此翻开了新的一页。

公元 1921 年，更加令人难以忘怀。因为这一年诞生了中国共产党，未来中国的发展从此确立了正确的航向，曾经在漫漫长夜里上下求索的中国人终于看到了新纪元的曙光。

夹在这两个熠熠生辉的历史年代中间的 1920 年，却似乎全然被人冷落甚至淡忘了。人们几乎很少注意到，这是一个由于严重的自然灾害，造成八十万生命的悲惨灭寂和三千余万饥民在死亡线上痛苦挣扎的大祲之年。它实在是近代中国人民绵延不绝的苦难链条中巨大而沉重的一环。具体地展示这一年伤心惨目的历史图景，正好极具象征意味地告诉我们，新的民主革命的历史时期是在什么样的黑暗时世下到来的，中国共产党从诞生之日起就下定决心要加以推翻的旧世界，是一个怎样的令人不寒而栗的人间地狱。

似曾相识话奇荒

无独有偶。1920 年中国北方地区发生的特大灾荒，在许多方面和四十年前那次惨绝人寰的"丁戊奇荒"有着惊人的相似之处。首先是灾荒覆盖的范围大致吻合。其重灾区域，东起海岱，西达关陇，南至襄淮，北抵京畿，恰好也包括今河北、山东、河南、山西、陕西等省的广大地区。其次是灾荒形成的自然因素大同小异。它主要也是由持续的亢旱直接引发的，同时也表现出诸灾并发的特点，蝗、雹、水、疫，交相迭乘。自"丁戊奇荒"以来，北方地区还不曾出现过像 1920 年这样长时间大面积的严重荒旱局面，以致时人每每将两者相比拟，称后者为"四十年未有之奇荒"。最后，也许是最带有巧合性的，就是旱灾之外还伴有强烈的大地震，而发生的时间都是在旱荒仍然持续的过程中，发生的地点同样也是在以甘肃为中心的广大西北地区，造成的损失虽然有所差异，但都属于中国近代 110 年的历史进程中破坏性最强的大地震（以有数据可查的人口死亡数为准）之列。因此四十年前那一场触目惊心、悲惨绝伦的社会大悲剧，在 40 年后的同一块华北大地上，几乎是作了一次历史性的重演。

就时间而言，大约从 1919 年夏秋之交，北方大部分地区就出现了严重的旱情。1920 年自春至秋，旱情更是酷烈异常，直到秋收以后，各地才相继下了透雨。著名的华洋义赈团体"北京国际统一救灾总会"在其总结报告中称："此次灾荒最近原因为 1920 年秋收前已一年无雨是也。"①

就地区而言，包括京兆区和直隶省在内的畿辅之地，几乎全境皆旱，遭灾最重。京兆各县，夏季实收平均三分四厘余，其中涿州、香河、密云三县仅二分有余；秋季各县平均实收四分九厘余，大兴、宛平、房山等县"均止三分"②。直隶省各县二麦实收平均五分余，宁津、庆云、丰润等二十四县实收仅一分至三分，交河全县"二麦实收不及分"，阜城、衡水两县"阖境因二麦均已枯死，实无收"③。山东省"除胶东外，余悉被灾"④。地瘠民贫的鲁北、鲁西一带灾情尤重。约占全省 1/4 面积的东临道区，亢旱经年，"二麦既寸粒未获，秋禾亦收获无望"，临清、馆陶等十余县"赤地千里、野无青草"，其他各县"间有播种植苗之田"，因"深秋落雨，种植逾期"，加上蝗虫、冰雹踵至纷来，收获无望。⑤河南更是无处不旱。豫西各属"年余未雨"，炎风烈日，赤地无垠，"二麦仅收三分，秋禾一粒未收"⑥。豫北"旱状更加厉害，卫辉、彰德一带几乎没秋禾可说，而且这一带麦秋也一点未收"⑦。其南部十三县则"旱灾以外，迭被巨灾"。早在上年 5 月，全境"山洪暴发，泛滥涌溢"，白河、沙河、唐河等等各河流"沿岸数十里人畜庐舍，漂没一空"，7

---

① 《北京国际统一救灾总会报告书》，1922 年，第 7 页。
② 北洋政府内务部印行：《赈务通告》，1920 年十一月二十五日，第三期，《公牍》，第 3—4 页；1921 年三月二十五日，第十一期，《公牍》，第 3—4 页。
③ 《赈务通告》，1920 年十二月十五日，第五期，《公牍》，第 1—4 页。
④ 《晨报》1920 年 9 月 18 日。
⑤ 中国第二历史档案馆编：《中华民国档案资料汇编》，第三辑《农商（一）》，江苏古籍出版社，第 377 页。
⑥ 华北救灾协会：《救灾周刊》第八期，1920 年十二月十二日，第 15—17 页。
⑦ 杨钟健：《北四省灾区视察记》，《东方杂志》，第十七卷，第十九号，第 116 页。

月以后继以大旱，秋禾收成"平均不及十之一二"；是年春转而风毁虫伤，淅川、沘源、内乡、南阳、邓县各地"收成减去十之七八"，此后"一连三月，寸雨未降，早秋仅收一二，晚秋颗粒未获"①。陕西省也是水旱各灾，无所不备。上年夏秋即因"虫雹风旱之患"，致使"田苗歉收"，本年自春至夏"复未得雨，五六月来，赤地千里"，仲秋以后，"又阴雨连月。致成水灾"，②被灾各县成灾分数五六分至八九分不等③。其中如泾阳"十三个月无雨"，富平"十一个月无雨"，④华县"附近各地都是苦旱非常，乡人每天祈神求雨的，日有数起，连华县的知事，省城的督军也都祈起雨来了。幸到 8 月初旬和中旬连下了几场雨，但是秋禾已大半枯死了"。"至于潼关以东，则亢旱犹昔。大路上尘土盈天，田野一片赤土，人民嗟怨"。⑤山西省此次被灾较轻，但因春夏久旱不雨，也形成"禾苗盈尺"、"蔓草同枯"的凄惶景象，灾情较重的安邑、芮城、新绛、夏县、稷山、河津、荣河、虞乡等 8 县，"每亩收麦一斗四五升不等，秋季粒米未收"⑥。

据本年 11 月北洋政府内务部赈务处统计，此次北方各省受灾县分共三百四十个，灾区面积约二百七十一万二千七百余方里，其中京兆区十七县，直隶省八十六县，河南省七十七县，山东省二十一县，山西省六十四县，陕西省七十五县⑦。但这里的统计，同各该省地方当局在此前后陆续呈报的数据并不完全一致，与北京国际统一救灾总会的调查数字悬殊更大。以前者计，京兆和直隶共九十二县，山东三十二县，河南五十八县，陕西七十县（包括未经官方调查的泾、原、高、商、耀、同、三、淳等八县），山西省七十三县，总计三百二十五县⑧。以后者计，则分别为九十七、三十五、五十七、五十六和七十二县，共为三百十七县⑨。这些矛盾的官方数据，从一个侧面反映了混乱的北洋政局。义赈会的数据是根据"由各灾难区域之民及居留该处之外人

① 杨钟健：《北四省灾区视察记》，《东方杂志》，第十七卷，第十九号，第 116 页。

② 《赈务通告》，1920 年十二月五日，第四期，《公牍》，第 12 页。

③ 《赈务通告》，1920 年十二月十五日，第五期，《报告》，第 1—9 页。

④ 1920 年 12 月 8 日《大公报》（长沙版）。

⑤ 《东方杂志》，第十七卷，第十九号，第 115 页。

⑥ 《申报》1920 年 9 月 20 日；《赈务通告》，1920 年十二月五日，第四期，《报告》，第 35—36 页。

⑦ 《赈务通告》，1920 年十二月二十五日，第六期，《公牍》，第 37—39 页。

⑧ 山西省，见《赈务通告》，1921 年一月十五日，第七期，《公牍》，第 2 页。其余各省详见后表之注释。

⑨ 《北京国际统一救灾总会报告书》，第 10 页。

分投报告"核实统计的，虽然最小，但也相当惊人了，约占被灾各省总县数（550 个）的 3/5。

这样大范围的灾区，必定会有成千上万的民众不堪天灾的重压而陷入饥馑流离、无以为生的绝境。但总共究竟有多少灾民，却也是众说纷纭。前引内务部赈务处的材料估计，至少有三千余万人，占各县原有人口总数的 3/5。而著名记者邵飘萍在这年 9 月 21 日至 23 日在《京报》上发表的《华北救灾问题之研究》则谓："据另一报告，绵亘直、鲁、豫、陕、晋五省灾民实达五千万人。"次年春北洋政府财务部盐务署致内务部的一份公文，又称灾民数至四千万人①。北京国际统一救灾总会在由各地中外人士分别提供的灾情报告的基础上，认为被灾三百十七县中受灾贫民人数为一千九百八十九万五千一百十四人。现在广为流行的二千万人之说当源于此。不过，该会对于"贫民"的鉴定标准极为苛刻，"乃专指倚赈济为生计截至秋收（即 1921 年秋）即止之人民而言"②，换言之，即非赈不活的"极贫人口"，并不包括一般所谓的"次贫"及逃荒者在内。因此，这一数字远没有包括实际的受灾人数。若以此为基础，并与这一年 10 月至 12 月间各地政府或救灾团体提供的数字相比较（参见下表），那么北五省灾民总数当在 3000 万人左右。

来源\省别\项目	北京国际统一救灾总会③		各省赈务处（赈抚局）或救灾团体④			
	县数	贫民人数	县数	贫民总数	极贫人数	次贫人数
直隶	97	8836722	92	9000000	5000000	4000000
山东	35	3827380	32	3799838	1685000	2114838
河南	57	4370162	58	7473835	4307544	3166291
山西	56	1616890	73	5000000	—	—
陕西	72	1143960	70	2367895	1035418	1232477
合计	317	19895114	325	27641568	—	—

---

① 《赈务通告》，1921 年四月十五日，第十二期，《公牍》，第 44 页。

② 《北京国际统一救灾总会报告书》，第 9 页。

③ 《北京国际统一救灾总会报告书》，第 9 页。

④ 直隶（含京兆）、山东、河南、山西、陕西分别见《赈务通告》，1920 年十二月十五日，第五期，《公牍》，第 5 页；1921 年四月十五日，第十二期，《报告》，第 1—6 页；1920 年十二月十五日，第六期，《报告》，第 25—27 页；第十二期，《公牍》，第 70 页；第五期，《报告》，第 1—9 页；第六期，《报告》，第 16—24 页；1921 年二月二十五日，第九期，《报告》，第 16—19 页。其中，直隶、河南、山东、山西的数据分据畿辅赈棸事宜处、河南省赈务处、山东灾民公会、山西旱灾救济会的统计或函呈。陕西省系由陕西赈抚局有关水旱风雹等 62 县的统计数（极贫 758013 人，次贫 1232477 人）和北京陕西赈灾会有关未经官方调查的泾、原、高等 8 县极贫人口的统计数（377405 人）相加而成。

　　当然，这些数据也不是固定不变的。它们只是大致地反映了漫长的灾荒过程中某一时间点（调查时间）的灾民总量。这既是前此一年多的旱荒逐渐累积的结果，又成为至早要到第二年夏收时止这一大段更加艰难的日子里灾民队伍不断扩大的基点。与此相应，灾民的生活状况自然也在不断地恶化之中。他们"始则采摘树叶，参杂粗粮以为食；继则剥掘草根树皮，和秕糠以为生"①。据北京国际统一救灾总会在部分灾区"逐户调查所存之食物"，计有"糠杂以麦叶，地下落叶制成之粉，花子，漂布用之土，凤尾松芽，玉蜀黍心，红金菜（野菜所蒸之饼），锯屑，苏，有毒树豆，膏粱皮，棉种子，榆皮，树叶花粉，大豆饼（极不适口），落花生壳，甘薯葛研粉（视为美味），树根，石捣之成末以取出其最细之粉"，其中"有极不适口者，幼童拒之，故不食而死"②。稍有资产的民户则纷纷卖房、卖田、卖牲口，但在粮食短缺、粮价腾踊的条件下，各物其价大跌，因而不仅不能苟存一息，反而无端地蒙受了巨大的损失。据统计，山东东临道各属牲畜的损失成数少则十之四五，多则十之六七③；陕西关中道甚至高达十之七八④。洛阳的牛及骡马驴因售卖或屠杀分别仅存3/10或4/10⑤。而直隶顺德在饥馑期间则有十八万七千五百亩的土地易主，占所有耕地面积的13.44%⑥。至于鬻妻卖子，在不少地方竟致成风。直隶省大名道所属各县，"中户人家争鬻子女以求食，青春少妇，十龄幼娃，代价不及十元"。⑦有的地方则"计岁给价"，凡"十五至二十许之少女"，"每岁一元，十五岁以下每口三五元，五岁以下且无买主，褓负不胜，竟有投诸河者"。⑧河南安阳一带"卖女之法奇特殊甚，大致每斤合制钱一百文上下，每大洋一元合十四五斤，妇女以80斤计，女子以70斤计"，诚属骇

---

　　① 《赈务通告》，1920年十二月二十五日，第六期，《公牍》，第38页。
　　② 《北京国际统一救灾总会报告书》，第12—13页。1921年1月5日上海《民国日报》亦载有河南省饥民食品单，与此大同小异。
　　③ 《救灾周刊》第八期，1920年十二月十二日，第20页。
　　④ 《救灾周刊》第七期，1920年十二月五日，第16—18页；第九期，1920年十二月十九日，第20页；第十期，1920年十二月二十日，第14页。
　　⑤ 《救灾周刊》第十八期，1921年三月十三日，第5页。
　　⑥ 《北京国际统一救灾总会报告书》，第15页。
　　⑦ 中国第二历史档案馆：《中华民国档案资料汇编》，第三辑《农商（一）》，江苏古籍出版社，第376页。
　　⑧ 《赈务通告》，1921年三月十五日，第十期，《专件》，第3页。

人听闻之举①。据载，邯郸县一个人口不足二百五十人的张广村，幼童出卖的就在四十至五十人之间；而顺德一府则有二万五千四百四十三名幼童被出卖，"或为奴婢，或为姬妾，或转入城市而为妓"②。山东不少地方的农民因"无力养子"，甚至"投诸井中"，陵县附近之井，"竟至湮塞"。③

"走四方"，对于那些在灾荒打击之下不甘困守待毙的灾民来说，总是有着巨大的诱惑力。特别是在本年7、8月间秋收失望之后，外逃的人群更是不绝于途。无论是交通大道，还是城镇都邑，到处都游动着饥民群落，即或是崇山峻岭，乃至茫茫大漠，也阻挡不住这艰难跋涉、奄无生机的人流。尽管我们无法确切地弄清楚整个灾区的流民总量，但从下面的一鳞半爪的统计中还是可以窥见其严重程度的：④

项目 　　　县名	直隶			山东		陕西		河南
	定县	献县	肃宁	无棣	沾化	华阴	潼关	滑县
人口总数	594106	350000	145362	254708	163387	117722	42000	280930
逃亡人数	17800	80000	7293	58290	5428	6569	8000	18000
逃亡比例	3%	22.86%	5.02%	22.86%	3.32%	5.58%	19.05%	6.41%

实际上，重灾村落逃亡人口的比重较如上表列还要高得多，如山东恩县西南一带"逃荒他徙者十有六七"⑤，许多地区因此呈现出十室九空、满村萧疏的凄凉景象。这些灾民流徙的方向，大致是以灾重之区为中心向四周辐散，或东进、南下至苏皖襄楚（主要是河南省灾民）；或西进川甘，甚至远奔新疆（主要是陕西灾民）；或北上走口闯关至东北内蒙古一带（主要是直隶、山东灾民）。由于这种迁徙纯受避难求生的原始欲望的驱动，纷纭四散，漫无目标，因而各被灾省份之间的灾民相互对流的现象也普遍存在。但与以往不同的是，新兴的近代化交通设施所起的媒介作用，给这种原始的迁徙极不协调地带上了时代色彩。纵横于华北地区的几条铁路，似乎给予了绝望中的灾民

---

① 《大公报》1920年10月9日。

② 《北京国际统一救灾总会报告书》，第14页。

③ 《大公报》1920年9月18日。

④ 表中各县数字依次见：《救灾周刊》第七期，1920年十二月五日，第15页；第十期，1920年十二月二十六日，第11页；第十期，第12页；中国第二历史档案馆编：《中华民国档案资料汇编》，第三辑《农商（一）》，江苏古籍出版社，第397页；《赈务通告》，1921年四月十五日，第十二期，《公牍》，第34页；《救灾周刊》第九期，1920年十二月十九日，第19页；《赈务通告》，第十二期，《公牍》，第12页。

⑤ 《赈务通告》，1920年十二月五日，第四期，《报告》，第13—28页。

以渺茫的希望。京汉、津浦、京奉及京绥、陇海各路站及沿线无不麇集着大量的饥民，"或为有意远行，或竟就食不去，沿途络绎，所至成群"[1]。自清初以来即已绵延不绝的"走关东"，也从此进入了一个新的时期。据《海关十年报告》（1922—1931）的记载，"多少世纪以来，都有向满洲移民的，——在十九世纪七十年代的大饥荒中，移民数量相当大——但是从来没有像现在这样大的规模"，由于"饥荒、内战和匪祸"，"由山东和河北向东北移民的狂潮，其规模之大，可以算得是人类有史以来最大的人口移动之一"[2]。这里虽然谈的是1922年至1931年这10年间的情况，但其肇始阶段则是在1920—1921年间，因为正是在这两年中，迁入东北的流民数量连续突破了十万、三十万大关的[3]。

由于此次灾荒持续的时间较"丁戊奇荒"相对而言要短，是年冬季北方大部分地区又"和暖不寒"，"致死于寒冻者减其数"[4]，加上铁路的修建，使粮食运输较为便利，各种慈善机构的赈灾活动也得以较快地进行，因此，在这次灾荒中死亡的人数较之四十年前是大大地减少了。据北京国际统一救灾总会的估算，约在五十万人左右[5]。不过，若是具体地揭载灾重之时灾重之区奄奄一息的灾民因饥就毙的凶猛势头，也是足以令人惊心动魄的。直隶的顺德府，十万九千三百居民中，有三万一千二百八十六人冻饿而死。拥有五十万人口的定州在是年冬季的三个星期间，每星期平均饿死一百一十人，"且有增加之势"[6]。陕西省入冬以后，"被灾各区，道殣相望，死亡之数，日以千计"。[7] 河南禹县第二年春间因"生路益绝，饿殍满野"，"日死不下二百余人"。[8] 不少地区久旱之后继以瘟疫，因疫而亡者为数甚伙。山东灾区入秋之后，即"有发现疫疠之处，死亡枕藉，逃生无所"[9]。河南省被旱县份中有八

---

① 《赈务通告》，1920年十二月五日，第四期，《公牍》，第10页。

② 《海关十年报告》（1922—1931），第1卷，第254页。转引自章有义：《中国近代农业史资料》（1912—1927），第二卷，第639页。

③ ［日］近滕康男：《满州经济的封建性研究》，转引自石方著：《中国人口迁移史稿》，黑龙江人民出版社1990年版，第410页。另请参考满铁人事课劳务系调查：1923—1929年东北移民数，见《解放前的中国农村》第2卷，中国展望出版社1986年版，第65页。

④ 《北京国际统一救灾总会报告书》，第22页。

⑤ 《北京国际统一救灾总会报告书》，第15页。

⑥ 《北京国际统一救灾总会报告书》，第11页。

⑦ 《赈务通告》，1921年二月二十五日，第九期，《公牍》，第23页。

⑧ 《救灾周刊》第二十期，1921年三月二十七日，第24页。

⑨ 中国第二历史档案馆编：《中华民国档案资料汇编》，第三辑《农商（一）》，江苏古籍出版社，第377页。

县流行霍乱等时疫，济源县9月中旬"疫疠大发，死者约五千余人，户尸遍野，豺狼满道，几成禽兽世界"①。那些沿线逃荒的饥民，"到境之时，该地方官厅往往禁止下车，迫令返回原处，灾民等在车站冻馁过久，时有僵毙"②。京汉线"由保定至琉璃河，沿铁路一带霍乱盛行，死者比比"③。有道是，"瑞雪兆丰年"。然而这年阴历年终飞扬于豫南一带的"尺余大雪"，却使得无数灾民陷入了"愁城苦海"。来自河南内乡县的一件呈文描写了当时触目惊心的惨遇：

> 岁已云暮，大雪尺余……千山之中，万壑之间，往往有全家老幼冻饿以死此道途之上，冰天雪地，饿殍枕藉，比比皆是，然此犹死于故乡者也。远而鄂皖湘楚，经此次大雪，梵刹之中，破窑之内，皆有死尸堆积，问之多内乡灾民，其困于大雪又如此。……其逃外觅食者，经核发过护照，约计已有三万七八千口。近闻邓县冻死内（乡）民，一坑埋至数十口。湖北襄樊一路，本县采办员购料甫回，痛哭流涕，言我内民逃荒在彼，冻死于路，饿毙于外者，难以数计。④

红光闪过之后

1920年12月16日入夜。

饱经劫难的古城西安隐没在沉沉夜幕之中，白日里在瑟瑟寒风中游食于大街小巷的饥民群落以及时而僵仆的饿殍，也似乎消失得无影无踪，只有周边森严的城墙和凸立的哨楼隐约显现出黑魆魆的阴影。就在这时，——据城楼瞭望士兵后来的报告——"空中忽现红光如练"，"仅一转瞬，地震即作"，整个西安城顿时一片混乱，"屋宇震动有声，檐瓦纷飞，墙垣倾倒，商民有被伤者，计历十余分钟始息"。⑤此后，乾县、醴泉、凤翔、邠县、麟游、临潼、

---

① 《赈务通告》，1921年二月五日，第八期，《报告》，第2—21页；《晨报》1920年9月19日。
② 《赈务通告》，1920年十二月二十五日，第六期，《公牍》，第25页。
③ 《晨报》1920年8月22日。
④ 《赈务通告》，1921年四月十五日，第十二期，《公牍》，第8—9页。
⑤ 《赈务通告》，1921年一月十五日，第七期，《公牍》，第35页。

洛南、朝邑、大荔、潼关等三十余县的报震急电如雪片般飞来。当时全国各大报纸也相继刊发了湖北、河南、山西、直隶等省发生地震的电讯。旋经查明，地震的中心是在与陕西毗邻的甘肃海原。这是中国近代史上最大的一次地震。当时居住在北京的鲁迅先生在他 12 月 16 日的日记中也郑重其事地记下了这样的一笔："夜地震约一分时止"。

在详细地揭叙这次特大震灾之前，我们不妨先用一定的笔墨去回溯一下近代以来，特别是四十多年前在同一区域发生的那一次大地震以后各地的震灾情况。这不仅仅是为了两者之间存在着的一种旱震交织的历史巧合，更重要的是为了向读者表明：除了水旱蝗风等自然灾害外，地震也是频繁发生并使中国人民历经蹂躏的重大灾害之一。

据《中国地震目录》的统计，自夏代有文字可考的公元前 1831 年起至公元 1963 年，大于 4.75 级以上的破坏性地震就有三千一百八十次。历史进入近代以后，除了个别年份外，在中国大地上几乎每年都有地震发生，截至 1920 年西北大地震之前，即有二百零六次，其中 6 级以上的地震竟有一百余次，其所造成的灾难是可想而知的。在这里，1879 年紧接着那一场可怕的大旱灾而发生的甘肃武都大地震，无疑是破坏性最巨大的一次。不过，从地震发生的频度与周期的角度来说，1879 年的大地震只是揭开了近代中国一个相当长的地震活跃期的序幕。

从 1840 年到 1879 年 7 月 1 日前 40 年间，大小地震共四十四次，6 级以上的地震有十一次，每年平均次数分别为 1.1 次和 0.25 次。自这一年的 7 月 1 日至 1920 年的 12 月 16 日地震之前，大小地震一百六十次，6 级以上的地震则为八十九次，每年平均次数分别为 4 次和 2.07 次，相当于前期的四倍与八倍多。而且越到后期，地震频率越高，进入民国以后更加频繁，从 1912 年起到此时，仅 6 级以上的大地震就有五十二起，平均每年 6.5 起。1919 年和 1920 年（12 月 16 日之前）平均有九次之多。其中损失较大的有三次：一次是 1913 年 12 月 21 日发生的云南峨山地震，死一千三百十四人，伤二百六十九人；一次是 1917 年 7 月 31 日云南大关地震，震中纵横百里之内，死于地震的达一千八百余人；再一次就是 1918 年 2 月 13 日广东南澳地震。处于震中的南澳，屋宇几乎全部夷为平地，居民死伤 80%，尸体被压于断垣残壁之下，久久无人收葬。在半径约四百公里圆周内的广东、福建、江西三省部分地区，均遭到不同程度的破坏。影响所及，北至江苏的苏州、上海和安徽的安庆等地，南至香港，东达台湾及澎湖列岛，西迄广西桂江沿岸①。到了1920年，终于发生了近世百年空前的大地震——甘肃海原（今属宁夏）大地震。虽然以后地震仍然十分频繁，但仅从死亡人数而言却没有任何一次可以和海原大地震相比拟，因此，完全可以把1920年的大地震看作是这一个地震活跃期的巅峰。

这次地震发生的确切时间是北京时间20时5分，震中位置在北纬36°5，东经105°7的甘肃海原，震级为8.5，震中烈度为12②。据载，此次地震非常剧烈，持续时间"或十分钟至二十余分钟"③。震发时，东六盘山地区村镇埋没，地面有的隆起，有的凹陷，山崩地裂，黑水横流。特别是极震区的海原城，全城房屋荡平，全县死七万三千零二十七人，伤者十之八九，牲畜被压毙者四万一千六百三十八头。海原东南的固原县，城区也全部被毁，所有建筑物一概坍塌，崩落的山石将河道壅塞，水流四溢，滨河之地亦多裂缝，全县死三万人（一说三万九千一百七十六人），压毙牲畜六万余头。海原以南的静宁，也是地裂水涌，城关庐舍倾塌殆尽，有二十余个乡村覆没无存，全县共压死九千余人，伤七千余人，压死牲畜三万七千九百八十六头。会宁县除房屋大部倒塌外，也因山崩土裂出现整个村庄被湮没之事，形成"数十里内人烟断绝"之惨象，全县死亡一万三千九百四十二人。通渭县城乡房屋倾圮无余，河流壅塞，平地裂缝，涌水喷沙，有全村覆没者，也有阖村仅一二户存留者，死者达一万余人，伤者三万余人。

除以上极震区外，还在东起庆阳、南至西和、西至兰州、北达灵武的现宁夏、甘肃、陕西三省的广大区域内，形成了一个重破坏区。其中，隆德城内建筑物概行圮毁，城外覆没村窑甚多，甚至山川移徙，峰谷互换，西北村镇东西山口竟骤然合而为一，形成大圆冢，三百余户皆丛葬山中。另据《赈务通告》载，居住在该县西面积滩地方的一位回教首领马元章，在地震发作时，率众祈祷，结果"因山崩塌，全家六十余口尽被湮没，邻近教徒死者五六百人"。④ 总计全县死亡人口二万余，牲畜五万余头。天水地陷山裂，马跑泉镇土地变形，摇成一河川，水能行舟。城内外共死二千四百余人。靖远县

① 《中国地震目录》，第209、216、218—222页。
② 《中国地震目录》，第230页。
③ 《赈务通告》，1921年二月五日，第八期，《公牍》，第39—40页。
④ 《赈务通告》，1921年二月五日，第八期，《公牍》，第39—40页。

所有城垣公所学校损毁殆尽，山崩地裂，黑水涌流，其"南乡刘家寨一山陷入地中，化为沙沟，距此山五里由平地涌出古城一座，大约三顷余亩，城垣内高三丈，外高五丈，四周炮台宛然，惟无雉堞"。据甘肃震灾救济会的调查，该县死伤三万一千五百九十一人，震毙牲畜二十四万四千零四头[1]。其他各县的灾情，参见第 121 页表[2]。

在重破坏区的外围，还有一个范围更大的轻破坏区。包括今宁夏的银川、宁朔、平罗、盐池，甘肃的徽县、永登、临泽、武威、西宁、景泰、成县、临夏、洮沙、和政，四川的成都，陕西的南郑、城固、华县、华阴、朝邑、兴平、扶风、武功、凤县、醴泉、永寿、榆林、西安、三原、邠县、泾阳、周至、宝鸡、略阳、澄城、横山、安塞、宜川、韩城、大荔，山西的太原、汾阳、临汾、新绛、芮城、太谷、榆次、武乡、曲沃、永和、临晋、离石以及河南的阌乡、修武等地。在这个区域内，也普遍发生房倒屋塌，压死人畜事，有的县份罹难人数也有达五百人的，如扶风、宁朔，银川则死七百余人，至于死数十人的县份就更多了。陕西同州"并有一处陷落街市一里之长，深陷十数丈，一街人无一幸免"[3]。

受此次地震波及的地区就更广。除上列数省外，河北的文安、完县、武清、永清、霸县、磁县、邯郸、天津，山东的观城、郓城、堂邑、馆陶、武城、清平，湖北的郧西、老河口、襄阳、汉口，安徽的太和、蒙城、合肥、无为、桐城，江苏的无锡、苏州、上海等一百零六个市县，都有震感。有的地方还造成轻微的破坏。

12 月 16 日强震以后，又持续了一段时间的余震。大部分地区自此至次年 3 月，"震犹未息"，"每日震动大小不等"，"或六七次，或二三次"[4]。有的余震还造成相当大的破坏，如 12 月 25 日的余震达 6.75 级，12 月 28 日的余震达 6 级。甘肃督军张广建 12 月 29 日在致北洋政府各院部的一份急电中称："且连日各地仍震动不息，人心惶恐，几如世界末日将至。"[5]

---

[1] 甘肃震灾救济会：《甘肃地震灾情调查表》。
[2] 表列内容见《中国地震目录》，第 230—238 页。在此前后有关 1920 年海原大地震的叙述，除特别注明出处外，均据该书。
[3] 《晨报》1920 年 12 月 22 日。
[4] 甘肃震灾救济会：《甘肃灾情调查表》。
[5] 《赈务通告》，1921 年二月五日，第八期，《公牍》，第 39—40 页。

县名	死亡人数	震毙牲畜	塌毁房窑	县名	死亡人数	震毙牲畜	塌毁房窑
秦安	10000人	30000头	69531间	榆中	900	1200	十分之四
宁县	4000	10000	十之六七	临漳	900	1000	十分之二
甘谷	1365	25144	20000	临洮	700	1000	十分之三
庆阳	2405	26000	15394	漳县	700	2000	十分之四
合水	700	3000	十分之六	正宁	97	280	1000
泾原	4000	12000	十分之七	岷县	700	2000	十分之四
定西	4200	6000	十分之五	两当	700	5000	十分之五
泾川	3000	369	2102	阴平	700	2000	十分之四
环县	3000	75000	十分之七	武山	322	884	—
礼县	90	1200	6000	陇县	700	—	—
清水	334	1649	7890	岐山	—	—	—
灵武	300	700	十分之二	凤翔	2353	3342	5362
金积	10000	22000	十分之七	渭源	13	380	778
中卫	700	1000	十分之四	镇原	3005	3904	11840
庄浪	1000	5000	十分之四	崇信	900	20000	十分之三
陇西	7000	10000	十分之六	平凉	2000	—	—
西和	4000	15000	十分之七	华亭	42	81	601
灵台	1000	7000	十分之三	兰州	3000	7000	十分之三

　　如此强烈的大地震，对灾区人民来说确是一个毁灭性的打击。但究竟有多少人惨遭灭顶，各种材料的统计并不一致。一般通行的说法是二十余万，有关权威性的中、外著作如《中国地震目录》、《饥荒的中国》等即持如是说。而1921年9月15日杨钟健在《晨报》发表的文章《甘肃地震情形》则称："我所见各县的报告……上死的人加起来，有二十四万六千多人。"华北救灾协会刊发的《救灾周刊》第18期载有《甘肃被震各县灾情略表》，统计甘肃六十二县共震毙二十六万六千一百八十七丁口，伤七万六千六百一十一丁口，震毙牲畜总数为一百七十七万零三百四十头。甘肃震灾救济会在其印行的《甘肃震灾救济会概览》的序言中则云"甘肃地震，全毙人口三十万以上"。据其提供的《甘肃灾情调查表》中有关三十个县的统计，死亡总数即在二十二万零三十四人。因此综合各种材料，通行的死亡二十万人的说法似乎偏小，三十万人之说不为无据，若加上陕西等省的死亡人数，这一结论应更有说服力。这一数字虽较本年度旱灾造成的死亡数为少，但其发生的时间却

不过短短的十至二十分钟，换言之，其死亡速率高达每分钟一万五千至三万人，为害之惨烈可以想见。若要考虑到这次地震是发生在人烟稀少的西北地区，上述数字，就更加骇人听闻了。无怪乎一位外国学者惊呼："中国差不多是一个打破一切法式的奇特地方，因为在甘肃底穷乡僻壤的农村地方受地震之灾，倒反最重"。① 因此当时的各大报纸均发表评论，认为这次震灾"实较本年北五省旱灾情形为尤重"。而那些九死一生的幸存者，其生活更是惨绝之至。前引张广建的电文即称："所遗灾民，无衣无食无住，流离惨状，目不忍睹，耳不忍闻。甘人多倚火炕取暖，衣被素薄，一旦失此，复值严寒大风，忍冻忍饥，瑟缩露宿，匍匐扶伤，哭声遍野，不为饿殍，亦将僵毙。牲畜伤亡散隅，狼狗亦群出噬人"。辽阔灾区笼罩在一片愁云惨雾之中。

并非偶然的巧合

古希腊的一位著名的哲学家曾经说过，"人不能两次踏进同一条河流"。历史的过程亦如奔腾不息的河水一样，一往无前，不可逆转。如果将不同时期的历史事象作简单的附会或类比，无疑是很不妥当的。然而历史的发展毕竟有其不以人的意志为转移的连续性、规律性。只要某种历史规律发生作用的基本条件继续存在，甚或有所发展，那么，过去的历史事象总是要在不同的程度上以不同的形式再现或重演。这或许正是历史所以能够昭戒后人的真谛所在。相隔40年之久，在北部中国同一区域发生的两次极其相似的特大灾祲，也不仅仅是一种历史表象的偶然的巧合。除了气候变迁或地质运动等自然因素外，还隐藏着大致相同的社会历史根源（地震灾害另当别论）。

这里首先要谈的就是人口问题。在一定的社会生产方式之下，人口的再生产与物质资料的再生产是否相互适应，是人类社会能否协调发展的基本条件之一。在近代中国十分低下的生产力条件之下，衡量两者是否适应的主要指标就是人口与土地的比例关系，其中的临界点就是一般所谓的"温饱界线"（或"温饱比例"）。按照中外学者的研究，这一比例全国平均大致为1:4②，

---

① 马罗立：《饥荒的中国》，上海民智书局1929年版，第76页。
② 周源和：《清代人口研究》，《中国社会科学》1982年第2期。

即每人平均四亩土地方可维持生计。北方地区由于地理气候条件比较恶劣，农业生产技术更加落后，这一比例势必更高①。而早在19世纪初年，因康乾以来人口的爆发性增长，全国人均耕地即不足三亩，此后一直不曾超过这一水平②。号称"地广人稀"的北五省地区的人口，自康乾以后也处于持续猛烈的增长状态，人口与耕地之间的矛盾日趋尖锐。据统计，1685年（康熙三十四年）北方五省人口总数为二千九百十六万人，耕地面积总计为二亿七千八百七十一万七千八百亩，人均耕地约9.56亩③。到了1851年（咸丰元年），人口总数达一亿零八百三十五万二千人，耕地面积为四亿七千零二十九万五千亩，人均耕地直线下降到4.35亩，不足原来的1/2，已经贴近全国平均的"温饱界线"了。此后直到70年代后半叶主要由于连续数年的大祲奇荒造成的人口锐减之后，人与地之间的这种紧张关系才有所缓和，在1887年（光绪十三年）人均耕地面积达到4.89亩。但是在此之后，北方人口总的来说又开始了缓慢的恢复和增长，到1912年竟高达一亿一千八百八十二万人，而耕地面积仅有四亿八千零十二万亩，人均耕地下降为4.04亩④，远低于此前各时期的水平。到1920年灾荒发生前后，这一变动势头依然不衰，部分地区更为严重。据北京国际统一救灾总会在北方某宜农区域二十七个村的调查，有的村庄一方英里的耕地竟须养活二千三百九十五人，人均面积仅1.39亩⑤。这样，在经过一段相对缓和的历史时期以后，北方五省人口对耕地的压力再度加重了。而两次特大灾荒爆发的时间又恰恰是处于上述人口变动曲线的两个制高点上，其中的意蕴不能不耐人寻思。

由于生齿日繁，地狭人稠，结果使得近代以来徘徊不进的社会生产力面临着愈益沉重的压力，并远远超越了它自身所能承荷的极限。这不仅进

---

① 据华北救灾协会成员1920年10月的调查，山西平定等县"平均每人亦不过有田六亩，而全靠雨量充足乃有收获之山田，尚居其八"，是以"本地所产粮食，虽极丰稔之年，亦不敷用"（《救灾周刊》第九期，1920年十二月十九日，第18页；第十七期，1921年三月六日，第21页）。另据民国《解县志》载，该县人口全盛之时，"平均分之每人仅得四五亩旱地，终岁劳苦，丰年略可自饱，仍不能事父母　畜妻子　一遇荒歉　死亡殆尽"

② 章有义：《近代中国人口和耕地的再估计》，《中国经济史研究》1991年第1期。

③ 孙毓棠、张寄谦：《清代垦田与丁口记录》，载《清史论丛》（一），第112—113页。

④ 章有义：《近代中国人口和耕地的再估计》。1912年的人口数和耕地面积均包括热河、察哈尔及绥远。另请参见本书《丁戊奇荒》。

⑤ 《北京国际统一救灾总会报告书》，第7页。

一步限制了社会财富的增长，也大大加速了农民生活的贫困程度，使大多数人口经常性地处于饥饿半饥饿的状态。从纯粹统计学的意义上来说，在20世纪一二十年代，北方大部分地区哪怕遇上普遍的丰收之年，也会有大量的人口面临着断炊无食之虞。为了维持基本的生存需要，农民们不得不尽力将自身的生活水准降低到一种令人难以置信的简陋程度。直隶省曲阳县，居民大都以农为业，但"每人只占（耕地）四亩有余，且土质半系沙石"，以致平常年景即有1/3的人"以糠秕为食"[1]。至于"定州顺德府等，其饥馑几为一恒久不变之状态，遇天灾之来，虽与常态有殊，然亦仅程度之差"[2]。当然，造成这种状况还有封建剥削、土地兼并、政治动荡等更为重要的社会原因，但居高不下的人口数量显然是一个不可忽视的因素。

另一方面，也许是更为严重的一面，就是人口激增还造成了农业生态环境的不断恶化，使水旱灾害更趋频繁。随着清中叶以来人口增长与耕地不足之间的矛盾日益加剧，人们不得不通过毁林开荒等掠夺性方式来摆脱困境。实际上，早在嘉道时期许多地区的土地开发就已达到饱和性状态。如直隶省保定府各州县，"其近山者争觅地于闲旷之地"，"悬崖幽壑，靡不芟其翳，焚其芜而辟之以为田"[3]；山东东部各州县也是"山峦海滩，开垦无遗"；[4] 而陕西等省甚至"于深山邃谷之中，凡有地土可开辟者，无不垦种"[5]。进入近代以后，由于巨大的人口压力始终存在且时有增长，这种竭泽而渔的滥垦滥伐行为也就不曾稍止，再加上战乱频仍，大自然的森林植被因此遭到了大面积的毁坏，"弥望濯濯，土失其蔽"[6]，给北方地区的农业生态环境带来了一系列恶劣的影响：既严重丧失了调节气候的功能，又造成大量的水土流失；既大大加速了气候干旱化、土壤沙漠化的进程，又使向来不发达的水利系统因泥沙不断地淤塞而削弱了蓄水泄水的能力，最终也就加大了水旱灾害发生的频度和强度，形成无灾变有灾，小灾变大灾，"水则汪洋一片，旱则赤地千

---

① 《救灾周刊》第五期，1921年十一月二十一日，第9页。

② 《北京国际统一救灾总会报告书》，第10页。

③ 崔述：《无闻集》，卷1。

④ 《清仁宗圣训》，卷15。

⑤ 《录副档》，道光二十二年正月十三日裕泰、赵炳言折。转引自李文海等：《灾荒与饥馑》，高等教育出版社1991年版，第314页。

⑥ 盛康：《皇朝经世文编续编》，卷106，《治河论》（上）。

里"的溃败局面①。这种情况，反过来又使得原本衰弱不堪的农村经济在频繁的天灾袭击之下元气殆尽，从而进一步降低了对水旱灾害的抵御能力，结果陷入了一个恶性循环的怪圈之中，难以自拔。

上面对人口压力的论述是以"所有耕地的总面积均种植粮食作物"为出发点的，实际的情况显然不可能如此。有限而珍贵的土地资源并没有得到合理的利用。前面在分析"丁戊奇荒"的成因时，我们曾谈及以鸦片种植为核心的北方农产品商品化畸形发展的恶劣影响。到了20世纪一二十年代，这种农产品畸形商品化的势头，更有了急剧的扩展。

从19世纪70年代起，世界主要资本主义国家便开始了向垄断资本主义的过渡，与此相应，外国列强对华经济侵略的形势也开始发生变化，并以中日甲午战争为突破点进入一个规模空前的新阶段，资本输出取代商品侵略成为列强对华侵略的主要方式。列强不仅继续通过对华贸易来扩大对中国农产品的掠夺，还运用在中国本土投资设厂的方式大量建立诸如棉纺织厂、卷烟厂及其他农产品加工工厂，直接利用中国的原料，榨取高额利润。于是，国内外市场对有关经济作物的需求迅猛增长，并成为国内农业经营者从事商品化生产的强有力的刺激力量。北方地区的棉花、烟草等经济作物种植在甲午战后的不断扩张，主要根源于此。特别是随着列强投资修建和控制的铁路线的不断延长，北方原本深处腹地的穷乡僻壤也越来越广泛地被卷入到了这股浪潮之中。一些外国在华投资者还直接深入农村，推波助澜，通过奖励改良品种、提高收购价格或者提供贷款等手段，诱使农民种植自己需要的农作物。1913年以后，山东、河南以及安徽三省分别以坊子、许昌及凤阳为中心发展起来的专业化烟草生产区域，就是在英美烟草公司的干预下形成的。据有关资料统计，1918年至1919年间，北五省仅棉花和烟草两项的种植面积至少也有一千一百三十五万一千亩②。但这种农产品商品化的发展主要是由列强对华原料掠夺的需求促成的，而不是国内社会生产力发展的结果，因此它的发展只能是以大量侵占耕地和排挤谷物生产为代价，其结果势必导致粮食作物生

---

① 参见凌道扬：《森林与旱灾之关系》，《水灾的根本救治方法》，《农商公报》，1922年二月二十五日，第91期。

② 许道夫：《中国近代农业生产及贸易统计资料》，上海人民出版社1983年版，第210、214—218页。其中棉田合计10667000亩，为河北、山东、山西、河南四省1919年的统计数；烟田684000亩，为北五省1918年的统计数，其中河南省是年的数字原为6806000市亩，疑有误，改以1916年的数字补之。

产的进一步萎缩，从而加重了粮食匮乏的危机态势，最终也就削弱了北方农村抗御灾荒的能力。当时的有识之士就认为，"年来地亩中下种品比例的失常"，"种食品比例的大减，以致积粮空虚"，是这次旱荒奇重的主要根源之一。①

在这里，令人深恶痛绝的鸦片种植也是一个不可忽视的重要因素。"丁戊奇荒"之后，晚清政权和受灾各省督抚曾明令禁种，但由于鸦片进口无从禁止，清廷"寓禁于征"的"药厘"政策也未曾改变，因而并没有截断其涌动的潜流，鸦片种植之势在略呈顿挫之后又迅速地蔓延开来。据于恩德《中国禁烟法令变迁史》称，到了光绪末年，"鸦片流毒之广遍，实已至亡国灭种之地步"，"国内各省几无处不种鸦片，而尤以甘肃、陕西、河南、山东……为产鸦片最多之省份"②。迫于国内外日益高涨的社会舆论的压力，1906年清政府和英国达成协议，决定自1908年起，以十年为期禁绝鸦片进口和国内种植。此后，罂粟田一度有较大幅度的缩减。1916年英国驻华公使的特派员们甚至宣布，"中国事实上已停止种鸦片"③。但就在这一年以后，"已经快要绝迹的鸦片，又死灰复燃，栽种者，依旧栽种，贩卖者，依旧贩卖"，"烟土之多，烟民之众，言之骇人听闻"④。河南、陕西、山西等省很快又跻入了复种最盛的省份之列。陕西的中部、西部，"把有用的土地，十九种成毒苗了"⑤。之所以会造成这种局面，依然离不开其最初的历史根源。姑无论"禁烟"之前将近一百年大规模的鸦片贸易所带来的深远的影响，就是在全面"禁烟"实施以后，虽然公开的进口已经停止，但鸦片走私并没有终结，英、日等列强控制的大连、胶州、澳门、香港等地甚至实行"鸦片专利"，"遂使毒害复潜入中国其他各地"⑥。与此同时，从鸦片中提炼的吗啡等毒品走私，也日益猖獗，这些吗啡大都由"印度送往英国加以制造，再送来南洋及日本商人送

---

① 杨钟健：《北四省灾区视察记》，《东方杂志》，第十七卷，第十九号。
② 《中国禁烟法令变迁史》，台湾文海出版社影印本，第113页。
③ 英文《中华年鉴》，1928年，第526页。转引自章有义：《中国近代农业史资料》（1912—1927年），第二卷，第211页。
④ 罗运炎：《中国鸦片问题》，1929年，第90—91页。转引自章有义：《中国近代农业史资料》（1912—1927年），第二卷，第211页。
⑤ 杨钟健：《北四省灾区视察记》。
⑥ 于恩德：《中国禁烟法令变迁史》，第177页。

入大连、青岛以至于内地"①。鸦片贸易如此光荣撤退，不能不是中国鸦片复炽的一个重要因素。至于国内，由于清朝地方官吏在禁烟过程中奉行不力，或有意抵制，鸦片田并没有根绝净尽。民国初年袁世凯称帝后，政局大坏，大大小小拥兵自重的军阀在其割据的地盘内，莫不视"鸦片为绝大利源，于是包庇贩运，抽收烟税，明目张胆行之，甚而至丁强迫人民种烟，借收亩捐，而裕饷糈"②。鸦片种植因此肆意扩张，公行各地。"剪不断，理还乱。"鸦片，已经深深地植根于近代中国的社会肌体之中，成为当时无以根绝的大毒瘤。

谈到军阀割据，它与此次灾荒形成的关系绝不仅仅限此一端。可以说，军阀割据以及由此产生的频繁不息的战乱、四分五裂的政局以及种种加诸平民百姓的有增无已的差役负担，是这次灾荒孕育、迸发、蔓延乃至加剧的最大的"人祸"。

本世纪20年代，正处在一个新的国内战争频发的高潮时期。如果说四十年前的旱荒是肇始于战争的废墟之上，那么，这一次的灾祲却是在纷纭的战火之中猝然迸发的。从1916年起，大小军阀的厮杀与火拼一年也没有停止过，战争一年凶似一年，战区一次大似一次，到1920年，五年之间战区所及共有三十二个省区，平年每年达六个半省③。其战争动员指数若以1917年为一百，则1918年为一百八十一，1920年为二百十八④。北方各省作为南北军阀纵横捭阖的主要战区之一，也是备受蹂躏。自1917年10月至1919年3月，地处西北西南交通要枢的陕西省几无时无地不笼罩在南北军阀攻城掠地的战火之中，总计"南北主客驻陕军约十三万，八省之兵，合数省之匪，星罗棋布于关内一隅"，致使"所经市阛，比户墟落断烟"，而"西路尤甚"，陕南亦"收括无遗，陕北则糜烂殆尽"⑤。

一波未平，一波又起。1920年7月，长夏炎炎、赤地千里的北国大地又蓦起战云。北洋军阀内部的直系军阀，联合奉系军阀，向控制北京政府的皖系军阀发起大规模的直皖之战，战线西越京汉线，东至京奉线，主要集中于

①　杨端入：《鸦片复活》，《东方杂志》，第十七卷，第十九号。
②　罗运炎：《中国鸦片问题》，第41—42页。
③　王寅生：《兵差与农民》（1932年），《解放前的中国农村》第2卷，中国展望出版社1986年版，第367页。
④　台湾"教育部"编印：《中华民国建国史》，1987年版，第二篇：《民初时期》（四），第1549页。
⑤　《申报》1919年3月26日。

京畿地区，并旁及山东、河南等大片区域。天灾与战祸，双管齐下，使北方人民雪上加霜。京南各村，"适在火线之中，房屋早化灰烬，流离失所，无家可归。其不在战线范围以内者，如京城四周各乡镇，亦备受败兵之蹂躏，呈居室未遭焚烧，而牛羊杂物，则皆化为乌有"①。山东的德县、陵县、平原、恩县、禹城诸县"微论战线以内，几尽焦土，即兵车所至，亦鸡犬一空，延袤数百里，村舍荡然，流离载道"。② 河南西部19县则"西北军（时与皖军联盟）蹂躏于前，各军（直、奉军）复防堵于后，此往彼来，将近两月"，致使各县"支应浩繁"，洛阳、偃师等县正粮之外，杂差等项每两银子竟派至十余串或十七八串，民间被搜刮一空③。由于两军对峙，合境土匪乘机蜂起，大肆焚掠。"6、7月后，有溃兵加入匪阵，匪徒又皆利器，势焰大张"，在洛阳，"抢掠之案，每日不下数十起，或百余起"；④ 在偃师，"三百余村庄，无一幸免于匪劫"；在嵩县，"该县三十六里，被匪抢掠者计二十三里，被烧者约计一百数十村，焚房约计三千数百间，伤人无算"。为此，豫西旅京救济会在其《豫西灾情报告书》中悲愤地写道："人民不死于荒，即死于匪；不死于匪，亦死于兵差矣"⑤。

直皖战争结束之后，新由直、奉军阀共同控制的北京政府开始作出轸恤民艰的姿态，陆续采取了若干救灾措施。即一面在北京设立督办赈务处（隶属于内务部），作为各省灾赈最高领导机关，并遣派专员分赴各被灾省份会办赈务，一面又筹款运粮，先后举办急赈、工赈、平粜、粥厂等救灾事宜。至次年夏秋之际赈务结束后，北洋政府通过内外举债、东罗西掘，共支出赈款约一千一百三十三万七千七百五十一元（其中包括：以海关附加税作抵押向英美日法四国银行团借外债四百万元，以常关附加税为本金发行赈灾公债实支一百九十八万九千元，交通部加征邮政、电报及铁路等各项附捐三百八十四万二千五百十元，募捐一百五十一万六千二百四十一元）⑥。应该说这是一笔相当可观的数字，但是对于区域辽阔的灾区来说，毕竟还是杯水车薪。即

---

① 《申报》1920年8月5日。
② 《申报》1920年8月10日。
③ 《救灾周刊》第八期，1920年十二月十二日，第15—18页。
④ 《救灾周刊》第十八期，1921年三月十三日，第6页。
⑤ 《救灾周刊》第八期，1920年十二月十二日，第16—17页。
⑥ 《北京国际统一救灾总会报告书》，第22—25页，其中交通部支出赈款数据该书中有关大洋、小洋及铜元等数目折算合计而成。

以北京国际统一救灾总会对北五省应需赈款最保守的估计数一亿二千万元的标准来衡量[1]，并假设这笔钱能全部用于荒政，不打折扣，也只能拯救十分之一的灾民。何况这笔赈款绝大部分是到了第二年春天才陆续发往灾区的，而在此之前，北部中国早已在延绵的战火和持续的天灾双重打击之下呈现出一片流离四野、饿殍塞途的大荒之象了。姗姗而来的"仁恩善政"，无异于几十万饿殍的祭品点缀于茫茫荒原之上。

就地方情形而论，虽然北京政府一再以"大总统"的名义发号施令，督饬各属救灾安民，但此时的北京政府已远非昔日的专制政权可比，在拥兵自重、割据称雄的各督军眼中，这些政令不过是一纸空文而已；就是各省地方政权内部，也因各派系之间的弄权斗法而纷乱扰攘、动荡不安，因而对于救灾一事，往往虚应故事，敷衍塞责，或一筹莫展，或漠不关心，整个救荒机制实际上已荡然无存。据北洋政府内务部的材料披露，在山东省，平阴县平粜"仅办一次即行中止"，"设有筹赈分会，尚无切实办法"，高唐县知事"以为无筹赈之必要"，馆陶当局"拟修治城池堤路，以工代赈，责令妇女老弱编制帽辫等项，用意甚善，惟仅属一种计划，尚无具体办法"[2]，如此等等，不一而足。在直隶省，邯郸、成安、邢台等各县知事"办理赈务，仍以平常处理政务之敷衍手段出之，藉曰不舞弊，而因循玩忽，已误事不少"[3]。至于陕西当局，因"内部四分五裂，统驭无力，遂专注精神于巩固势位之一途，早置小民生死于不顾。省城虽立有赈抚局，按之实际，直等虚设"[4]。1921 年 9 月 4 日《申报》载文揭露说，这些"赈抚局人员，只知抽大烟，叉麻雀，吃花酒"，当华洋义赈会前来查灾时，从县知事到道尹到督军，竟"都异口同声说陕西没有旱灾"，后经社会各界力争，得到一批赈款，但这些赈款，"起先发放的，每名灾民只领到 12 枚铜元，末后发到县里的，竟被恶绅劣官狼狈的吞没了"。而当时直系首领，后来的"贿选"总统曹锟亦侵吞赈款三百余万元[5]。原本有限的赈款，经过大小官吏的层层侵渔，真正实惠及民的已微乎其微。当初一些人对取代腐败的皖系势力而上台的直系军阀也许还抱有些许期

① 《北京国际统一救灾总会报告书》，第 16 页。
② 《赈务通告》，1920 年十二月十五日，第五期，《报告》，第 11—12 页。
③ 《救灾周刊》第八期，1920 年十二月十二日，第 3—4 页。
④ 《赈务通告》，1921 年二月二十五日，第九期，《公牍》，第 23 页。
⑤ 中国第二历史档案馆编：《中华民国档案资料汇编》，第三辑，第 1423—1424 页。

待的心情，但在事实面前很快烟消云散了。"跳出了热锅，跳进了火炉"，[①]孙中山先生对当时时局的评论可谓一语道破。

历史灾难的补偿

"政府既无望矣，吾不得不希望商民之努力！"

这是著名经济学者杨端六先生1920年10月10日在《东方杂志》上的《饥馑的根本救济法》一文中发出的呼吁。这一呼吁不仅仅是表达了某一个人的良好愿望，从某种意义上来说，它也向人们透露了这样的一种历史信息：当成千上万的北方人民在漫长的死亡线上苦苦挣扎而又无助无望地沦为饿殍时，苦难深重的中国确实需要一种新的社会力量、新的救灾组织来代替传统的荒政了。或许正是这一历史的召唤，已经成长起来的中国中产阶级或者说"商民"奋然而起，奔走呼号，并联合国际社会的友好力量，掀起了一场区别于官赈的救荒活动——华洋义赈。较之四十年前义赈初起时的情景，这一次的救荒活动，无论是在动员规模、组织结构，还是在赈灾机制方面，都大大地向前发展了一步。

自"丁戊奇荒"以来，伴随着中国民族工业的兴起和早期维新思潮的传播，义赈活动即"相继而起"，"蔚然成风"，连遇灾省区举办的官赈，也不得不"仿效义赈办法"，"一若非义赈不得实惠"[②]。但是在相当长的时间内，义赈组织并没有统一起来，不仅初创期的华、洋两种义赈队伍互不相属的局面继续存在，就是国内各种义赈团体也往往各行其是，从而在很大程度上限制了义赈的实际效能。在1920年义赈活动的初期，这一缺陷显得更加突出。直皖之争战云甫散，来自灾区的消息便在当时中外各大新闻媒体的宣传之下流传全国，于是，大大小小的义赈团体应时而生，北京、天津、上海、济南等地的外侨也组织了救济机构。但这些救灾团体各不统属，在散赈过程中往往形成"厚此薄彼，畸重畸轻"的局面[③]。有时为了筹集赈粮，各团体又

---

①　孙中山：《解决中国问题的办法》，1920年8月。

②　《筹赈通论》，《经元善集》，华中师范大学出版社1988年版，第119页。

③　《救灾周刊》第八期，1920年十二月十二日，第3页。

"聚集一隅竞争，反致物价高腾"①，使赈务工作备受影响。有鉴于此，在北京的各大救灾机构的领袖如北五省灾区协济会的熊希龄、汪大燮，华北救灾协会的梁士诒等遂同外国在华义赈团体反复磋商，决定联合起来，组织统一的赈务领导机关，旨在制定通盘统筹的赈济计划，以便合作赈灾。此前外国方面如英、美、法、意、日等国的慈善机构已组织了国际性的对华救济组织即万国救济会，中国方面遂由梁、熊等人发起，邀请北京共十四个救灾团体的代表于 10 月 1 日举行联席会议②，成立了"中国北方救灾总会"，共推梁士诒为会长，汪大燮、蔡廷干为副会长。10 月 6 日该会与万国救济会联合组织"北京国际统一救灾总会"，设干事团（后称行政委员会），由选举产生的中外代表各半额充任干事或委员，干事团会议设临时主席，由各干事轮流担任，下设调查、卫生、采运、公告、款项五股，处理具体事务。与此同时，国内其他大中城市如天津、上海、济南、汉口、开封、太原、西安等处，也相继设立了华洋义赈会，且于 11 月间汇集北京召开联席会议，将整个灾区分为若干区域，由与会各团体分别担任救济任务。北京国际统一救灾总会除直接担任直隶西部地区的救济外，被各会推为办赈总机关，统一办理宣传、联络、采粮运粮、簿记稽核及卫生防疫等事务。同时还根据灾情状况对部分赈款（如政府委托散放的海关附加税借款四百万元）统一分配，并对各会自己支配的款项提供参考意见③。这样，全国各地的中外义赈团体便在北京国际统一救灾总会的领导之下联合起来，这对提高赈灾效率、保证赈灾工作较为快速顺利地运转，无疑是提供了一个较好的组织基础。由于该组织是由各地之各种中外团体（工商学等社会团体和外国在华各教会）组合而成，因而有利于调动国内国际可资利用的人力物力因素，壮大救灾力量，也有可能加强各团体各会员之间的相互监督，在很大程度上避免了中国官赈实施过程中的黑幕弊端，从而使义赈活动成为比较纯粹的慈善事业为当时世人所敬重。北五省赈务结束之后，应社会舆论之要求，北京及各地华洋义赈团体于 1921 年 11 月 16 日成立"中国华洋义赈救灾总会"，作为中国常设性的救灾机关。此后相当长的一段历史时期中，华洋义赈会成了在当时中国颇具声名的一种救灾机构。

① 《北京国际统一救灾总会报告书》，第 4 页。
② 《北京国际统一救灾总会报告书》，第 2 页。
③ 《北京国际统一救灾总会报告书》，第 3—5 页。

随着各地义赈团体的联合，以往募捐散赈的义赈运行机制也得到改进和完善。在募捐方面，一个突出的特点，就是改变了过去单纯依靠名流效应（即所谓"登高一呼，八方响应"）向社会各界募捐集款的办法，而是在此基础上，在全国许多大中城市发起诸如旱灾纪念日、全国急募赈款大会等募捐活动，采取茶话会、演讲会、游艺会或游行集会等形式，动员社会各界的力量，自觉自愿地加入募捐行列，有钱出钱，有力出力，使义赈活动一变而为"平民慈善运动"①。在施赈方面，也逐步形成了一套以调查、放赈和稽查为主体的救灾程序。

近代义赈的一个重要原则就是"救人救彻"，即选择灾重之区的极贫灾民，"与以充分的接济，直到他们能获得一次收获，或利用别的方法恢复自给能力为止"。② 因此，如何确定当赈之人便成为"散赈之先决问题"。当时各华洋义赈团体于赈灾之前均首先派遣大批调查员分赴灾区调查灾情。这种调查一般分为两个步骤。第一步是对灾区进行综合性的整体调查，诸如灾区地点、受灾面积及灾民数目、收获状况、生活状况、牲畜损失、灾民迁徙情形、农商学校现状、地方政府或私人团体救灾现状等方面，由各调查员加以搜集，并提出筹赈办法，汇交负责机关，以便其根据各地灾情的轻重缓急，确立散赈地区、种类、数额及散赈人数和委托机关。第二步就是对应赈地区挨村挨户逐一仔细调查，确定应赈户口。赈放之时或赈毕之后，各负责机关再另派稽查人员分赴散赈地区核查，包括"（散赈）报告消息是否确实以及关于散赈有无滥赈及侵吞等弊"③。为了便于稽查，散赈人员或由其委托的散赈机关应将散放结果包括受赈户名、人数、标准、数额，由村正副出具保证，榜列村门，尔后将散赈表册送交总会存案，并随时报告每次办理情形，由总会编成公报，发布于众。华洋义赈令旨在通过这些程序，防止贪污中饱的现象，使赈款能够发到应赈灾民手中。

鉴于以往在救灾过程中"以赈粮一次发放而于数日内告罄，（灾民）又被饥饿"的弊端④，各地华洋义赈会在散放赈灾谷物时大都改变方法，对应赈饥民依次采取急赈、冬赈、春赈三种方式，并且每月按规定时间散放一次或两

---

① 《救灾周刊》第二十二期，1921 年四月二十四日，第 31 页。
② 《饥荒的中国》，第 233 页。
③ 《救灾周刊》第七期，1920 年十二月五日，第 29 页。
④ 《北京国际统一救灾总会报告书》，第 70 页。

次，按部就班，赓续相接，尽可能保证灾民度过漫长的荒期。与此同时，大多数义赈机构还因地制宜，采取其他相应的措施，如散放籽种，设立难民收容所及粥厂，防治疫病，收养婴幼儿童，实行以工代赈等。尤其是以工代赈，被当作"最合科学原则及最适于实用之救灾办法"①备受重视。主要由棉纺织业企业家组成的北方工赈协会在一份函电中即将"急赈"与"工赈"明确区分开来，指出："为一时救急计，则以急赈为宜，若为增进社会生产力及铲除灾源并筹各地永久福利计，则工赈实为当务之急"②。因此，各处华洋义赈团体只要在条件许可之下无不着力实施工赈。从现有的材料来看，它主要包括以下几个方面③：

（一）设立实业学校或灾民工厂，组织极、次贫之妇女从事发网、草编、被褥及其他物品制造等，扶持农村手工业，帮助灾民"自为工作以维持其家计"；

（二）发动工矿农垦等各方面实业家，增加资本，招募灾民，仅北京国际统一救灾总会即先后介绍直隶西部一万三千五百六十一人进入各地工厂做工；

（三）植树造林，改善植被环境；

（四）兴工筑路，浚河修渠，改良灾区的水利设施和交通条件。

这种以工代赈的举措，从某种意义上来说，带有灾区重建的性质，虽然由于当时刻不容缓的危急之势，使得这些措施并没有能够取代以谷物散放为主的直接救济而未在该组织的救灾活动中占据主导地位，但还是发挥了相当重大的作用，并从此奠定了华洋义赈会未来救灾事业的方向。

据统计，在这次救灾活动中，各华洋义赈团体共筹得赈款一千七百三十五万八千六百三十三元，除了海关附加税借款外，均自国内外募捐而来，募捐款项超过了北洋政府所能罗掘的数目。从 1920 年 12 月至 1921 年 8 月，各华洋义赈团体共支出赈款一千五百二十三万零七百八十七元，救济灾民七百七十三万一千六百十一人，占全部灾民的 1/4 以上，其中以非谷物赈济的方法救济的灾民数也占很大的比重④。这些数据表明：华洋义赈团体在这次救灾过程中所取得的成就，不仅为以往的义赈活动所不曾企及，就是在旧中国的

① 《北京国际统一救灾总会报告书》，第 29 页。
② 《救灾周刊》第十二期，1921 年一月十六日，第 33—34 页。
③ 以下各项内容均见《北京国际统一救灾总会报告书》。
④ 《北京国际统一救灾总会报告书》，第 19、21、28、195 页。

荒政史上也是荦荦可数的，尤其是在一个政治分裂、干戈扰攘、社会动荡、经济凋敝的黑暗历史时代，就更显得难能可贵了。

恩格斯有一句名言："没有哪一次巨大的历史灾难不是以历史的进步为补偿的"①。自"丁戊奇荒"以后，人们经过四十余年的尝试和摸索，终于使义赈工作得到了较大的完善和改进，这无疑是一个历史的进步。这大概也可以算作是千百万中国人民长期承受大灾巨祲而付出了极其沉重的历史代价之后，所得到的一种补偿吧。

当然，这里以较大的篇幅论述华洋义赈活动的社会作用，并没有忽视它自身所存在的不可克服的历史局限性。我们可以从它赖以成功的两大原则来分析。其一，前已提及，近代义赈的一个显著特点是"救人救彻"，而这一原则，与其说是慈善家们良好的心愿，不如说是他们无可奈何的选择。因为作为一个义赈组织，它本身并不拥有雄厚的资金，它用于散放的赈款主要是从社会上广泛募集而来的，尽管募者募，捐者捐，一时声势浩大，但在救灾如救焚的情形之下，必然受到时间的限制，而当时国内的社会财富毕竟也是很有限度的，因而不可能满足整个灾区哪怕是最低限度的实际需求，这就迫使义赈团体在选择赈济对象时，不得不集中在一个较小的范围之内，而把相当大一部分急待赈济的灾民弃置不顾。华北救灾协会在其散放急赈的章程中规定："灾区太广，粮食不敷分配，宜以村落为单位，凡有富户、有园田、有收获之村，不要散放。"② 即使是"应行赈济之村落，亦当政府户口册用抽签法以选出之，此选出之村落中应行赈济之户口，再由户口册内所载之最贫户内用抽签法以选出之"③。这种方法看起来意味着待赈灾民的机会均等，并使赈务人员保持了一种不偏不倚的"公平"姿态，但这种"公平"的另一面便是饥饿与死亡。就总体而言，即使按照华洋义赈会的严格界定，北五省灾区至少还有一千二百十六万三千五百零三口极贫之人得不到赈济，继续挣扎于死亡线上。而极贫之外的大量被界定为次贫之民，则只能任其在漫长的灾荒期间"鬻田宅"、"卖妻子"，直至沦为"无田无宅可鬻、无子可卖"的极贫之境。其二：近代义赈的另一个重要原则就是自我声称超然于政治或宗教的"独立原则"。尤其是在这次救灾中，华洋义赈团体更是竭力反对救灾"为政

① 《马克思恩格斯全集》第39卷，人民出版社1974年版，第149页。
② 《救灾周刊》第九期，1921年二月十九日，第3页。
③ 《北京国际统一救灾总会报告书》，第147页。

治及宗教宣传之用"，规定"本会赈济只限于天灾，如天旱洪水是也"，如果由于"内战或土匪充斥之处地方骚扰所致"之灾患，"绝对不与以施济。盖捐金者之出资原欲救助因天灾而来之灾害，今若救济前者，是足以助长内乱而已"①。我们在这里无意去批评这些慈善家们尤其是国际友好人士的善良愿望，也姑且不论某些慈善家在"超然"背后的利益和动机，我们只想指出一点：在近代中国，天灾与人祸是不能够那样截然分开的。当然，这种"忽略"倒不是因为他们没有认识到两者之间的关系，实际上是一种小心翼翼的回避。可以毫不客气地说，这正是那些活跃于荒政舞台上的风云人物所代表的那个阶级的软弱本性的反映。只要军阀、鸦片、内乱、土匪等等一系列的社会死结一日不解开，人民就不会有风调雨顺、安宁幸福的光景。

时代，呼唤着建立在社会彻底变革基础上的真正的减灾工程。这也就是本章在开篇时，将1919年和1921年的两件大事作为新纪元曙光的历史根据。尽管从这时起直到把理想付之实践，使历史的灾难得到前所未有的补偿，还需要中华民族的优秀儿女付出更艰苦的探索和进行更英勇的奋斗。

---

① 《北京国际统一救灾总会报告书》，第57、139页。

7 万里赤地：1928年至1930年西北、华北大饥荒

1928年2月初的南京，春寒料峭，百物萧瑟。国民党中央党部大礼堂警卫森严。全副戎装的蒋介石在这里宣布国民党二届四中全会开幕。这是叛卖了第一次国内革命战争的国民党大地主大资产阶级集团调整权力分配的会议。蒋介石经过这次会议，确定了国民党一党专政的政治体制，并且掌握了国家的最高权力——出任国民革命军总司令兼军事委员会主席（不久复任国民政府主席职）。这次会议和随后进行的对奉系张作霖的"北伐"，标志着蒋介石在镇压中国共产党人的白色恐怖中，在社会的急剧动荡中，实现了国民党内部表面和暂时的统一，完成了国家政权的更替。

事实正如毛泽东在当时的论断：南京政府"对外投降帝国主义，对内以新军阀代替旧军阀"，"全国工农平民以至资产阶级，依然在反革命统治底下，没有得到丝毫政治上经济上的解放"①。

"大兵之后，必有凶年"。当蒋介石战胜了北洋余孽，对中国民众作出种种动听许诺的时候，一场罕见的大灾荒却无情地袭击了备受兵燹之祸的呆乡，把蒋介石描绘的美妙前景冲了个一干二净。这场旱、水、雹、风、虫、疫并发的巨灾，至少席卷了二十五个省份②，尤其以西北、华北的旱荒最为严重。旱荒以陕西为中心，遍及甘肃、山西、绥远（今内蒙古自治区）、河北、察哈尔（今分属河北、内蒙古）、热河（今分属河北、内蒙古、辽宁）、河南等八省，并波及山东、苏北、皖北、湖北、湖南、四川、广西的一部或大部，形成了一个面积广袤的旱荒区。旱情旷日持久，从1928年一直延续到1930年。一望无际的龟裂土地，毫无生机的残破村镇，无法数计的鸠形鹄面的逃荒人

---

① 毛泽东：《中国的红色政权为什么能够存在？》，《毛泽东选集》第1卷，人民出版社1991年版，第47页。

② 据1929年3月国民政府赈务处编印的《各省灾情概况》一书称，1928年被灾省份有豫、陕、甘、晋、冀、察、绥、粤、桂、湘、鄂、鲁、皖、赣、浙、云、贵、川、闽、热、苏等21省，灾民不下7000万人。以后统计资料多据此说。但实际上该年东北三省水灾严重，台湾地震频仍，故灾区至少有25省。青藏地区因缺乏资料付阙。

流，大约1000万倒毙在荒原上的饿殍，标志着南京政权从一开始就陷入了无可自拔的社会危机。

西北陷入"活地狱"

西北陷入"活地狱"——一位内地会传教士的这句话，毫不夸张地反映了黄土高原的居民所面临的恐怖惨景。

我国以高原为中心的黄土区域，分布在甘、宁、陕、晋等省。黄土层不含沙砾，可以向苍穹和地底吸收滋润自身的养料。古代的黄土高原密布着森林和草地，在黄河穿过的地区，还形成了一片片广阔的平川。陕西关中的渭河平原是最大的川地之一。古老的《诗经》里保存了华夏先民对于这块沃土的颂歌："周原膴膴，堇荼如饴"——这里生长的堇（野菜）、荼（苦菜）都像糖饴一样的甘甜。但是数千年来，由于森林和草原不断遭到破坏，无情的暴雨山洪，在缺少植被的地面上犁出一条条土沟，土沟越来越大，变成深壑。黄土高原日益支离破碎，千沟万壑，纵横其间。沟壑边上，矗立着一座座光秃的梁峁，如陡壁，如危屋，如巨石，如怪兽。必须借助于森林草地才能展现黄土完美的"周原"，像干涸了血液的母体一样丧失了蓬勃生机。长期的封建制度对于生产力的束缚，导致了生态环境的恶化。大西北乃至最肥沃的陕西关中地带，在近代是著名的贫瘠之区。

多少年来，关中的庄稼院已经习惯了"十年九旱"。这里通常是旱在三伏，农民等到秋雨来临，在川地里播下越冬小麦，兼之坡地上收获的青稞、豌豆等杂粮，勉强维持着家户的吃用，村落的延绵。然而，1928年的干旱来得特别早，延续的时间又特别长。据11月1日《大公报》的消息说，从3月到8月，没有落过一寸雨水，"夏收只三分"，"野草均枯，赤地千里"。人们被持续的高温和干燥压迫得喘不过气来。渭河干涸，河床裸露。一位传教士写道：渭河"往年水盛时舟楫摆渡，动需三小时"，而此时是他二十多年来"第一次见渭河浅涸，可以没胫而渡"[①]。渭河两边的川地、坡地和塬地，到处裂开了寸把宽的坼口。犁铧插进，遍地黄烟。播下去的种子在灼热的土地

---

① 《大公报》1928年10月24日。

里烤成了灰末。关中四十多县的人民陷入了一片慌乱之中。无法再耕作的农民一村村地聚结起来，敲锣鸣铳，祈神求雨。通向古庙、深潭的路上，到处是披着蓑衣，戴着柳条圈子的求雨人群。但是干旱的日子却是一个节气接着一个节气地没有尽头，在冬春之交进入了严重时期。第二年的谷雨时分，是夏麦秋作一年之计的关键，一场巨大的风沙、冰雹和黑霜，又袭击了东自朝邑，西至阳武的十几个县。此后的夏秋两季，依然是烈日当空，四野龟坼。据这年10月初的西北灾情视察团报告称：西安郊区和咸阳，十之八九的耕地没有播种，秋禾收获不足一成。扶风、泾阳一带的秋收只有二成上下。三原县挖地八丈不见水。相传是周先人后稷教民耕稼之地的武功，更是一片焦土，"东望四五十里，全无人烟"①直到1929年与1930年之交，关中才一连下了六场大雪，开春之后，又"获甘霖沛降"。这几场雨雪标志着旱期已越过了极限而趋向缓和，但是，灾民已经没有种子，没有牲畜，没有垦荒的力气和等待新谷的时间，致使"有地不能耕"，"灾情愈演愈烈"。据时人描述："中区四十余县，亘三千余方里"，"田野荒芜，十室九空，死亡逃绝，村间为墟。床有卧尸而未掩，道满饿殍而暴露"，"白昼家家闭户，路少人行，气象阴森，如游墟墓"②。

旧称榆林道的陕北相当于全省面积的1/3，所辖二十三县，无县不旱。1928年11月17日的《大公报》报道说："陕北全境，本年点雨未落，寸草不生"，这一带"向为陕省最穷苦之区，平原多为沙漠，田地仅有山头"，"必须仰给山西运粮。本年山西亦受旱灾，运粮已成绝望。刻下家家空虚，颗粒不存，城乡村镇，啼饥号寒之声昼夜不绝"。又据次年华洋义赈会的报告估计，1928年陕北东部的收成为二成至二成半，西部已经连旱三年，只有一成到一成半的收成。全境七十五万人口，至1929年5月，"总数仅剩十分之四"③。旱灾而外，陕北还受到蝗灾和罕见的鼠灾的摧残。1930年，陕甘交界到处流窜着难以数计的"五色怪鼠"，"大者如狸，小者如常鼠，猫狗见之皆惊避。斑斓之色，漫山塞野，至人不能下足，越日尽失农作物，再一夜则仓廪尽空"，"于是千里空储，民尽枵腹"④。

① 梁敬镡：《江南民食与西北灾荒》，《时事月报》1929年12月。
② 《时事月报》1930年7月、8月；《民国日报》1930年3月1日。
③ 《民国十八年赈务报告书》，《中国华洋义赈救灾总会丛刊》，甲种第29号，第47页。
④ 《申报》1931年5月24日。

汉中地区受大巴山和秦岭南北挟持，汉水流经其间。秦岭以南、汉江谷地，山清水绿，气候宜人，出产稻米、柑橘，具有南国特色。1928 年至 1929 年的一些赈灾报告，称汉中二十五县是陕西被灾次重的地区。但是到 1930 年，由于人民对于亢旱的承受力已经超过了限度，灾情也骤然加剧。这一年旅居北平（今北京）的汉中人士在一份救赈报告里说，"略阳、沔县、宁羌、留坝、凤县、褒城、镇巴、佛坪，及南郑、洋县、城固以北，西乡以东"，连年亢旱，"颗粒无收"。"略阳西北区四十余村，人烟灭绝"；"旧兴安府治，如安康、平利、紫阳、岚皋、汉阴、石泉诸县……今年春耕失种，秋收无望，十分之七地亩，一望荒凉"①。

三年大旱，陕西荒情，惨绝人寰。早在 1928 年冬天，陕西就进入了被当地人称为"年馑"的粮荒时期。据国民政府一位察灾委员报告：华阴县"每石麦子需洋三十余元，较之平时约涨五倍，即油渣每千斤亦需洋四十余元，较之平时亦涨五倍。"② 三原县一石小麦，平日约 7、8 元，1928 年涨到 27 元③。1930 年，小米的官价达每石 30 元④。在粮荒的冲击下，百物价格直线下跌。灾民们被逼出卖一切可以换取口粮的家产。市集上的"毛驴，七元买三匹"，只相当于 2 斗多的小米价。"乡人拆屋卖木料者十之六七"，整根的房梁、椽木锯成几段，当燃料廉价出售。兴平县北乡"三十余村，每村原有户数一百或二百不等，今日各村已空无一人，房屋全被拆毁，不留一椽一木"。渭北一带"所有田地，计有百分之二十或已出卖，或已荒芜，每地一亩售洋一元，尚无买主"。武功田价跌到每亩 5 角，只相当于 2 斤半小米的价格⑤。

失去土地和房屋的小农家庭纷纷崩毁了。"十六七岁闺女，自嫁本身，不取财宝，无人收容；男女儿童被抛弃者，道途皆是"⑥。帮会势力、人口贩子乘机活跃在荒原上，络绎不绝地将妇女儿童贩出潼关。令人惊奇的是，国民党地方当局竟和人口贩子们互相勾结，抽人头税。1930 年 1 月 9 日，陕西籍国民党元老、监察院院长于右任在南京的一次报告中揭露："两年内由陕卖出之儿女，在风陵渡山西方面，可稽者四十余万，陕政府收税外，山西每人五

① 《申报》1930 年 7 月 3 日。

② 《时报》1929 年 2 月 12 日。

③ 张文生：《怀念于右任先生》，《陕西文史资料》第 16 辑，第 50 页。

④ 《中华民国史事纪要》（初稿），台北版，1930 年 4 月至 6 月，第 575 页。

⑤ 《大公报》1928 年 11 月 1 日；《民国日报》1929 年 10 月 25 日；《大公报》1930 年 2 月 27 日。

⑥ 《申报》1930 年 7 月 3 日。

元，收税共二百万，此无异陕政府卖之，晋政府买之。"①

饥肠辘辘的灾民挣扎着寻找一切所谓的"代食品"。饥馑来临的第一个冬天，"凡树叶、树皮、草根、棉籽之类，俱将食尽"②。次年开春，刚刚破土的野菜，萌生嫩芽的树叶，转眼就被饥民挖光抢净。杨树、柳树、椿树、槐树和榆树，都只剩下了枯枝，裸露着白杆，一丛丛，一片片地覆灭了。灾区"树木约损十之七"③。饥民被逼"将干草煮食"，更有"吞石质面粉（即观音土），以致中毒滞塞而死者触处皆是"。汉中留坝灾民饥不择食地采挖野草，"中毒而死者五千余人"④。

当一切"代食品"吃尽，大地一片精赤时，"人相食"的可怖景象就相当普遍地出现了。荒原漠漠，"道上有饿毙者甫行仆地，即被人碎割，血肉狼藉，目不忍睹。甚至刨墓掘尸割裂煮食，厥状尤惨"⑤。饥民由吃饿殍发展到骨肉相残。有一则通讯说，灾民们杀掉妻儿已是常事，当他们受到当局盘查时，这些被饥饿、疾病和精神上的深创巨痛折磨得麻木了的人们回答说："本人子女之肢体，若不自食，亦为他人所食。"⑥

我们在这里没有详细地引证当年报刊、笔记上登载的那种人吃人的过程和细节。我们不忍心让本书的读者，再产生如我们在整理这些史料时所经历的心灵震颤。然而，这里有必要公布一个并非完整但足以触目惊心的数据：陕西原有人口一千三百万，在三年大荒中，沦为饿殍、死于疫疠者（1930年关中、陕北和汉中北部约数十县流行瘟疫），高达三百多万人，流离失所的六百多万人，两者相加占全省人口的70%。1930年所余灾黎，"有乞丐二十万，患病者百万"⑦。奇荒巨祲对于社会的大破坏，不是数年、十数年所能恢复的。

甘肃灾情和陕西大体相似。官书和时人谈到西北这场旱荒时，总是陕甘并列。甘肃位处黄土区域的西端，当时全省约有三千万亩耕地，由于黄土的覆盖层远比陕西稀薄，耕地的绝大部分是年收一次的旱田，某些高寒地区隔

---

① 《于右任先生文集》，第 424 页。

② 《大公报》1929 年 2 月 15 日。

③ 《中华民国史事纪要》（初稿），台北版，1931 年 1 月至 3 月，第 81 页。

④ 《时报》1929 年 2 月 22 日；《时事月报》1930 年 7 月；《申报》1930 年 7 月 3 日。

⑤ 《民国日报》1930 年 3 月 1 日。

⑥ 《大公报》1930 年 7 月 7 日。

⑦ 《国闻周报》，第 7 卷，第 19 期，第 8 页；《中国华洋义赈救灾总会丛刊》，甲种第 31 号，第 68 页。

年才能一收。清人李涣在《甘泉道中即事》里吟咏道："一渡黄河满面沙，只闻人语是中华。四时不改三冬服，五月常飞六出花（雪）。"在古代曾经以导水屯田著称的甘肃，曾经号称"金张掖，银武威，秦（天水）十万"，以河西走廊的块块绿洲沟通了丝绸之路的甘肃，在岁月的流逝中，日益沦为大漠、戈壁、秃原、荒沟综错交织的荒芜区域。

1926 年到 1927 年，甘肃就连续遭到了旱、水、雹、震等灾害的袭击，"夏秋无收，饥馑荐至"，河西一带灾民多达三十万①，拉开了大旱荒的序幕。1927 年冬天没有一场雨雪，次年由春到夏，又是持续的酷日当空，"全省（78 县）至少有四成田地，未能下种"，"遭旱荒者至四十余县"，灾民"食油渣、豆渣、苜蓿、棉籽、秕糠、杏叶、地衣、槐豆、草根、树皮、牛筋等物，尤有以雁粪作食者。至瘠弱而死者，不可胜计"②。当这场大旱延续到 1929 年夏天时，越冬小麦及青稞、豆类都枯焦了，旱区扩展到六十五县。灾情最酷烈的地区有：临夏、临洮、宁定（今广河）、定西、会宁、通渭、榆中、甘谷、武山、皋兰（今兰州）、靖远、洮沙（今临姚）、陇西、静宁、古浪、隆德（今属宁夏）等县乡③。饥民在上年还有草根、牛筋充饥，至此千里精赤，野无青草。有的报道说："甘肃情况已将无人迹，察灾者多不敢深入，恐粮绝水尽而不生还。"④

我们在收集甘肃当年灾情的材料时，确实没有见到有什么官方"察灾者"的翔实报告。倒是某些长年在那里活动的传教士以及慈善机构，留下了若干较为可靠具体的记载。据一个兰州内地会传教士说，仅兰州一地，"每日饿死达三百人"。另一个岷县内地会的传教士写道：1929 年的"灾惨已十倍于昔，居民绝食或缺种子者已达百分之八十，故多以婴儿烹食充饥"。"刻收灾童二百名，俾免宰割烹食之苦。其最惨者日必饿死数千人，各县儿童不敢出户"⑤。一名华洋义赈会的干事报告说："平凉以西，自隆德、静宁、会宁而至安定等县，沿途灾情之惨，出余意料之外。盖离平凉不远，即见有路旁饿殍甚多……此外奄奄一息者，类皆艰于举步，伛偻而行，终至力竭而死。父母匍

---

① 《大公报》1926 年 10 月 20 日；《各省灾情概况》，第 5 页；《大公报》1927 年 5 月 31 日。
② 《申报》1929 年 6 月 26 日；《各省灾情概况》，第 5 页。
③ 《申报》1929 年 6 月 26 日、1930 年 3 月 16 日。
④ 《大公报》1929 年 10 月 10 日。
⑤ 《申报》1929 年 4 月 28 日。

匐于前，儿女啼泣于后，哀求其亲勿忍心遗弃者，亦比比皆是。"①

1930 年春天甘肃的雨量比较充足，但许多地方又横被他灾。据该省赈务会的报告称："礼县、榆中等县之山洪，漳县、定西、临洮等县之冰雹，武山、甘谷等县之风灾，靖远、皋兰等处之黑霜，永登、永靖、陇西、定西之五色怪鼠，摧损田禾，为害颇巨。且兵荒之余，疫疠大作，多系喉痧、痢疾、猩红热等传染病，死亡者达五六十万人。"②

可悲的是，甘肃延续了数年的大荒，竟是由于人口的锐减而趋向缓解的。甘肃本来就地广人稀，全省不足六百万人口，每平方里平均只有四十七人③。这场大灾中，人口死亡高达二百五十万到三百万，"即灾情最轻之区域，其人口至少亦减去半数以上"④。内地会传教士安德鲁在 1930 年的一份报告中这样描述了灾况"缓和"与生灵绝灭的联系：从表面上看，甘肃的灾情似较去年"大有改善"，但这种"改善"的原因何在呢？他自问自答说：这是"因为在甘肃省内我们工作的那一地区，饥饿、疾病、兵燹在过去两年中夺去了大量人口，因此对粮食的需求大为缓和的缘故"⑤。

大平原变成了荒墟

1928 年度华洋义赈会报告书叙述华北灾情概貌时说："本年秋间，华北灾情之重，灾区之广，为数十年所未有。除山东一省灾情稍减及少数得雨或灌溉设备完全之处幸免波及外，所有黄河流域及长城以北，春秋两季完全失收。"华北灾区大体上呈现两种情况，一种是如晋、察、豫等省，以旱为主，多灾并发；一种是绥、冀等省，旱水交煎，反复被灾。

黄河中游自北而南，在黄土高原上深深的峡谷里奔腾流泻，成为陕西和山西的自然分界线。山西的旱情次于陕西，但灾区之广，灾期之长，也为多年所罕见。该省从 1927 年冬天以来，大部分地区亢阳不雨，到 1929 年秋，

---

① 《申报》1931 年 3 月 16 日。
② 《时报》1929 年 10 月 1 日。
③ 《时报》1929 年 10 月 1 日。
④ 《中央日报》1930 年 6 月 22 日；《申报》1931 年 2 月 9 日；《中国华洋义赈救灾总会丛刊》，甲种第 31 号，第 79 页。
⑤ 转引自《斯诺文集》，第 2 卷，第 197 页。

全省一百零五县，旱区占80%以上。据晋冀察绥赈灾委员会的一件通电说："晋省南部，东至平顺，西至稷山；北部东至灵丘，西至偏关；西部东至平定，西至临县，共七十三县"，"亢旱千里，禾稼尽枯。"① 山西灾情对民生影响最大的是晋中、晋南的连年失收。这一带包括省府太原在内的40多县，是小麦的主要产地。大旱之年，春作人半枯槁，夏麦有苗无实，秋粮又播不下去，遂引起严重的粮荒。"各处麦子，每石有已由八九元涨至二十元之谱者。"民间藏储告罄，运城"逐日饿毙者十人以上"；"永济等县更甚，粮价昂贵，超过平常数倍，灾民挖食草根，卖妻鬻子，流亡载道"；"灵石县灾民，以饥饿所迫，告贷无门，竟联合万余人，皆往县府请愿，哀号不已"②。山西是军阀阎锡山的一统天下。国民政府立法院院长胡汉民说：阎锡山多少时候说起山西来，都表示是他个人的山西，这就明明是做土皇帝③。这位"土皇帝"不愿让生灵的哀号盖过了他的"政绩"，很少披露灾情的详细情况。据我们综合有关资料，山西灾区共八十六个县，灾民大约有六百多万人，比较富庶的晋南二十四个县，灾民也有八十万人之多。④

察哈尔从1925年起，就陷入了连年亢旱之中。全省十六个县持续荒歉，北部锡林郭勒盟等游牧区水草枯萎，牛羊大批死亡。1928年以来，旱情更加严重，全省东西宽三四百里，或七八百里，南北长约千余里的地区，一片荒凉。少数低田，又滋生了飞蝗跳蝻。有的材料说，该省在旱荒期间，"颗粒未登，人民冻馁交迫，死亡枕藉"，"耕牛畜犬屠宰一空，树根草皮挖食净尽，困投生无路容身无所，而阖户自尽者指不胜屈"。饥民人数，1928年各县六十万，盟旗三十万，第二年激增到二百三十万。仅张家口一地，灾民就有二十五万，赤贫者竟以冷水充饥。死亡率约占饥民总数的十分之三四⑤。

位处中原的河南，灾情同陕甘相似，被时人称为"灾上加灾"的荒情奇重地区。1929年，史沫特莱作为《法兰克福日报》的记者访问中国，她对这里的灾情灾因作了如下描述：

河南"是军阀混战、河水泛滥、饥馑连年的重灾区。好几百万农民

---

① 《台湾民报》，第245号，第5页。

② 《申报》1928年10月19日；《民国日报》1929年6月12日；《大公报》1929年5月9日。

③ 《中央半月刊》，第2卷，第24期。

④ 《各省灾情概况》，第33页；《大公报》1928年5月9日；《民国日报》1928年6月25日。

⑤ 《各省灾情概况》，第77页；《大公报》1929年7月11日。

被赶出他们的家园，土地卖给军阀、官僚、地主以求换升斗粮食，甚至连最原始简陋的农具也拿到市场上出售。儿子去当兵吃粮，妇女去帮人为婢，饥饿所逼，森林砍光，树皮食尽，童山濯濯，土地荒芜。雨季一来，水土流失，河水暴涨；冬天来了，寒风刮起黄土，到处飞扬。有些城镇的沙丘高过城墙，很快沦为废墟"①。

这就是民元以来河南的社会概貌。特别是在这场大旱荒中，几乎无县无灾。中原地区，赤地千里，两河沃壤，尽成焦土。据华洋义赈会和河南赈务会统计，全省一百十八个县，在三年中每年被灾县份在一百零六个到一百十二个，灾民累计达三千五百五十万人，相当于全省人口。灾情最重的地区是豫西二十一个县和豫西南南阳各属，1928年因旱、蝗、风、雹相继为害，粒米未收；第二年自春至夏滴雨未降，风、蝗肆虐。豫北的原武、阳武（今合为原阳）、封丘、延津、新乡、获嘉、汲县、修武等处，1928年半年不雨，10月中旬勉强种下晚麦。1929年春风沙骤起，高地的麦苗连根拔起，低田沙积数尺，升合未收。北部其他各县也是旱魃为虐，蝗蝻遍野，或冰雹成灾。豫东各属1927年以来雨水不足，蝗灾四处蔓延②。

下面，据《河南各县灾情状况》和报刊资料，对某些县乡的灾情略加描述：

洛阳：1928年夏麦只两成，秋禾干死。东南两乡略有水田又遭蝗害。1929年干燥多风，麦无一粒。南关赵姓绝粒三日投井死。西关王冯氏冻饿而死。南乡王姓绝粮多日全家饿死。因饥饿而投井服毒悬梁自尽的日有所闻。

渑池：从1927年起大旱数年。赤地遍县，山童野秃。1929年灾民在县府登记逃荒的约三万多人，占全县人口的1/3。《大公报》记者曾见一名有地百亩的灾民，家具卖完，田无买主，挑着幼子外逃就食。

新安：民初以来凶荒连年。1928年春旱夏雹，地面积雹厚3寸，秋天大旱铄金，蝗蝻蔽日，晚禾净尽。1929年春全县绝粮，报名赴东北屯垦者达数千户。

灵宝：1928年以来连年亢旱，夏麦、秋谷、棉苗全枯，荒山常见婴儿残

---

① 《中国的战歌》，《史沫特莱文集》第1卷，新华出版社1985年版，第48页。

② 河南赈务委员会编：《河南各县灾情状况·豫灾弁言》，1929年版；《中国华洋义赈救灾总会丛刊》，甲种第27号，第27—28页。

骸，每日饿死数十人。

陕县：遍地大饥。县西郭姓将饿死的老母用芦席掩埋后，全家十三口服毒自尽。又有马姓将 7 岁幼子、3 岁幼女抛进河里，夫妻悬梁自尽。东南头峪镇、宫前镇一带方圆五六十里百余村庄，人烟灭绝。

鲁山：2/3 的家庭绝粮。"食料约有数种——1. 为秕糠和生柿捣碎晒干磨粉，制馍充饥；2. 以蕃薯梗轧碎，蒸而食之；3. 用树皮捣碎熬汤，或以棉籽捣碎蒸人头馍；4. 更有以滑石——入药质如脆骨，清光绪三年、二十六年大荒，饥民曾采此石——充饥者。惟闻饥民吃滑石十余日，即将肠蚀断而死者。但饥民命在须臾，焉能计及十日之外也。"

南阳：灾情最重，延绵数百里，耕牛宰绝，有树无皮，灾民四十万，时有挖吃山土肚胀而死者。

叶县：各村俱食野菜、柳芽，儿童口鼻流血。卖子女者男二元，女一元。汝坟桥村百余家，逃亡 2/3，饿死二十多人。

南召：小麦斗价三十余千，为平日的二十倍以上。灾民有夜间偷挖新埋尸骸充饥者。

邓县：小麦斗价二十三千，小米每升五千，且有价无市。饥民将喂牲口的草料焙干轧碎，拌秕子充饥。

豫、晋两省，除大面积的亢旱外，还有其他的灾害。1928 年秋冬之交，山西临县、汾阳、汾县（今属汾阳）、兴县一带流行鼠疫，黄河沿岸最重，村民大批死亡。次年绥远水灾波及晋北，五台一带滹沱河泛滥成灾。河南的严重水雹之灾有两次。一次是 1929 年秋天黄河两岸突然暴雨如注，河水陡涨二丈有余，浊浪冲向数年来因天旱被农民新垦的滩地，冲倒了房舍，卷走了人畜，沿岸十余县损失惨重。豫北地区，沁河泛滥北泻，运河决口西泛，太行山洪水又直灌东南，几股流向抵触的洪水无处泻泄，交汇澎湃，当地人称之为"水斗"，平地被啮成一丈多深的条条沟壑。新乡、获嘉、修武、博爱、沁阳、淇县、辉县、武陟等地，"惟高粱露顶，瓜浮水面，其余一切秋禾，尽付东流。"① 另一次是 1930 年 5 月初大面积的雹灾，降雹区域，覆盖豫北、豫中和豫南的二十多县。重灾地区，田间积冰半尺，禾稼只剩光杆。

---

① 《申报》1929 年 8 月 30 日。

河南、山西的水、雹灾害还是发生在局部地区，而绥远、河北两省，则处在旱水交错、此起彼伏的境地。

据华洋义赈会报告及南京赈务处报告等资料记载，绥远旱荒遍及全省十七县和乌兰察布、伊克昭两盟的十三旗地。1928年绥西的萨拉齐（今内蒙古土默特右旗）、包头、武川、固阳（今属包头）、大佘太（今属乌拉特中旗）一带灾情最重。大佘太、东胜两县，数百里人烟断绝。边塞重镇萨拉齐、托克托两地，牛羊骆驼烹食殆尽，饥民吃苜蓿、蒺藜。卤地上的碱葱种子，人吃了面目青肿，卖价八角一斗。灾民挖食鼠洞存粮，导致鼠疫蔓延。边陲的乌、伊两盟，牛羊灭绝，瘟疫遍地。1929年秋，旱荒又由绥西转向绥东，归绥（今属呼和浩特市）、集宁、丰镇、凉城的灾情都异常酷烈①。有的材料说："统计全绥人口约二百五十万，现在灾民一百九十万，占百分之八十"，灾民生计"山穷水尽"，"甚至大人食小孩，活人食死尸。至食树皮草根，在绥省不以为奇。前中央派员及各国传教士曾先后调查，认该省灾情之重，实居华北第一"②。

可以同上述材料相印证的，是漫游世界的美国记者斯诺，写下的一段笔记：

> 我来到了大沙漠以南炙热的城市萨拉齐。在这里，在中国西北，我目击数以千计的儿童死于饥荒。萨拉齐是内蒙古最富饶的贸易中心之一。但是从1924年起，久旱无雨。今天，饥荒的魔影实际上威胁着中国的四分之一的土地。这是一幅令人毛骨悚然的图景，一切生长中的东西，仿佛都被新近爆发的火山灰烬一扫而光。树皮剥落以尽，树木正在枯死。村子里，大多数泥砖房屋已经倒塌。人们把房上的不多几根木料拆下来，胡乱地卖几个钱。③

斯诺以新闻记者特有的生动笔触，展示了较之官书枯燥数据更为形象的灾区图景。但是，他这里描述的，还远不是绥远灾情的全部。从1929年到1930年，这片炽热的土地，又连续遭到洪水、早霜和风雪的冷酷摧残。1929年7月28日以后，一连数日的大暴雨，在久旱的污秽土地上激起阵阵腥气。

---

① 《各省灾情概况》，第45页；《中国华洋义赈救灾总会丛刊》，甲种第31号，第85页。
② 《时事月报》1929年11月。
③ 洛易斯·惠勒·斯诺：《斯诺眼中的中国》，中国学术出版社1982年版，第36、37页。

接着，大青山的山洪直泻而下，黄河洪流漫口出岸，省城归绥的城墙一丈接一丈地崩毁了，城里的官署民宅被大水泡塌，交通断绝。全县一百多个村庄浸在洪流里，人民死伤数百人。托克托城滨临黄河地带和境内的大小黑河两岸，一片泽国，多数居民无家可归。临河县决口数处。包头第四区淹没青苗七百多顷，又有八百顷的水浇地壅积泥沙六七尺深，变成了废丘。其他如萨拉齐、凉城、兴和、武川、陶林各县，无不波及①。这次洪水以后，出现了持续的低温天气。8月25、26日刚交处暑时节，就有大面积的霜冻。9月初再一次降霜、大风。这一年的冬天恰好特别寒冷，灾民们没有燃料，没有衣被，"拥破羊皮而卧者，比户皆是"，全省"冻馁而死者一万五千余人"。第二年由春至夏，天气阴冷，包头镇在6月，大雪竟达5、6寸深，禾稼冻死②。

直到1930年秋天，绥远的灾情才有所缓和。上半年的雨雪，使绥东秋收接近于正常年景，西部地区仍然荒歉，全省秋作平均收获有五六成③。但是，无论是农区还是牧区，都已经残破不堪。旱灾造成的一个最突出的后果，是人口结构的严重失调。据绥远红十字会的一份报告说，各县女性流失相当普遍，除了少数妇女是被晋北村镇娶走而外，绝大部分遭人口贩子辗转贩卖，"为伶为娼者，触目皆是"。统计各县妇女流失"达十万口之多"，"现在调查全省人口，男性占十分之九，女性占十分之一，将来人口繁衍上，实受重大之影响也"④。

河北省一年之中好像没有春天。严冬之后，温度就迅速上升，气候干燥，尘土飞扬。全年降水又集中在7月、8月两月，河流容易泛溢。因此，河北灾情年复一年地多呈如下状态：春夏亢旱，蝗蝻孳生，入秋暴雨，河决为害。每年灾情的轻重，取决于干旱的时间与河决的程度。1928年至1930年，河北水旱交煎，民无宁日。我们根据有关资料统计，全省一百二十九县，1928年被灾九十二个县，九千三百七十八村；1929年被灾一百十七个县，一万零八十八个村；1930年被灾七十余县，四千余村⑤。

————————

①《中国华洋义赈救灾总会丛刊》，甲种第29号，第61页；《时事月报》1929年11月；《民国日报》1929年8月8日、11月17日。

②《中国华洋义赈救灾总会丛刊》，甲种第29号，第61页；《时事月报》1929年12月；《大公报》1929年9月8日、1930年1月9日；《民国日报》1930年6月20日。

③《中国华洋义赈救灾总会丛刊》，甲种第31号，第85页。

④《民国日报》1929年11月14日。

⑤ 河北省民政厅编：《河北省民政厅特刊》，1930年版，第9—20、127—142页；《时事月报》1930年12月。其中1928年缺9县的被灾村庄统计，故该年被灾村庄当也在1万个以上。

  河北从 1927 年夏就开始亢旱，秋天异乎寻常地只有微雨，此后大半年不获雨雪。1928 年 5 月下旬京津地区气温骤然升到 38℃，开近代初夏酷暑的纪录。华北平原被笼罩在一团热浪里。全省灾民约有六百万，最严重的旱区是在冀南各县。据华洋义赈会统计，冀南三十一个县，广平颗粒无收，大名等十四个县收成只有一至三成。其中大名十万多户，五十六万居民，奄奄待毙者占 1/3。许多村庄房屋拆完，幼儿每口卖二至三元①。旱情在 1929 年进一步发展，开春除冀鲁豫交界的东明等数县得雨数寸外，绝大多数县乡滴雨未落，天干地燥。大名一带麦收不获，秋禾未播，河井干涸见底。磁县沿漳河的土地，一片光赤。冀豫边界的彭城镇，井水干竭，居民挑一担水，往返六十里。仅据冀南 19 县重灾区统计，灾民达二百万人。②

  这几年的夏天也有下雨的时候。但是，雨水成活了禾苗，也滋生了蝗蝻。1928 年 6 月的一场大雨后，玉米、谷子已长到尺把高，可是蝗虫漫天飞来，在此后两个多月里，极其顽强地同灾民争食。这一年的 8 月就降下了早霜，秋高天寒，霜华遍地，而成团的蝗蝻还在半枯的禾稼上蠕动。第二年的蝗灾更加严重，6、7 月间遍及八十六个县（一说九十多县）。有报道说：飞蝗来时，"蔽日遮天，状如云涌，飞声轰轰，四望无际，遗粪坠地如降雨"，"其落也，沟满壑平，田禾树枝，犹如挂彩"，"每于稻田之间，簇聚如球，谷稗之上，蝗厚寸许，稻黍之类，未及半日，尽成光杆"。"老农云：今岁旱蝗之灾，为数十年所未有。"③ 1930 年，又有三十多个县蝗蝻为患。

  从总体上看，这三年河北的灾情，旱荒以冀南最重，水灾以东部、北部为甚。河北平原上，有五条大河像打开的扇面一样斜穿其间：北运河、永定河、大清河、子牙河、南运河（卫运河）。这五条河与它们的支流奔向天津，汇集成硕大的扇柄——海河而流注渤海。华北平原上的庄稼人，对家乡的河流既有深厚的感情，也有无限的烦恼。乡土作家孙犁的名篇《风云初记》里，借用一位老佃农的口吻，用诗一样的语言刻画了滹沱河、子牙河沿途浓郁的风土人情：

---

① 《中国华洋义赈救灾总会丛刊》，甲种第 27 号，第 22 页。
② 《大公报》1929 年 3 月 26 日、6 月 26 日、7 月 5 日；《申报》1929 年 11 月 7 日。
③ 《大公报》1929 年 7 月 12 日、7 月 19 日；《时事月报》1929 年 11 月。

　　年轻的时候，我曾经沿着这条河，走出山地，然后坐上船，航行到海边上。……条河两岸，高粱种得多么整齐，长得多么兴旺！挟着高粱叶的小伙子们，从地里钻出来，汗水冲着满身的高粱花儿。老头儿提着旋网，沿着河岸走，看着水花撒网。有的人用一个兜网捉鱼，站在一个回水流那里，半天不移动，像扇车一样的工作，不管有鱼还是没鱼。我们的船往下行。滹沱河过了饶阳、献县和滏阳河合并，河身加宽了，再往东北流，叫子牙河。……经过水淀，大个蚊子追赶着我们，小拨子载着西瓜、香瓜、烧饼、咸鸭蛋，也追赶我们。夜晚，月亮升起来了，人们要睡觉了，在一个拐角地方，几个年轻的妇女，脱得光光的在河里洗澡哩，听到了船声，把身子一齐缩进水里去。还不害羞地对我们喊：不要往我们这里看！

　　然而，承平年景的这幅图画，只是华北平原的自然景色和人文景观的一个侧面。这几条河流喜怒无常。它们的上游多发源于黄土高原，在短暂的汛期里，湍急的山洪夹带着翻滚的泥沙涌向下游，壅塞河床，破堤决口。特别是民元以后，军阀盘踞，河工用款挪作军费，各河堤干变成工事，河患日重一日。"海河水呀长又长，十年九载闹灾荒。官府治人不治水，千家万户去逃荒。"——这首民谣所反映的社会苦难，冲淡了乡农对京畿五河的眷恋之情。

　　20年代和30年代之交，河北每年秋天都闹水灾，尤其是1929年秋天，以永定河为中心的破堤决口最为严重。大水的过程是：7月18日前后，暴雨如注。永定河的洪流猛烈地拍击河干，而两岸都是沙砾，无从取土加固堤防。18日，南岸良乡金门闸被冲开一个三百至四百多公尺的决口，嗣后又扩大到九百二十四公尺，决口浊流翻滚，形成约三百公尺宽的河槽。良乡"县境村庄，适当其冲，尽成泽国"[1]。接着，7月23日、28日等日又连日大雨，永定河第二段又决30丈，水势威胁北平。8月2日，冀西察南的山洪，从涞源、怀来汹涌而下，水没卢沟桥孔，"由上游冲来男女尸身五十余具"[2]。3日、4日大雨不止，从这时到月中，至少又有五次堤岸决口，分别为三十多丈到百

---

　　① 郑肇经：《中国水利史》，第183页；《大公报》1929年7月20日；《时事月报》1929年12月。

　　② 《申报》1929年7月31日；《大公报》1929年8月5日、8月7日；《民国日报》1929年8月5日、8月9日。

余丈不等。大水漫卷北平西部、南部的数百个村庄。城里的东西长安街一带水深过膝，交通中断，房屋倒塌7千多间。统计全流域灾民，不下五十万人。①

此外，大清河因永定河洪水灌进，水漫四百二十方公里，淹没村庄数百。滹沱河平漫十余里。北平东部的箭杆河，水淹宝坻、东安两座县城。沧县碱河冲坏田禾五千多顷。8月7日，黄河在濮阳南岸决黄庄大堤十余丈，东明南岸刘庄大堤也决九丈，大水直灌鲁西南。黄河大堤没有堵上，南运河又告决口……截至9月初，河北呈报水灾者共五十六县②。真是处处灾祲，民不聊生。

由于篇幅所限，我们没有涉及当年整个荒区的全貌。如热河，1928年有十五县旗春旱夏雹，滦河上游兼被水灾。次年又有十余县多灾并发，饥民百余万。山东先是旱灾蝗灾，继而黄河连续决口，旱水相煎，灾民累计一千万以上。山东旱区扩展到苏北、皖北，皖北旱情非常严重，连洪泽湖都枯竭了。1928年的湖北，四十九个县春夏不雨，灾民九百万，被华洋义赈会列为同西北、华北各省相等的重灾区。陕甘的旱区则向南延伸到四川省，被灾一百多县，灾情最重的川北和川西北，1931年前连旱四年，五谷绝种，河井枯竭，鸡犬无声，灾民多达八百万人。

旱荒，像暴君一样在中国的大地上游荡，将田野变成荒丘，把生灵化作白骨，使农庄沦为墓墟。

游民与匪患

三年大荒中，在破败萧索的村镇边，在尘土飞扬的官道上，到处流动着两种不同的人群：一种是被迫离乡背井外流谋食的灾民，赤身的孩子，褴褛的妇女，男人们背着或挑着破锅烂絮麻袋水桶，无精打采地向前跋涉。另一种是令人色变的股匪——以宗法家长制度和帮派观念维系的，依靠掠夺社会为生的武装集团。他们少则几人、十几人，多则成百上千甚至万把人组合在

---

① 《民国日报》、《大公报》1929年8月5日；《申报》1929年7月23日、8月8日。
② 《大公报》1929年9月18日、9月19日。

一起，手持快枪大刀，有的还备有马匹，攻村破寨，绑票勒索，风卷而来，呼啸而去。

流民和土匪，是灾荒、苛政和军阀混战的双生子。千万个平日不弃不离的小农家庭，经不起天灾人祸的袭击而纷纷崩毁，"老弱流落四方，少壮铤而走险"，分解成游离于乡土结构之外的特殊群落，激起了社会秩序的严重动荡，成为南京政权面临的两个最突出的社会问题。

据南京《农矿部救济失业意见书》推断，1930年的失业人口约一亿七千万左右①。也就是说，全国平均每2.6人中，就有一个失业者。这个庞大的失业群中，绝大多数是破产农民。天灾，似乎不分贫富地袭向人间，但是，因灾荒而无法维持简单再生产的人，归根到底是经不起风吹雨打的贫苦农民，而在某种意义上讲，大灾却为官僚地主提供了比平日更为有利的土地兼并的机会。中国北方，工商业资本不发达，地租及与之相联系的高利贷资本是剥削阶级扩大财富的主要源泉；这里又不像南部的江西、福建等地区存在着红军和土地革命，所以在大灾之年，由于地价狂跌所引起的兼并浪潮，就比平时更加酷烈。这批在政权交替时期的土地兼并者，大多是生活在都市的新的军阀、权贵和富商大贾。他们有权将日益繁重的田赋转嫁给租种土地的佃农。据时人调查，陕西中部的饥馑之后，有7/10的田产集中在军人手里，其余的3/10为官僚、商人所夺②。1931年5月6日的《大公报》指出："陕西贫苦农民，甚至小康之家，都以'灾'的原因而廉价变卖产业，以苟延生命。反之，土豪、劣绅、富商大贾，更以'灾'的原故，巧为金钱的操纵，收买贱价的土地，暴发横财。"斯诺的通讯也证实了这种以大灾为标志的农村危机：陕西"在1930年灾荒中，三天口粮可以买到二十英亩（按：折合121.4市亩）的土地。该省有钱阶级利用这个机会购置了大批地产，自耕农人数锐减"③。利用灾荒廉价收买土地的情况相当普遍。如在甘肃宁定，有一个姓何的土豪，胁逼灾民"勒写卖约以为据，每垧竟以一元或三四元买得"④。绥远萨拉齐的大萨林村（译音）村民，在1929年到1930年大多把土地卖给了该省的政府官吏⑤。

---

① 《东方杂志》，第27卷，第15号，第18页。
② 陈翰笙：《关中小农经济的崩毁》，《东方杂志》，第30卷，第1号。
③ 《斯诺文集》，第2卷，第197页。
④ 石笋：《陕西灾后的土地问题与农村新恐慌的展开》，《新创造半月刊》，第2卷，第12期。
⑤ 陈翰笙：《现代中国的土地问题》，中国农村经济研究会编：《中国土地问题和商业高利贷》，1937年版。

山西则由于土地更为迅速地集中而表现为另一种类型：原籍五台的阎锡山本人就是大地主，由于阎氏家族及依附于他们的一批新权贵们争购地产，致使20年代至30年代初山西的田价急剧增加①。但是，无论哪一种类型，都说明了这场兼并浪潮是惊人的。权力利用天灾聚集起庞大的地产。据农村复兴委员会披露，30年代各地失去耕地的农户一般占20%到50%，个别地方甚至达到了70%②。

大批破产农民就这样从乡社结构中游离出来，颠沛流离，四处逃荒。南京政府没有流民数目的完整统计，我们只能通过某些片段的记载来寻找这支流民大军的动向。今据1929年西北灾情视察团报告和稍后的农村复兴委员会报告统计，关中若干县份的灾民外流情况如下表：③

县份	原人口（万）	逃亡人口（万）	百分比（%）
咸阳	13	1.1	8
武功	18	5	27
扶风	16	3.1	19
蒲城		6	
凤翔			35.35

又如甘肃旱荒时，灾民逃徙远方的不下一百万人，其中1928年的宁定，逃荒人口占该地人口的19%，环县占31.30%④。河南灾民出关二十多万，安阳东部二、三分区六千五百多户，逃荒一千六百九十余人，在本地乞讨的二千八百余人。临汝更甚，外逃九万六千二百七十九人⑤。察哈尔兴和县荒后人烟稀少，以至熟地多半荒芜⑥。绥远固阳二万人口逃散十之七八，萨拉齐、托克托外逃五万至六万人⑦。

---

① 陶直夫（钱俊瑞）：《中国本部两大区域的土地关系》，《中华月报》，第1卷，第6期。
② 章有义编：《中国近代农业史资料》，第3辑，三联书店1957年版，第682页。
③ 《时事月报》1929年12月；《解放前的中国农村》第2卷，中国展望出版社1986年版，第194页。其中凤翔流民数据系1928年至1933年累计。
④ 《各省灾情概况》，第5页；《解放前的中国农村》第2卷，中国展望出版社1986年版，第64页。
⑤ 《申报》1929年11月7日；《河南各县灾情状况》，第35、2页。
⑥ 绥远《民国日报》1934年1月12日。
⑦ 《各省灾情概况》，第45页。

　　有一部分流民逃亡到了地广人稀的东北。经济学家陈翰笙写于1930年的优秀论文《难民的东北流亡》，比较系统地考察了东北移民的流亡生活①。据南满铁道株式会社调查，1928年上半年，流入东北的难民为三十三万一千九百二十八人，从此时起的三年之中，平均每年流入十六万人以上。他们中的一小部分，是由各城市的赈灾机构移送去"垦荒就食"的。如旅平河南赈灾会、辽宁河南同乡会在华洋义赈会等中外慈善机构的资助下，在洛阳等十多个县设立了招待处，灾民经本县登记后分赴各招待处，然后在郑州、洛阳等地乘车，经平汉、陇海、道清、北宁等铁路迁移。移民的生活非常艰苦。所谓"招待处"，只是一些破败的庙观和营房，除了地上铺些麦秸，别无长物。由于交通阻塞，兵运繁忙，候车的灾民席地露天地长期困留在车站附近的空场上。行李被骗走，妇女被拐卖，青壮年被诱去当兵为匪，老弱成批地罹病死亡。好不容易挤上火车的灾民将每一节露天车皮塞得满满的。赈灾机关按到达日期发给他们每人一些杂面馍，沿途缺少衣被，没有燃料，只能喝脏水冷水，很多人得了痢疾。火车经常出于各种原因不能按期到达，灾民只能在陌生的异乡忍饥挨饿。据1929年6月9日《大公报》消息：有一列火车载着四百名北平贫民和一千一百名河南难民开赴黑龙江，中途"因免费办法未商妥致自六日至八日未能前行，无饮食，日毙数人，现食草度命。"而这，仅仅是被新闻机关注意到了的一个小例子。

　　需要指出的是，经历千辛万苦被迁往东北的灾民，在数千万灾民中只是一个极少数。陕西凤翔县灾民被送养出去的只占1.26%②。河南（主要是豫北）的移民始于1929年5月1日，先后有四十三批灾民分赴黑龙江和兴安屯垦区，总数不足四万人。而仅新安、宜阳两县，报名要求迁移的就各有数千家，渑池灾民到县政府领票外出的达四万人。他们"鬻锅卖灶，倾簏倒筐，赴洛候命"，"嗣为车皮所限，则麇集城厢"，"佥谓家室已罄，欲归无所"，"失望之余，哭声震天"③。

　　这样，绝大部分灾民，只能自发地四处流浪。有些人长途步行出关；更多的人则是目标似有似无地游荡，他们不知道所要奔赴的地方，也是饥馑遍

---

　　① 参见《解放前的中国农村》第2卷，中国展望出版社1986年版，第63—77页。
　　② 《解放前的中国农村》第2卷，中国展望出版社1986年版，第194页。
　　③ 《解放前的中国农村》第2卷，中国展望出版社1986年版，第63—76页；《河南各县灾情状况》，第3、6页。

地。关中的流民多渡河逃往山西，据华洋义赈会的一名工作人员说，他在西安和黄河之间，看见有二百多个灾民"聚卧一穴，相视待毙"①。汉中饥民多向湖北、四川迁移。1930年略阳四十多村灾民逃向川北，道途死者过半②。绥远灾民纷纷逃向甘肃、蒙古，而其他灾区的饥民又长途跋涉来到了绥远，当他们到达河套一带的东胜等县时，只见南北数百里，人烟断绝，"因无从觅食，多饿死道周"③。还有一部分灾民逃荒到了江浙一带。1929年河南陈留县有七百至八百难民，在南京、上海、安庆等地望门行乞。同年秋从山东临沂、郯城和河南扶沟、通许、巩县流落在上海的难民至少有一千八百八十二人。他们被认为有碍"党国观瞻"，因而"在各处所得到的待遇无非是'准十日内离境'，'押送出境'，'资遣回籍'或'强制驱逐出境'那一类的逼迫"④。

逃荒无路，乞食无门，被逼到了死亡线上的饥民只有大批奔向绿林，铤而走险。三年大荒，是继民初之后又一次股匪高峰时期。据有关记载：陕西商县篓匠唐鼎，1929年遭荒拉杆，随后"驻防"郧西，成一方巨匪。川陕边界镇巴匪首王三春，乘荒集众，由原来几十人发展到1930年时的千余人马。河南洛宁刀客张寡妇，20年代初为反抗族权起事复仇，1926年曾将全部人马交当局收编，到1929年又在豫西拉起千余人的杆伙。河北临榆、抚宁、迁安一带清末民初的匪患被平息后，1930年又骤然啸集多股，不下二千人。山东蒙山著名的大土匪刘桂棠（刘黑七），1925年拥众千余，1928年迅速发展到万人以上⑤。长山县皈一道首马士伟，笼络各县红枪会，拥众数千，1929年2月"自称皇帝，国号黄天"⑥。山西阎锡山一向自诩他统治的地方是没有内战和匪乱的"和平之乡"，但自1927年至1928年间阎奉开战，奉军从雁北溃退后，大同等17县兵匪猖獗，"自冬徂夏，焚杀抢掠，庐舍为墟"。据一个土匪说：有枪没有地，只能抢劫，所以"当土匪的人多着啦"⑦！

---

① 《时报》1929年2月22日。

② 《时事月报》1930年8月。

③ 《各省灾情概况》，第45页。

④ 《河南各县灾情状况》，第41页；《解放前的中国农村》第2卷，中国展望出版社1986年版，第64—65页。

⑤ 参见《近代中国土匪实录》（上、中、下卷），群众出版社1992年版。

⑥ 《时报》1929年8月11日；《国民政府公报》，第271号，第4—5页。

⑦ 《各省灾情概况》，第31页；严景耀：《中国的犯罪问题与社会变迁的关系》，北京大学出版社1986年版，第91页。

　　杂牌军队、帮会势力和失业流民的互相结合，是当时匪患的主要特点。民国以来，割据各地的军阀为了扩展实力，纷纷招匪为兵；而他们在战乱中特别是失败以后，又多变兵为匪。洪帮、青帮、哥老会等帮会，在社会动荡中掺入军队和匪股，使自身日益军阀化、土匪化，并成为联结兵、匪转化的纽带。失去家室土地的灾民，则源源补充到时兵时匪的武装集团中来。国民党元老胡汉民在1930年的一次演讲中发出感叹："目前国内匪患之烈，已经破了民国以来的纪录！"①

　　各地匪伙中有一些是被迫揭竿起事的，他们既是官府的反抗者，又是社会的掠夺者。没有明确的目标，亡命冒险的生涯，游离在正常的社会结构之外而产生对全社会的强烈对立情绪，使他们从失去正常谋生手段开始，蜕变为不屑于以正常手段谋生的人群。至于绝大部分的积匪、惯匪，则完全以杀人越货、奸淫勒索为惟一能事与精神满足。巨匪刘黑七只有"三不拿"，"二不抢"：不拿碾、磨、尿罐，不抢麻雀、老鼠。典型地反映了惯匪无恶不作的行为方式。到处出没的土匪，给旱区灾民造成了更大的苦难。

　　例如在甘肃，洪帮在灾年掺入各地村镇和军队，结成大大小小的派别。这些帮派非常复杂，有些是居民防匪御灾的自卫组织，有些是漫无纪律的起事组织，有些则是军队和帮会合一的抢劫团伙。据有人估计，甘肃的帮会有六七十万人之多②，约占大灾之后全省人口的1/4。各地帮会自立山头。巨匪兼军阀的马仲英就开设了"高台山"，他的队伍横行于甘、青、宁、绥一带，"肆行劫杀，寡人妻，孤人子，掠人财物，经道〈导〉河、临洮，灾达陇西、甘谷、武山以及天山〈水〉、徽、成等县，所到之地，尽成丘墟。旋又窜回道〈导〉河，越扁豆口，而永昌，而武威，而镇番，北至宁夏各县，屠城数十，所杀人百余万"，"即回族之贤能，亦皆群起而攻"③。

　　1929年，马仲英攻宁夏城，被西北军吉鸿昌部击败，退到绥、宁交界的磴口，在河套一带分为六支兵匪。当时河套还盘踞着绥远帮会头子王英等多股会匪、积匪。他们乘灾行劫，"在包头、黄河口等处把持，致粮食不能运

---

　　①　《中央半月刊》，第2卷，第24期。
　　②　《近代中国土匪实录》，中卷，第109页。
　　③　中国第二历史档案馆藏件，2—412。转引自蔡少卿主编：《民国时期的土匪》，中国人民大学出版社1993年版，第339页。原件之地名有讹误，今校正。

转。旋又围攻五原、临河两县，抢去粮食数万石"①。其他如热河，土匪大股十余，小股成百，丰宁县四个区中有两个区，被糟蹋得漫无人烟。河北的响马与兵匪综错交织。自经南京政府"北伐"的兵火之后，"为匪者又不知凡几"，绝大部分被旱县乡都有匪患，有的县没有天灾或灾情较轻，也因"兵匪蹂躏，民不聊生"②。

特别值得一提的是全国著名的河南匪患。清末民初，河南的绿林刀客，四处蜂起，而以豫西和豫西南为甚。这个地区，自南而北，依次横列着伏牛山、外方山、熊耳山和崤山等四条大山脉，在大山环绕的十几个县里，形成了若干个股匪中心，产生了一批刀客"世家"。民初著名绿林人物白朗、张庆（"老洋人"）等，都是在这一带起家的。地方军阀刘镇华领导的"镇嵩军"，是起于嵩山的一支典型的绿林武装。这支武装产生了一批被时人称为"嵩山大学毕业"的杂牌军头，如柴云升、张治公、憨玉琨以及稍后的孙殿英等等。所谓"凡一入杆，自比考入军官速成学校"、"想当官，拉大杆"，成为无业游民、土著豪强追求的时尚。因此，"老洋人"等大股匪伙被歼以后，豫西土匪只沉寂了很短的一段时间，就又随着这场旱荒而猖獗起来。

据《河南各县灾情状况》一书说：匪患"最重者豫西二十一县及南阳各属"，这一带的旱荒、匪祸，交煎为害。"渑池、新安、洛阳、巩县、偃师、孟津、洛宁、宜阳各县，土匪如毛，大杆攻破县城，小杆焚掠村镇。人民求生无路，倒毙道旁，触目皆是。""临汝、宝丰、鲁山、郏县、伊阳各县，素为土匪特产之区。近更盘据城邑，作为巢窟，派人四出，科派金钱，树立旗帜，名目各异。"西南部的南阳等十余县，"昼则烽烟遍地，夜则火光烛天，杀声振耳，难民如组"③。1929年8月河南党务委员会的一件呈文也说，几个月间，被杆匪攻破的县城有十二个，关厢焚掠一空的县城十七个。新安铁门、孟津铁谢、宜阳石岭、南阳赊店、禹县神垕等重镇均经匪祸，"动辄杀人成千成百，掳架男女肉票每处不下两三千人。最近神垕匪祸，一炮楼中即烧死六七百人。""股匪所经，流血遍地，往往数十里无人烟，数十村为丘墟。"④ 在这个土匪世界里，"蚕死于山，麦炸于地"，田无人耕，灾上加灾。匪患也给

---

① 《各省灾情概况》，第45页。
② 《各省灾情概况》，第84页。
③ 《河南各县灾情状况·豫灾弁言》。
④ 《时报》1929年8月29日。

杆伙的中心区和某些半农半匪的县乡造成悲剧。被看成"匪薮"的鲁山等县，长期同邻境形成了地域冲突，灾民外出逃荒，多遭残杀，只好困守饿乡，坐以待毙。

我们根据有关资料统计，这几年旱荒兼遭匪祸的地区，甘肃有四十七个县，陕西二十二个县，绥远十四个县，河南近六十个县，河北八十个县（含兵灾），山西十八个县①。荒原败村，血迹斑斑。

洒向人间都是怨

迄今为止，还没有任何一个国家、一种社会制度能够完全抵御灾荒，然而，天灾又是同特定的政治、经济关系互为因果的。天灾对社会的破坏程度和社会抗灾能力的强弱，常常要受到一个国家的社会性质和综合国力的巨大影响。近代中国落后的生产力水平，大地主大资产阶级占据统治地位的政治状况，民元以来经年不息的军阀混战，等等，导致了灾荒和动乱的严重性。诚如1930年5月16日天津《大公报》的评论所说："夷考之故，则近年来中国之恶劣的政治，实为厉阶也。"从这个意义上讲，这场大荒乱，是苦难的民国史的一个侧面，是当时中国国情的重要表现。

具体考察南京政权初期的历史背景，不难发现荒乱发展得如此严重，正是由一系列人为的原因所造成的。

全国特别是西北地区大面积地种植罂粟，导致粮产锐减，是饥馑遍地的直接原因。

清末民初以来，早年由英国人输进的鸦片，已经在中国本土大量播种。据历史学家陈洪进在30年代初期的研究，全国二十三个行省，均为鸦片生产区或部分生产区。种烟面积，总计不下四百万亩。其中陕、甘、热、绥四省，是著名生产区，豫、冀、晋三省也部分种植烟苗。甘肃常年产烟二百三十吨。陕西烟田占好地的十之七八。河南的东、西、南部边境各县，烟田占农田的40%到50%。热河种烟五十万到一百万亩。绥远烟苗布满了自毕克齐到萨拉齐的水渠地区②。

① 参见《各省灾情概况》、《河南各县灾情状况》、《河北省民政厅特刊》。
② 陈洪进：《鸦片问题与中国农村经济破产之趋势》，《世界与中国》，第2卷，第4、5期合刊，1932年5月。

我们不妨引用一些更加形象的材料，对上述数据加以印证。国民政府的一名官员述及 1928 年春他在山东所见："发兖州，入济南，路见罂粟花夹津浦铁路盛开。"① 斯诺的《红星照耀中国》在回顾这次旱荒时发出感叹："我们渡过了渭河，就是在它肥沃的河谷里，孔子的先人发展了稻米文化，留下了至今仍在中国农村民间神话中颇有影响的传说。"可是他所见到的情景却是："路两旁，罂粟摇晃着鼓胀的脑袋，等待着收割。"② 差不多同一个年代，26 岁的记者范长江开始了他的著名的西北地区考察旅行，他在许多报道中也描写了"西北各地遍种鸦片"的情景。如：甘肃"岩昌以上，地势平坦，农作面积加多，然肥美之田野中，以鸦片最为主要！此时正收获期中，烟果林立，阡陌相连"。"洮河两岸，好一片冲积平原！……可惜得很，这片平原上，鸦片烟占了主要的面积！"武威、酒泉和张掖，"农民最大的出产，全靠鸦片"。"敦煌因地势低下，故气候温暖……好地尽种了烟土，一般人亦十九吸食鸦片。"③ 另一位老人在回忆 20 年代末汉中的情景时说："出了汉中城四门，一望无际都是烟地；由洋县到汉中的沿途，春季罂粟花开，只见阡陌相连，一片花海。在汉中盆地上，估计百分之四十的耕地种了鸦片烟。"汉中这座山环水绕的重镇，遍布着烟馆、酒店、妓院和赌场。城关人口不满五万，烟馆就有一千多家，以此为生的至少有二千至三千人。"所以当时流行着一句笑谈：'烟是禁不得的。禁了烟，手握烟枪的人也要造起反来！'"④

罂粟遍地反映了农村危机的深刻化。帝国主义的商品大量打入中国市场，"洋油"、"洋火"、"洋烛"、"洋皂"，促使了荒村僻野的自然经济也在崩毁瓦解。粮食卖不了好价钱，田赋加重，高利贷猖獗，迫使农民需求更多的货币。种罂粟的纯收入一般要比粮田高出四至五倍，许多自耕农不能不靠种烟熬土所得的货币去换取工业品以至口粮。而更重要的事实是，各地军阀为了开辟财源，无不诱惑乃至强迫农民种植毒品。甘、陕、豫三省当时由西北军控制。西北军首脑在军政机关里严禁鸦片（1928 年河南有两名瘾君子县长遭枪决），但是黄土高原上五彩缤纷的罂粟花，却成为他们税收的重要来源。甘肃的鸦

---

① 《申报》1928 年 11 月 6 日。

② 《红星照耀中国》，河北人民出版社 1992 年版，第 21—22 页。

③ 参见范长江：《中国的西北角》，新华出版社 1980 年版。

④ 薛紫丰：《盘据陕南之吴新田与鸦片烟》，《陕西文史资料》，第 188—189 页。

片种子，是由"当局分给，或贱价出售"的[1]。西北数省"鸦片弥漫，中央不理，国人不问"[2]。陕南军阀吴新田，每亩科税白银十两，并包卖烟土，武装护送烟船沿汉水直放长江下游出售牟利[3]。极有讽刺意味的是，军阀们把强迫种烟的行径叫作"寓禁于征"。就是说，种烟是"非法"的，所以要对农户"科收罚款"，每亩"罚款"几元至几十元。所谓"罚款"，是按亩收缴的，无论种烟与否，一律强迫摊派。这样，农民欲种粮而不能，而种烟熬土所得，除一部分转化为鸦片包卖商的利润外，就源源流进了军阀们的金库。据上述陈洪进的论文统计，陕西烟税每年二千三百万元，热河一千万元，绥远亩捐一百二十万元。当然，对鸦片深怀兴趣的绝不仅仅限于地方军阀，就全国而论，每年鸦片税收估计高达四亿元。这笔比烟土的芳香更为诱人的巨款，就是南京政权为什么在 1928 年 11 月刚刚举行过全国禁烟会议，而四年以后又宣布弛禁，并在随后实行鸦片专卖，垄断暴利的原因。

罂粟是和小麦势不两立的作物。也是秋末播种，清明拔节，夏初收获，生长在小麦所赖以种植的熟田好地上。1931 年 6 月 30 日《申报》的一份报告说：陕、豫、甘奇荒，"究其原因，实为三省土地，择其肥沃者，多栽种鸦片，以致农产减少，粮食缺乏。据华洋义赈会感受之痛苦，昔日赈饥，仅以银币汇往灾地，粮食便得向各省购得，今则不然……盖该诸省，平时因种烟过多，粮食出产减少，一旦酿成饥荒，虽有千百万金钱，难获得大批之黍麦以拯救。"斯诺的上述通讯也说，"美国红十字会调查，将这场悲剧的主要原因，归于罂粟的种植"，因此，"几年的大旱导致小米、大麦和谷物的严重歉收，这些都是西北主要种植的粮食作物"。

不过，作为慈善机构的华洋义赈会和美国红十字会，没有也不可能从种植的畸形布局，进而去揭示遍地花海背后那种腐败混乱的政治形势。仅仅把大荒归咎于罂粟，并没有找到荒乱严重的深刻根源。

为了进行"剿共"内战和排斥异己的军阀混战，南京政府从一开始就把它的经济体系绑在战车上。军队的庞大，兵费的支出，为近代世界所罕见，结果弄得国库"万分支绌"，1929 年每月平均出现六百万元的财政赤字[4]。这

---

① 《解放前的中国农村》第 2 卷，中国展望出版社 1986 年版，第 228 页。
② 《民国日报》1929 年 6 月 21 日。
③ 《陕西文史资料》，第 11 辑，第 199 页。
④ 《政府公报》，第 213 号，第 3 页。

一年8月，蒋介石在军队整编会议上承认："我们全年国家的收入，只有四万万五千万元，除每年由关盐两税偿还国债一万万元外，只余三万万五千万，养了二百万大兵……每年就要三万九千六百余万元……是把全国现有的岁入拿来养我们的兵，还相差甚巨。所以要天天募债，处处加捐，典当俱穷，搜刮净尽。现在总算国已破产，民不聊生了。"①蒋介石的这段话，主要是讲给地方实力派听的，并不含有自我反省的因素，所以这一年虽然整掉了一些杂牌军（这些杂牌军又转化为成批的股匪），但在民国十八年度（1929年7月至1930年6月）的财政支出中，军务费仍占半数，每月兵费二千三百万元②。这样一个穷兵黩武的政府，当然没有力量也不会认真去救荒赈灾。1928年9月国民党中常会拨给北方七省灾区赈款仅十四万五千元③，不及每月兵费的一个零头。陕西领到四万五，五百万灾民人均9厘钱！1930年11月国民党三届四中全会决定发行救济陕灾公债八百万，被时人称为"党国救灾恤民之第一重要事件"，但结果却是："陕西公私电催，财部迄不允办，争执数月，完全搁浅。"④

当时，有一些国民党人也曾为灾民奔走呼吁，如于右任在1929年秋天回故土陕西勘灾办赈，又在南京的一些会议上痛哭流涕地为灾民请命，把筹到的一点款项，节节汇到三原等县。但是，少数人士的努力不可能挽回严酷的时局。特别是从1929年到1930年，在"北伐"中暂时统一的国民党四支集团军——蒋介石的第一集团军和冯玉祥、阎锡山、李宗仁这三大地方实力派之间的矛盾骤然激化，从而使本来就微乎其微的赈务也横遭破坏。1929年3月、12月发生两次蒋桂战争，5月、10月又发生两次蒋冯战争，这正是旱荒最严重的时期。冯军二十多万，云集关中三十多县与灾民争食。士兵挨庄按户搜粮食，拉牲口，征车辆，罗挖一空，"致富者必穷，穷则不逃必死"⑤。华北平原兵车辚辚，1929年秋河南赈务会购集的赈粮，囤积归德三月之久，无车启运。同年9月慈善机构捐给陕西灾区的赈粮、种子堆在洛阳车站，这时关中秋麦待种在即，而原定运粮的四列火车只发出一列，不过区区四五车

---

① 《国闻周报》，第6卷，第32期。

② 《中华民国史事纪要》（初稿），1930年7月至9月。

③ 《中华民国史事纪要》（初稿），1928年7月至10月，第414页。

④ 《大公报》1931年7月27日。

⑤ 《于右任先生文集》，第423页。

皮。北平丰台的赈粮也因兵运搁浅，日久生芽。南京方面，为切断冯部军饷，扣住浦口赈粮不发，视西北为"国家之弃民弃地"。《大公报》评论，"是以已尽救助之力者，不能收实际之效果；欲尽救助之力者，亦望而却步，甚且与政治有关系之人，每因远嫌而不敢援手"，结果无不"速陕人之死"①！

1930年5月到10月，爆发了蒋介石同冯、阎、李之间的新军阀大战。双方投入兵力一百万以上，所耗战费二亿元。中原地区是战争的中心，黄河中下游的灾区，成为全国兵差最重的地带。1929年的河北，军事征发为田赋的4.32倍；1930年的豫东、豫中战区，竟为田赋的四十多倍②。军队所过的村镇，粮食搜刮无余，牲口征索一空。有的农户只好忍痛把耕畜弄残，卖给屠坊换粮。村民们为军队做饭、挑水、劈柴、缝洗，什么农活都做不成。军队搜索"奸细"，搜到了老百姓的鸡笼和箱柜里。青壮年挖工事，扛弹药，抬伤兵，以至被强拉入伍。耕地挖作战壕，房屋改成掩体。各种实物勒索多于牛毛。据一位研究者统计，军队征用的实物差不多有一百种，包括化妆品、海洛因和女人③。如此压榨，荒情焉得不重？社会焉得不乱？

国民党中委陈铭枢把中原大战比作"差不多和欧战一样的一个阵地战"④。河南、山东等战区，遍地烽火，满目疮痍。在河南，南京军队东自兰封（今属兰考）、杞县、通许、尉氏、涓川、长葛、新郑，西至荥阳、汜水，对敌方形成了庞大的包围圈。豫东一带，"战沟纵横，尸骨遍野，秋禾未收，房屋倒塌，十室九空，秋疫流行，满目凄凉"⑤。杞县大旱，灾民十五万，这时又沦为战争腹地，"合邑人口，死伤于炮火者约数千人，县南陈庄满门死绝者十余家"⑥。兰封战壕二十五道，折合四百十一里，田舍成墟⑦。统计洛阳等二十七个县的兵灾损失，竟为该省常年农业产值的1.6倍，计二亿六千二百八十九万余元⑧。

---

① 《国民政府公报》，第338号，第1页；《大公报》1929年5月16日、9月27日；《民国日报》1931年6月21日。

② 陈翰笙：《现代中国的土地问题》，《中国土地问题和商业高利贷》，1937年版。

③ 王寅生：《兵差与农民》，《国立中央研究院社会科学研究所集刊》，第5号。

④ 《中央党务月刊》，第27期。

⑤ 郭廷以：《中华民国史事日志》，第2册，第631页。

⑥ 《时报》1930年10月19日。

⑦ 《中华民国史事纪要》（初稿），1930年10月至12月，第472页。

⑧ 《解放前的中国农村》第2卷，中国展望出版社1986年版，第405页。

"风云突变，军阀重开战，洒向人间都是怨"——毛泽东的词，表达了中国人民对于新军阀穷兵黩武残民以逞的一腔悲愤。

这场导致北方旱区灾上加灾的大战，以冯、阎各部的失败而结束。1930年10月6日，天津《大公报》发表了如下评论：

> 夫国家今日之危甚矣……数千万人民之救死恤伤，数百万冗兵之供养安插，满目疮痍，到处祸水，除若干大小都会之外，全国数百万方里中，尽是饥民、饿兵、土匪、红枪会，而三万万以上之良农良工，几乎消灭不能自存焉。试追念北伐当时所许于人民者何事？今日人民所享者何物？国事至此，危矣急矣！蔑以复加矣！

这段话，反映了中产阶级对南京政权的失望情绪和对国家命运的深重忧虑，也是对人祸加重天灾的一种反思和抨击。然而，"国家今日之危"的状态还是远远超出了人们的估计。当北国旱荒刚刚越过顶峰，百业凋敝的时候，当回乡灾民吃力地拉着木犁，在荒原上艰难起步的时候，一场百年不遇的大洪水，又悄悄地在酝酿，将迸发。民国史按着恶性运行的轨道，进入了更加黑暗的1931年。

8 八省陆沉：1931年江淮流域大水灾

1931年在中国近代史上留下了令人难以忘却的创痛。

这一年的6月到8月，以江淮地区为中心，发生了百年罕见的全国性大水灾。超过英国全境，或相当于美国纽约、康涅狄格、新泽西三州面积总和的广袤地域，洪涛滚滚，大地陆沉。大约有四十余万人葬身浊流。正当成百上十万的灾民遭洪水围困，啼饥号寒、辗转流徙的时候，关外又传来了"九一八"事变的隆隆炮声，短短四个月内，白山黑水，被日本帝国主义占领。也是从这一年起，于1929年爆发的世界性资本主义经济危机的冲击波东袭中国[1]。中国社会，陷入了内忧外患交织、天灾人祸相煎的困境。

这场江淮洪水，属于长历时大范围、后果极其严重的洪水灾害[2]。长江及其主要支流，如金沙江、沱江、岷江、涪江、乌江、汉水、洞庭湖水系、鄱阳湖水系，以及淮河、运河、钱塘江、闽江、珠江，都发生了大洪灾。黄河下游泛溢，伊河、洛河的洪水为近百年所未见。东北的辽河、鸭绿江、松花江、嫩江等河流，也纷纷泛滥成灾。数月之内，"长江之水未退，黄河之水又增，汉口之难未纾，洛阳之灾又起"[3]，到处洪水横流，灾情几遍全国。

据当时的国民政府公报，全国被灾区域为十六省[4]，而我们从有关档案、

---

① 20世纪30年代有一些经济学者如钱俊瑞、骆耕漠等研究了世界资本主义经济危机从1931年开始对于中国国民经济的冲击，以及由此引起的中国农业与城市危机。他们的若干代表作，收在《解放前的中国农村》一书（展望出版社1986年版）里。近年来，吴承明的《中国民族资本主义的几个问题》（孙健编：《中国经济史论文集》，中国人民大学出版社1987年版），王方中的《1931年江淮大水灾及其后果》（《近代史研究》1990年第1期）进一步指出当时中国的国民经济危机发生在1931—1935年。

② 水利电力部所属研究机构将我国的灾害性大洪水分为3种类型：1. 短历时局地性大洪水，一般发生在西北地区；2. 中等历时区域性大洪水，如本篇涉及的1935年7月的长江中游洪水；3. 长历时大范围洪水，如1915年的珠江流域洪水和1931年的江淮梅雨型洪水。参见骆承政的《中国灾害性洪水简论》（《中国历史大洪水》上卷，中国书店1993年版，第4—8页）。

③ 《申报》1931年8月24日。

④ 这16省是：湖南、安徽、湖北、江苏、江西、浙江、广东、福建、四川、河南、河北、山东、辽宁、吉林、黑龙江、热河。见《申报》1931年7月30日。

报刊综合统计，遭洪水不同程度波及的省份，当有二十三个之多①。其中受灾最重的地方，是江淮流域的鄂、湘、皖、苏、赣、浙、豫、鲁等八省。因此，下面拟主要对江淮水灾及其后果作一些初步的探讨。

灾象探源

外国人把长江和黄河比喻为中华民族的两条龙。作为中国第一大河的长江，发源在青海西南部，江流汹涌澎湃，注入四川盆地，沿着这块盆地的东部边缘，辟开巫山，在山高谷深、崖壁入云的三峡中奔腾东流，而后一泻千里，经过广阔的江汉平原，归向浩瀚无边的东海。

长江在历史上创造了富庶，也潜伏着忧患。综观长江流域的水文记录，可以发现近代的长江灾害性洪水，要远比中世纪严重。据《中国历史大洪水》一书记载，从1583年（明万历十一年）到1840年（清道光二十年）的两个半世纪内，长江流域发生大水灾两次，而从1841年到1949年的一百多年间，竟发生大水灾九次，超过了同一时期黄河重大灾害性洪水的次数②。这个记载，固然同由于年代的远近而产生统计的详略有关，但近代长江水灾的日益剧烈，则是一个不容忽视的事实。

还是在鸦片战争前后，当长江中游的局部性水灾明显增多的时候，以经世务实而著称的思想家魏源就已经注意到了这一严峻的事实。他在《湖广水利论》、《湖北堤防议》等论文中写道，"历代以来，有河患无江患"，"乃数十年中，（长江）告灾不辍，大湖南北，漂田舍、浸城市，请赈缓征无虚岁，几与河防同患，何哉？"③魏源正确地归结为长江上游森林的破坏和中下游水道的淤塞。如果再深一步讲，这也就是由于清中叶以来人口激增和土地兼并

---

① 据《内政部民政司张福保在中央广播电台报告水灾》（《大公报》1931年9月27日）、《水灾丛评》（《申报》1931年8月7日）等文及中国第二历史档案馆的有关藏件，遭灾者除上述16省外，还有山西、陕西、绥远、青海、云南、贵州、川四等7省。

② 这9次水灾是：1867年（同治六年）汉江洪水，1870年（同治九年）长江上游洪水，1882年（光绪八年）皖浙地区洪水，1917年岷江洪水，1924年8月金沙江、澜沧江洪水，1926年湘、资、沅江洪水，1927年湖北洪水，1931年江淮洪水，1935年长江中游洪水。参见《中国历史大洪水》上、下卷。

③ 《魏源集》（上册），中华书局1976年版，第388页。

所造成的严重的生态失衡。

清王朝曾经有过自己辉煌的时代——一个多世纪的政局稳定、经济繁荣的康乾盛世。但是随之而来的，则是人口大幅度的增加和贫富之间的急剧分化。从康熙末年到嘉庆末年，全国人口由八千万至九千万左右，猛然发展到四亿以上。剧烈增加的社会人口（主要是农业人口）同耕地不足、富豪兼并之间的尖锐矛盾，成为突出的社会问题。由于东南地区的口食需求对于土地供应的巨大压力，迫使大批破产小农从人口密集、耕地饱和的地区向原来地广人稀的地区迁移。江西人流向两湖，两湖人迁移四川，以致形成了"江西填湖广，湖广填四川"的民谚。早在18世纪，四川盆地和川陕楚交界地区，就布满了来自外省的"来人"和"棚户"。川陕楚交界的大巴山区，历来是一个暴雨中心。大批流民进入老林深谷，刀耕火种，无土不垦，古老的植被年复一年地遭到严重破坏，"泥沙随雨尽下，故汉之石水斗泥，几同浊河"[①]。长江干流上游和各条支流的灾难性泥沙，垫高了江底，并在中下游地区堆成了大片大片的洲渚。而这些地区的农户为了生存，又纷纷在各片洲渚上筑圩垦田，阻塞水路。在魏源生活的那个年代，湖北省位于长江南岸的公安、石首、华容等县，江北的监利、沔阳一带，以及从湖北的黄梅、广济到安徽的望江、太湖各县，已是湖田成片，阻水长堤每每延绵数百里，昔日江汉上游借以泄水的二十多个穴口都淤塞了，大片的旱期干涸、汛期受水，起着泄洪作用的低地，被挡在河堤的后面，"而泽国尽化桑麻"[②]。从那时起到20世纪的30年代，由于政治败坏，水利失修，长江的"血管梗塞症"越来越加严重。清末到民国年间，各省为弥补财政拮据，纷纷设立沙田局，不管水道是否通达，而专以出卖沙洲为能事。洞庭、鄱阳这两个蓄泄江水的大湖，往昔受水之区，被私人、公司或官方侵占屯垦。芜湖地区作为天然蓄水池的万春、易泰、天成、五丈等湖区，也陆续被官府放垦，成了熟田[③]。长江的干道也变得越来越浅。20年代以后，吃水稍深的轮船在冬春两季只能从汉口驰到芜湖，芜湖以下各段，须改用驳船运货[④]。这样，汇集了物华天宝的长江中下游地区，就丧失了抗旱排涝的基本功能。一般而言，近代这个地区三十日无雨就

---

① 《魏源集》（上册），中华书局1976年版，第391页。"汉"指长江支流汉水。
② 《魏源集》（上册），中华书局1976年版，第389页。
③ 《水祸吁天录》，《国闻周报》，第8卷，第38期，第5页。
④ 沈怡：《水灾与今后中国之水利问题》，《东方杂志》，第28卷，第22号，第38页。

发生旱灾，四十日以上无雨，赤地千里，禾苗枯槁①；而一旦大雨连绵，则江溢湖漫，破圩决堤。

1931年天气异常，在江淮流域有多个地区连续暴雨，因而导致了大范围的洪水泛滥。这次洪水的特点，一是降雨区分布面广，雨量特大，而暴雨期在江淮流域长达一两个月之久。据这一年9月《时事月报》载竺可桢、刘治华的《长江流域三十年未有之大雨量及其影响》一文统计：1873年至1925年各月的平均雨日和平均雨量分布图显示，九江、安庆、南京、镇江、上海等地7月份的平均雨日在10日至15日之间，标准雨量为150公厘至200公厘上下。而1931年7月上述各地的雨日，九江为十九天，雨量为404.4公厘；安庆十七天，691.9公厘；南京二十三天，618.3公厘；镇江二十二天，602.6公厘；上海二十一天，344.8公厘。以上各地降雨量，比标准雨量多出一倍半到三倍以上②。二是降雨时间相当集中。长江流域的降雨季节，一般是江南先于江北，下游先于上游，因此，雨季长江各支流的洪水，得以按时间差序泻入干流。而1931年的6月上中旬（通常的梅雨季节），江淮流域却雨量不大，连续的暴雨集中到了7月份，并由常年的7月中旬延续到了下旬。长江流域降水时间的有序性被打乱了，川洪和中下游的江湖洪水发生遭遇，干流容纳不了从各支流滚滚而来的大水，不羁的洪流四处破堤决圩，灌向大江南北的沃壤，从而演成巨灾。

当时中国的综合国力非常脆弱。1931年5月5日蒋介石在南京的国民会议上宣布过如下一组数据：全国铁路只有一万二千三百五十五公里，公路只有五万一千二百十公里，而且多半是土路。每年造船能力不过一万吨。平均每两个县才有一所电局，无线电机除军用外，不过一百十余台。商用飞机只有二十架。号称以农立国的中国，粮食、糖料、棉花年年仰仗进口，1930年以上三项入超高达四十一亿余海关两③。这样落后的生产能力和交通、通讯设施，固然无法同巨大的自然灾害抗衡，然而更重要的问题还在于，从北洋政府到南京政府，都是勇于内战而漠于民生的政府。执政的旧军阀和新军阀，不仅造成了国家的极端落后状态，而且还在连年争战中把本来就少得可怜的一点抗灾设施也破坏殆尽。据时人统计，从1916年到1930年，年年有军阀

---

① 参见长江流域规划办公室编：《万里长江起宏图》，人民出版社1976年版。
② 《时事月报》，第5卷，第3期，第163页。
③ 《中华民国史事纪要》（初稿），1931年4月至6月，第665页。

内战。1924年之前，每年战区所及平均七省；而1925年到1930年间，每年战火平均波及十四省。在频繁的战乱中，各地借以蓄洪排水的森林遭到大量砍伐，有人指出，20年代以后中国的气候在不断恶化，其主要原因就是滥伐森林。"在世界上再没有像中国那样采伐森林之盛了，这完全是军阀残暴行为的结果。"① 军政当局挪用水利经费的现象层出不穷。江苏阜宁从1913年起从田赋中带征射阳湖建闸费，到20世纪30年代初水闸没有动工而经费却挪用已尽。上海附城八县，从1920年起带征吴淞江底浚疏费，大部分遭侵蚀中饱②。武汉的情形更为典型。据有的研究者揭露，湖北当局历年从海关、特税、厘金和田赋中提取堤防修筑费，"虽在王占元、萧耀南督军政治时尚未移用一钱，但到现在（按：指1931年），是项巨额之积存金已成乌有。第一个挪用该项资金者即蒋中止"。1930年中原大战时，国民政府财政部将一千多万积存金挪作攻打冯玉祥、阎锡山的兵费，下余款项又被鸦片商人骗走和被地方官员分肥③。这笔经费的挪用，是酿成武汉大水灾的重要原因。1931年，以政治态度"不偏不倚"著称的《东方杂志》发表署名文章指出，"盖严格论之，此次水灾，纯系二十年来内争之结果，并非偶然之事"。"苟无内争，各地水利何至废弃若此。各地水利，苟不如此废弃，纵遇水灾，何至如此之束手无策"④。

为了进一步说明国民党当局的内战"有术"而防灾"无策"的事实，我们不妨再引用国民党党史研究机构发表的史料，排列一下蒋介石在这个大灾之年的活动日程表⑤：

1930年中原大战结束之后，蒋介石政权即集中兵力，向工农红军和革命根据地发动了"围剿"。1931年2月到5月，蒋介石派军政部部长何应钦率兵二十万进攻中央革命根据地（所谓第二次"围剿"）。在此期间，珠江流域的东江、北江，长江流域的湘江、赣江以及钱塘江流域，都出现了大雨和灾情。

---

① 陶直夫（钱俊端）：《一九三一年大水灾中中国农村经济的破产》，《新创造》，第1卷，第2期，第12页。
② 西超（张锡昌）：《中国水利建设底检讨》，《中国农村》，第1卷，第2期。
③ 陶直夫（钱俊端）：《一九三一年大水灾中中国农村经济的破产》，《新创造》，第1卷，第2期，第12页。
④ 沈怡：《水灾与今后中国之水利问题》，《东方杂志》，第28卷，第22号，第37页。
⑤ 参见《中华民国史事纪要》（初稿），1931年4月至6月，7月至9月。

4月东江春雨如泼，江水暴涨，上游沿岸各乡市一片汪洋①。北江的洪水，冲破了始兴、曲江、英德、清远等县的圩堤，从这些县一直向南漫向广州城郊②。江西自从4月21日后，淫雨通宵达旦，5月赣江大堤溃决多处，暴涨的鄱阳湖水也四处泛溢，漫卷沿湖千余里③。但是，这些大灾前奏的险情，丝毫没有引起蒋介石政权的注意。

6月下旬，正当长江中下游和淮河流域大雨滂沱之时，身兼导淮委员会委员长的蒋介石，于21日"亲莅南昌"主持对中央根据地的第三次"围剿"。他往返于南城、南丰、广昌等地"督战"，历时一个半月，江淮流域正是在此期间遭到了大面积的水灾。

8月17日，也就是汉口市最后被大水淹没的时候，蒋从南昌飞上海，为宋氏母丧执绋。22日，他在南京官邸接到何应钦从南昌发来的"促请赴赣督剿"的急电，当天又匆匆乘舰再赴南昌。他坐在这条战舰上，"由苏而皖，自赣而鄂，上下千里"地转了一转，算是对灾区的"视察"。28日，蒋跑到汉口，9月1日发表了一通《呼吁弭乱救灾》的电文。这篇奇文的重点在所谓"弭乱"，悍然宣布"中正惟有一素志，全力剿赤，不计其他。"同时又对在广州召集"非常会议"的国民党反蒋派别进行恫吓，制造要"筹划对粤军事"的舆论。而对于大水灾，则声称此属"天然灾祲，非人力所能捍御"，将无力更无心防灾抗灾的责任，推得一干二净④。如此呼吁"救灾"，不如说是对"救灾"的讽刺。正是蒋介石政权"不计其他"的内战决策和自上到下的腐败无能，使千百万人民陷入了灭顶之祸。

江城巨浸

1931年的《国闻周报》上刊登过这样一幅照片：在汉口市繁华的中山路上，浊浪滚滚，漫无边际，高楼、电杆泡在水里，各种船只在通衢大道上往

---

① 《申报》1931年3月3日。
② 《申报》1931年5月3日；广东治河委员会编：《广东水利》，第4页。
③ 《申报》1931年4月29日；《卍日日新闻》1931年8月9日。
④ 《大公报》1931年9月3日。蒋介石发表通电后于9月4日返宁参加行政院长谭延闿的葬礼，18日即"九一八"事变的当天三赴南昌"督师"，旋因东北紧急返回，第三次"围剿"也以失败告终。

来行驰。"大船若蛙，半浮水面，小船如蚁，漂流四围"——这就是汉口陆沉的真实写照①。

汉口在清代属夏口县，当汉水入江之口，原来有大片的湖沼地。清末湖广总督张之洞筑襄河长堤（汉口背后的张公堤）阻水，在长江沿岸又修筑了刘家庙的护江堤，这两条长堤将往昔的湖沼地带围了起来，逐渐成为闹市。因此，汉口的安危，全系于两堤。这年 7 月连绵大雨，江水陡涨，武汉江面比平日宽出了好几倍，江汉汇合，涛涛巨浪，几与岸齐。据时人估算，这时如果能投入三十三万元加固堤防，是可以保全市区的②。但如前所述，武汉的堤防积存金已化为乌有，这时既没有防汛物资，当局又不采取紧急措施，愤怒的长江，对于长期索取而不思补偿的行为进行了无情的报复。

7 月 28 日，长江洪水从江汉关一带溢出，滚滚注入滨江附近一带的街道。31 日，刘家庙北一站谌家矶沿江铁道连溃数口；8 月 2 日单洞门溃决，大水势如奔马般冲向市区，汉口全市除地势高亢的少数地方和防守得力的日本租界之外，都被淹没了。这时江水仍在上涨，14 日到 17 日，川水、襄水交汇而来，自城陵矶到汉口一片汪洋，只有少数山头孤露水面。15 日日本租界也被淹没。19 日江汉关水位达到 53.7 英尺（一说 53.65 英尺），比 1870 年 8 月 4 日（同治九年七月初八日）汉口最高水位的 50.5 英尺还要高出 3 英尺有余，开江汉关建关以来水标的最高纪录③。汉口市背后，成了浩瀚的大湖，市内水深数尺到丈余，最深处达 1.5 丈。前此，武昌、汉阳的一些区域也相继被淹。

武汉三镇没于水中达一个多月之久。大批民房被水浸塌，到处是一片片的瓦砾场。电线中断，店厂歇业，百物腾贵。二千二百多只船艇在市区游弋。大部分难民露宿在高地和铁路两旁，或困居在高楼屋顶。白天像火炉似的闷热，积水里漂浮的人畜尸体、污秽垃圾发出阵阵恶臭。入夜全市一片黑暗，蚊蝱鼠蚁，翔集攀缘，与人争地。瘟疫迅速地四处蔓延。

据当局调查，三镇被淹共十六万三千余户，受害人口七十八万余人④。还有一件材料说，因水淹不能居住的房屋四千五百户，灾民三十一万，失业车

①　《国闻周报》，第 8 卷，第 37 期，第 2 页。
②　陶直夫（钱俊瑞）：《一九三一年大水灾中中国农村经济的破产》，《新创造》，第 1 卷，第 2 期，第 14 页。
③　《时事月报》，第 5 卷，第 3 期，第 156 页。
④　《申报》1931 年 8 月 31 日。

夫三万，码头苦力和其他自由职业者十万，共计四十四万人生计无着。溺死的约二千五百人，因瘟疫、饥饿、中暑而死亡的每日约有上千人①。工厂商店全部停业的时间长达五十多天，经济损失已无法统计，仅市内本国银行在货物押款上受到的损失，就有二百四十万两②。这场大水直到9月6日、7日才逐渐退却，但在12月份，滞留在武汉的难民仍有十七万五千多人，他们遭到官方的百般刁难，有好几百个难民被当成政治犯而处死。"气候严寒，每日冻毙达百余人。"这些难民惟一可去的地方，就是到街头上四处飘扬的招军旗子下去登记当兵，充当内战的炮灰。这就是当局诸公发明的"以兵代赈"③。

这次长江大水，从湖北石首到江苏南通，沿途干支流堤防漫决354处，④除武汉被淹外，其他沿江城市也大多遭害。

九江是江西省的重灾区。由于赣江流域在4月份就进入了汛期，提高了鄱阳湖的水位。7月间长江暴涨，九江附近江面拓宽到三十余公里，一片汪洋，湖区不得泻泄。19日、20日两日，江水漫上路面，全市十分之七八的居民区陷入浊流⑤。当时，即将出任驻日公使的蒋作宾由南京赴庐山道出九江，他在7月25日的日记里颇含感慨地记下了目睹的灾况：

> 九江。连日山水暴发，沿途水涨二尺余。到九江时，街市多被淹没。赴大东旅社须用船渡，大街小巷多系船只来往。到寓即准备赴庐山……大雨如注……水利不兴，数千年任其自然冲淤，以成今日之现象⑥。

九江水灾中的重大事件，是九江附近皇堤的溃决。皇堤地连三省，为九江城乡和安徽宿松、湖北广济、黄梅的屏障。8月1日，该堤的最后防线潘兴圩被江水突破了一个长达四十多丈的决口，比圩内田地房舍高出三丈多的江水，像瀑布一样奔泻而下，人畜淹毙无数，被淹田亩之属于九江者，有五万四千之多⑦。后来据《江西年鉴》统计，九江地区被淹面积达三千七百一十平方里，附廓县乡有6/10的村庄被淹没，塌屋一万五千八百余栋，平均屋内

---

① 《一周间国内外大事述评》，《国闻周报》，第8卷，第34期，第3页。
② 《汉口商业月刊》，第2卷，第2期，第30页。
③ 《新创造》，第1卷，第2期，第9、10页。
④ 《国民政府救济水灾委员会工振报告》，1932年12月。
⑤ 《中国历史大洪水》，下卷，第286页；《大公报》1931年8月5日。
⑥ 《蒋作宾日记》，第343页。
⑦ 《申报》1931年8月3日。

水深6.2公尺，平均屋内不能住人的天数为八十三日，85%的灾民流离失所①。

芜湖地处长江下游的枢纽，又是皖南清弋江的出口，低洼的市区被大片圩堤隔在江河的背后。1931年自春至夏，这里一直受到淫雨和山洪的袭击，伏天的气温如同深秋。7月以来更是暴雨如注，内河山洪澎湃直下，圩内白茫茫一片，积水无处宣泄；堤外的长江巨流又汹涌而来，内冲外灌。7月上旬洪水涌进市区，逐日上涨。8月中下旬又遭飓风过境，积水、秋潮，浸灌不休，全市宛然一片大湖。

当芜湖水盛时，站在赭山顶上举目四顾，只见四处汪洋，不分畛域。市区内河南岸水深丈余，北岸也有五六尺。商业区如共和街、长街、二街、陡门巷等地，都浸在好几尺深的水里。最繁华的中山路上，大水越过了中山桥顶，上面可以推舟行船。沿江招商码头和附近的民房，只有尺许露出水面。北平路陶沟一带变成了港湾，帆樯如林。二千多只小船、盆划行驰在市区。许多灾民栖息在房顶上，上有倾盆大雨，下无果腹之粮。全市笼罩在饥饿和瘟疫的魔影里，每天都有人死亡。因房倒屋塌无家可归的市民，聚集在汽车站、铁路梗一带的高处，草棚布帐，绵延几十里。这些地方还滞留着从四乡逃难来的灾民，风餐露宿，等待着不知道什么时候才会有的赈济。育婴堂拒收幼儿，街上到处有"小孩卖了，谁要小孩"的呼叫②。

8月13日、14日、26日等日，两场过境飓风加剧了芜湖的灾情。据当时报载："城区房屋倒塌，庐舍漂没，江面船只被风击沉。"26日晨，"圩堤续溃，溺毙者四千余"。人们没有棺木，也没有一片干土来埋葬这些死难者，只能把大批尸骸拴在露出水面的树杈上，任其在凄风苦雨里上下浮沉③。

据当局调查，这次芜湖灾区达二千五百余平方里，城乡灾民四十一万八千余人，流离失所的二十二万余人，大约有九千五百多人溺死，房产损失约一千五百万元。附廓农田淹没了近五十万亩，全年收获只有一成。"灾情严

① 《江西年鉴》，1936年版，第707、708页。
② 《水祸吁天录》，《国闻周报》，第8卷，第38期，第2—4页；《申报》1931年7月25日；安徽省地方志办公室编著：《安徽水灾备忘录》，黄山书社1991年版，第25—26页。
③ 《大公报》1931年8月29日、9月2日；《民国日报》1931年9月2日；《水祸吁天录》，《国闻周报》，第8卷，第38期，第5页。

重，直可与武汉三镇相伯仲"，被国民政府定为甲等灾区①。

安徽省会安庆的灾情也相当严重。6月20日夜，安庆的长江水位上涨到16.76公尺，江水外溢，淹没了滨江一带的大部分街道。城西积水最深处达八尺。在7月的大雨里，位于安庆附近，在安徽是最坚固、产米也最丰富的广济圩溃决八百七十公尺，江水内灌。28日凌晨，龙狮桥到大湖闸之间的护城圩最后被洪水突破，市内的菱湖乡、德宽路、古牌楼、蝶子塘、柏子桥一带全被淹没。统计全市受灾人口三万七千六百九十八人，占总人口39.4%，倒屋8588间。郊区92.6%的农田菜地被淹没。②

国民政府所在地的南京，也处于风雨飘摇之中。7月4日到12日，大雨滂沱，电闪雷鸣，白昼如晦。全市玻璃碎裂、房屋倒塌、市民惊呼的声音此起彼伏。长江洪流滚滚而下，江面宽达十公里，浪涛高出陆地一至二尺。钟山上的洪水也直泻玄武湖，湖面高于城内。江湖交汇，一齐灌进市区。全市南北尤其是下关一带遍地都是积水，江湖和秦淮河里的鱼游上了马路③。

这个月的下旬仍然大雨不止，23日、24日尤甚。洪水破坏了下关的路面，冲毁了这一带四千多家棚户。从中山码头到挹江门，水深过膝。市中心的国民党中央党部、三牌楼、黄埔路等地，水深达到胸部。城南秦淮河两岸、大石坝街、夫子庙等处，住屋进水，墙倒房塌④。

有几位高级官员的日记，保留了南京水灾的若干场景。

7月28日，从江西返回南京的蒋作宾写道⑤：

> 下午五时抵下关码头，街市多没水中。进城至成贤街附近，则一片汪洋。余之住宅亦进水尺余。因此地多系堰塘，现多填平建筑住宅，修筑马路亦不修沟道，故水无处消纳，亦无处排泄，将来势必臭污湿气上蒸，恐不免转为瘟疫矣。

---

① 《一周间国内外大事述评》，《国闻周报》，第8卷，第36期，第4页；《水祸吁天录》，《国闻周报》，第8卷，第38期，第6页；安徽省地方志办公室编著：《安徽水灾备忘录》，黄山书社1991年版，第26页。

② 安徽省地方志办公室编著：《安徽水火备忘录》，黄山书社1991年版，第53页；《中央日新闻》1931年8月9日。

③ 《民国日报》1931年7月6日；《大公报》1931年7月13日；《邵元冲日记》，第750页。

④ 《民国日报》1931年7月25日；《申报》1931年7月28日；《一周间国内外大事述评》，《国闻周报》，第8卷，第31期，第6页。

⑤ 《蒋作宾日记》，第344页。

第二天，国民党元老邵元冲也记下了他的水灾观感①：

> 傍晚驱车到陵园太平门外视察水势，农田、庐舍损坏甚多，为之恻然。又至玄武门外五洲公园（按：今玄武湖公园），则城外十余丈处堤岸，均为水淹没，一片汪洋，城内登城垣之石阶亦冲毁一段，不能登涉。

据时人报道："统计（南京）灾户为10031家，口数38787人。灾民啼饥号哭，极备凄伤。综计京市田地，多被淹没，农作物之损失，约及十分之九。"②

此外如镇江、无锡、扬州等地，无不积水成河，交通中断。在南国的广州，7月初"低洼处街衢已成河道，有舢板在街上往来"③。7月3日福州大水，各街巷行舟，海关下层淹没，马尾外江的尸体随波漂流④。

鉴于以往史学研究中缺少1931年都市洪水的调查和专论，我们写了以上的文字。但限于篇幅，这里也仅是对几大城市的灾情素描，至于这场大水对于东南都市的综合影响，则留待于今后再详加探析。

洪波劫

扑面狂飚怒卷沙，牵衣儿女哭声哗；
伤心莫对旁人说，同是流离八口家。⑤

这位佚名作者的诗句，反映了沿江县乡千百万灾民困苦无告的惨景。

湖北、湖南、皖南和苏南的广袤农村，是受长江洪水侵袭的重灾区。江西、浙江的灾情稍轻，但在局部地区，如赣北的滨江沿湖各县，浙东沿海，钱塘江中下游以及浙北属于太湖水系的若干县乡，灾情也相当严重。此外四川的岷江、沱江流域，广东的北江流域和珠江三角洲，也是一片泽国。

湖北地形低洼，号称"千湖之省"，境内大小湖泊的数量仅次于西藏而在

---

① 《邵元冲日记》，第756页。
② 《全国空前罕有之大水灾》，《时事月报》，第5卷，第3期，第158页。
③ 《民国日报》、《大公报》1931年7月6日。
④ 《大公报》1931年7月4日。
⑤ 湖南省赈务会编：《湘灾专刊》，1931年版，第32页。

全国各省区中占第二位。当时全省七十个县，依靠堤岸保障的有三十六个县①。这一年长江、汉水和东荆河先后漫堤、决口八十八处②，襄水、漳水、涢水等河流也泛滥成灾。沿江的松滋全县四个区，完全淹没的有两个区；监利新堤溃决，全县覆没，逃亡者三十万；黄冈全县圩堤溃尽；浠水、公安全境淹没；黄梅的江堤、民圩尽破，灾民二十万。汉水上游的郧县全县淹没，下游的钟祥、荆门、潜江、天门、沔阳等地，60%—80%的面积被淹。江汉平原大约有五百万亩田禾没于洪流。沮水之滨的当阳县遭山洪袭击，全县成灾。涢水流经的云梦县70多垸，淹五十多垸；孝感的圩堤一节连着一节地被大水全部冲毁了③。事后据湖北水灾善后会调查："全县被淹者计十五县，全县淹去十分之七八者计十三县，全县淹去十分之五六者五县，全县淹去十分之三四者十四县。"④

江汉大地是中国的主要粮棉产区之一。这次大水使稻作棉铃遭到了毁灭性的打击，灾区夏季作物损失85%，有三分之一的田地不能秋播冬种⑤。由于粮产锐减，输入湖北的洋米，从1929年的四千担猛增到1932年的八十四万担以上，为西方资本主义国家的农产品倾销打开了广阔的市场⑥。半数以上的棉田被淹，全省皮棉产量从1930年的三百零六万担减少到一百零四万担，仅为前一年的33.9%⑦。大批农民失去了维持简单再生产的手段，1931年冬天灾区农村的流离人口，占总人口的48%⑧。

湖南的水灾，分为山洪暴发和江湖泛溢两种类型，前者以湘西的沅水、澧水流域的若干县乡为重，后者以沿江滨湖地区尤甚。灾情的特点，一是汛期长，许多地方在几个月内反复被灾。4月珠江、北江大水时，湘江上游就出现了异乎常年的大雨，4月23日长沙出现巨大的洪峰，各码头洪水上岸。5月广东雨区北移，湘江下游雨量超过了400公厘。6月下旬和7月份，洞庭湖

① 鲍幼申：《湖北省经济之病态及其救济》，《汉口商业月刊》，第2卷，第2期，第32页。
② 《中国历史大洪水》，下卷，第291页。
③ 《申报》1931年7月31日、8月15日；《中国历史大洪水》，下卷，第291、298页。
④ 《大公报》1932年1月24日。
⑤ 金陵大学农学院农业经济系编制：《中华民国二十年水灾区域之经济调查》（以下简称《金大水灾调查》），《金陵学报》，第2卷，第1期，第41页。
⑥ 鲍幼申：《湖北省经济之病态及其救济》，《汉口商业月刊》，第2卷，第2期，第27—28页。
⑦ 转引自王方中：《1931年江淮大水灾及其后果》，《近代史研究》1990年第1期，第222页。
⑧ 《金大水灾调查》，第41页。

水系更是处在白茫茫的一片雨海里，湘、资、沅、澧等河同时暴涨，加之江水倒灌，湖潦四漫，全省成为泽国。二是灾区平均淹水的深度，居重灾各省之首。据金陵大学农业经济系调查，全省平均田地淹水最深时达11.7英尺，其中澧县达17.4英尺，汉寿达14.4英尺。在抽样调查的十一个县中，有七个县田地淹水为10英尺以上。屋内淹水也相当严重。平均屋内淹水最深时为6.9英尺，其中澧县10.1英尺，常德9.3英尺。十一个县中屋内淹水8英尺以上的有五个县。半数以上的房舍被泡塌了。田园村庄被大水围困了三个月左右①。

我们对时人关于湘灾的记载略加概括，择要描述如下②：

沅江——地处洞庭湖滨，诸流尾间。因湘、资、沅、澧四水倒灌，两岸圩堤溃决，垸中居民灭顶，仅7月份沅江洪峰时，上游洪江市就冲毁了千数百家③。全县灾民267000余人，占总人口90%，耕地也淹溃了九成。大船在县境里行驰，如入洞庭湖中。

汉寿——全县三百三十余垸全部冲毁，五十余乡村不见踪迹，一些人烟稠密的集镇屋倒堤塌，人畜漂流，只剩下几株老树在波涛里低昂扶摇。山坳里，石岩边，堆积着一层又一层的败墙残壁、人畜浮尸。县城紧闭，城里水与檐齐。

安乡——全县三十六处大垸，7月14日后遭三次洪水袭击，垸围破决了十九处，余皆溃坏。耕地和居户都是100%被灾，成为各省中灾情最重的一个县。④

常德——自5月下旬到8月中旬，暴雨四次，全县六十二万人口，灾民近五十万，将近三千人死亡。县城被大水包围了两个多月，洪水只低于城头二尺。城内水深没顶，大部分城区靠船只往来，居民在城墙上搭棚居住。有一首歌这样写道："灾民何叠叠，牵衣把袂儿女啼，儿啼数日未吃饭，女啼身上无完衣，爹娘唤儿慎勿哭，此是避灾非住屋……天气渐寒雨雪多，但愁露宿多风波，万千广厦望已失，止求一席免潮湿。"

澧县——7月上旬大雨连朝，溇、澧两水并发。8月11日又遇狂风暴雨，

① 《金大水灾调查》，第41页；《湘灾专刊》，第1页。
② 引用材料除注出处者外，均见《湘灾专刊》。
③ 《中国历史大洪水》，下卷，第281页。
④ 《金大水灾调查》，第38页。

各垸水面纵横二三十里，波涛汹涌。盛产稻棉的平原全部淹没了，全县产量十丧八九。

溆浦——这个湘西山乡在山洪暴发时，地壳崩裂，大水从土中冲出数十丈，横决直射，陵谷变异。淹死人口约有一万余，事后收埋尸身多达五千多具①。

湖南，这块有芙蓉国美称的沃土，在1931年水灾中所经过的惊心动魄的种种劫难，不是我们所能尽于笔墨的。

大江东去，从黄梅、九江之间注入安徽，沿西南向东北横穿皖南丘陵，奔向江苏省境。大江南北，阡陌千里，水网密布，是著名的鱼米之乡。但这一年7月，皖南被笼罩在沿江的大雨区之下。长江两岸的至德、太湖、望江、怀宁、舒城、庐江、无为、东流、和县、含山、当涂、芜湖、桐城、贵池和宣城、郎溪以及八百里黄山中的若干县乡，在狂暴的风雨中痛苦呻吟。横跨怀宁、桐城的广济圩，滨临大江，纵横百里，是全省面积最广阔的圩围，在经历了三十年的江水拍击后，终于溃决于7月26日的一场暴雨之中。圩内全部覆没，宽约五十余里的地区、三十万亩良田一片汪洋，尸骸山积，炊烟断绝②。宣城金宝圩的堤根，是用整块的大石砌成的，历经了八十多年沧桑，捍卫了几代人的安全，这次也被狂暴的山洪突破了，全县二百四十四圩，无一完区③。贵池沿江四十二处圩堤，节节崩塌，江面和圩田汇成一片汪洋，只有一些树梢和屋顶，标志着这一带曾是桑麻之区④。无为全县大小九百四十多个圩围也都淹没了，膨胀腐烂的尸骸漂流堆积，惨不忍睹⑤。

据当时的安徽省政府统计，全省（按：包括我们在下面要说到的淮河流域）受一等灾的有十六个县，其中十个县是在皖南⑥。这些地区平均田地淹水最深时为11.5英尺，屋内5.3英尺，仅次于湖南；而灾区积水时间则在各省中最长，平均屋内不能居住的日数是62天，其中无为长达114.7天，繁昌、

---

① 中国第二历史档案馆藏件，全宗号257，卷号421，《苏皖赣湘豫陕等六省各县水灾资料抄件》。

② 《新闻报》1931年7月29日；《安徽省赈务会汇刊》，第1期，1931年9月。

③ 《时事新报》1931年8月29日。

④ 《民国日报》1931年9月19日。

⑤ 安徽省地方志办公室编著：《安徽水灾备忘录》，黄山书社1991年版，第30页。

⑥ 《时报》1931年9月9日。这10个县是：怀宁、桐城、望江、无为、和县、宣城、贵池、东流、铜陵、芜湖。

怀宁、贵池、桐城，分别为99天、92.4天、90天和88.2天①。因此，全部或绝大部分的田园不仅夏收被毁，而且无法秋种。

对于如此巨灾，南京国民政府只在9月份拨给了三十万元的急赈费，但又被省府主席陈调元（此人因密令各县种罂粟收取大烟税而臭名昭著）扣住不发②。各县荒政，黑幕重重。11月有人在《皖灾周刊》上悲愤地写道："政府始终麻木不仁，漠视民命，对于这次救灾工作，一点也不紧张，一毫也不注意。"真要坐等政府许诺的赈粮，灾民们"已经都变成饿殍了"！

长江由皖入苏，与太湖水系相毗邻，又形成了两大片灾区。在这次水灾之前，美国作家史沫特莱访问了苏南的一些乡村，写下了她的观感：

> 村子由七零八落的土房子组成，门前是脏水沟，村民都有皮肤病，有的儿童头上长癞生疮。妇女在池塘的上边洗菜挑水，在下边倒马桶，粪便又用作上地肥料。
>
> ……
>
> 农民住的茅屋土房，既矮又湿……木板床上，摆着破烂棉絮被头。屋子角落里，堆着几件旧式农具。灶屋里面有几口锅斧［釜］炊具，蓬头乱发的妇女、姑娘们见我们走近忙藏身在黑屋子里。

让史沫特莱惊诧的是这些村落中强烈的贫富反差。她访问了一家姓朱的大土豪，"这是一座三面有碉堡式围墙，庄外有壕沟，四面通电网，门户枪眼密布的庄园"。"所有村庄，什么朱家湾、朱家冲，都以朱家取名。土地和农民都属朱家所有"③。

农民的生活，停留在被史沫特莱形容的"中世纪"。正是这种农村格局，注定了自发的农民如同无法摆脱封建枷锁一样，也无力对抗天灾的蹂躏。

1931年7月，六次风暴呼啸着从长江下游席卷而过，风暴的次数是前十年7月飓风过境平均次数的五倍。低气压和风暴形成了苏南罕见的低温天气。南京一带的平均气温只有24.6℃，比平均气温下落3℃④。"伏里盖夹被，田

---

① 《金大水灾调查》，第23、42页。
② 《监察院公报》，1931年第1期，《公文》；安徽省地方志办公室编著：《安徽水灾备忘录》，黄山书社1991年版，第40页。
③ 《史沫特莱文集》第1卷，新华出版社1985年版，第59、63页。
④ 《竺可桢文集》，科学出版社1979年版，第133、136页。该书统计1931年前的10年间，7月风暴经过长江下游者凡12次，平均每年1.2次。

里不生米。"——农民根据祖祖辈辈传承下来的生活经验,感受到一场大灾的不可避免。在那些大雨如注的日子里,农民极其顽强地向洪水抗争,他们不分昼夜地从田里戽水,忍痛把门板、农具、风车当作堵漏救圩的材料,投进堤防决口。但是这一切努力都无可挽回悲惨的结局。

沿江一带的灾区非常普遍。据一件材料说:"秦淮河沿岸百数十里,均属圩田。自7月4日起至12日止,大雨滂沱",江宁等地"山水齐发,河水陡涨三丈余,虽经农民抢救,各圩仍相继溃决,淹没田亩达数十万亩。"① 又如六合,大水毁屋万间,淹田五十万亩,灾民十万②。江浦受江潮、山洪前后夹击,所有圩堤都被冲垮,集镇平地水深数丈③。南通、镇江、江阴、如皋等县,因大雨倾灌和江潮震荡,田禾也多被淹没。

风暴和大雨,使恬静的太湖变得躁动癫狂。平日深绿的湖水化作灰黄的浊浪,漫溢出岸,把秋田淹到水底,将棉株连根拔起。吴县、吴江、无锡、昆山、青浦、武进、宜兴、上海、嘉定、溧阳、金坛、吴兴等县,是太湖灾区的中心。全流域棉、粮两项,损失了一亿元④。湖灾之后,蚕粮两荒,水乡灾民,弱者捞取水草充饥,强者铤而走险,"就食大户"⑤。

在本节篇尾,我们拟引用当年金陵大学对灾区作经济调查所得出的几组数据,使读者对沿江县乡的灾情有一个轮廓性的了解:

各省灾区,田地中淹水最深时的平均深度(英尺),除前述的湖南、皖南占第一、二位外,依次为:湖北10.2,苏南8.6,江西7.1。以上5个地区,平均深度为9.82英尺。

各省灾区平均房屋不能居住的天数,除前述的皖南居首外,依次为:江西58.8,湖北55.7,苏南55.6,湖南52.5。平均为57天之久。

灾区各项损失,计被淹作物、房屋、役畜、农具、存谷、燃料、家具、家畜、秫草等九种,总数达二十亿元(含淮河流域),每户平均损失四百五十七元。当时普通农家,年收入平均不过三百元,即各户损失相当于年收入的1.5倍。

---

① 转引自《长江水利史略》,水利电力出版社1979年版,第188页。
② 《民国档案》1991年第4期,第28页。
③ 《申报》1931年8月4日。
④ 《中国历史大洪水》,下卷,第281、300页。
⑤ 忏庵:《赈灾辑要》,1939年版,第110页。

缺衣少食的灾民被迫迁徙流离。离村人口几占灾区总人口的40%。他们一部分迁移到家乡附近的圩堤和山坡上，一部分逃到县城、外县，或流亡到大都会。外逃的灾民中有1/3找到了工作，1/5沿街乞讨，其他的人下落不明①。

意味深长的是，金陵大学研究者们这次调查的初衷，是为了了解灾情，为政府办赈提供依据。而调查的结果，却使他们从灾情进一步认识了中国国情。研究者们被广大农民极端困苦的生活所震惊了。报告的主笔人写道：

> 此次调查之原来目的，本只求明了农民各项需要中最迫切之几项。不料结果乃看出农民平时所有之物质享受，实仅能维持最低限度之生活。此次几须将各项损失，全部弥补，始能继续生存。②

江南农村，已经被灾荒和饥馑逼到了无法生存的地步。灾民们并不奢望有什么人"全部弥补"他们所受的损失，他们在接受调查时所提出的要求是很有限的：为了继续生存和恢复生产，灾区大约需要相当于总损失的3/4的基金，即十五亿元。但这自然是委托调查的国民政府救济水灾委员会所根本不可能解决的。据这份调查报告说，截至11月止，灾民每家平均得到的赈款，不过大洋六角，也就是只占各户平均损失的0.0013。因此，金大调查只是为后人研究这场大水灾的经验教训留下了一批颇有价值的资料，而对于当时的赈济工作却是没有起到什么作用的。

淮河怨

现在徐州的以东以西，横贯着一条泯没已久的旧河道——古代的淮河和16世纪70年代（明隆庆之后）至1855年（清咸丰五年）的旧黄河，曾经先后在这一带流淌。这条横贯三省、面目全非的旧河道，仍以依稀可寻的痕迹，显示出历史上黄淮大水曾经造成过的灾难。

位于长江、黄河两大流域之间的千里淮河，在古代曾经直通大海。12世

---

① 《金大水灾调查》，第16、19、23页。其中五个灾区田地浸水平均深度和房屋不能居住的平均天数，系我们据该书已有数据统计的。

② 《金大水灾调查》，第13页。

纪前，淮河上游的支流古汴水从中原东来，经徐州汇合古泗水，到邳县、宿迁又分别汇入沂水、沭水和濉水，在名将韩信的故乡淮阴形成滔滔大河，折向东北注入黄海。淮河两岸，曾经有过富饶繁荣的岁月。但自金元以后到明朝中叶，出现过一个黄河泛滥乱流的时期。不羁黄水屡屡南下夺淮，洪流漫卷沙颍河迤东的淮北平原，流沙堵塞了从淮北到鲁西南的许多河道，把淮河中下游的洼地，变成了大大小小的湖泊。明洪武初年，淮水流域的灾害非常严重。"说凤阳，道凤阳，凤阳本是好地方，自从出了朱皇帝，十年倒有九年荒。"——这首流传很广的花鼓词，也许就是反映了那个时代的人们对古凤阳的眷念和对黄河夺淮、民生维艰的哀怨。

1567—1572（明隆庆）年间，黄河从今河南兰考，出砀山，经徐州、宿迁、涟水，形成了一条入海的河道，纳沂水、濉水归河，驱淮河干流入江；直到本书前面所述的铜瓦厢决口，黄河才又改道北流。此后，淮河虽然摆脱了黄河长达六个半世纪的干扰，但已经流沙层积，地貌变异，水系紊乱，河床改观。铜瓦厢决口之前处于黄河北岸的沂沭泗水系一变而移河南，纳入淮水流域片，支流杂出，山洪迅猛；淮水干流的入海口淤塞已久，入江通道又排水不畅。因此，淮河流域变成了著名的"大雨大灾，小雨小灾，无雨旱灾"的贫瘠地区。近代史上，淮河发生过三次全流域性的大洪水：1866年（同治五年）、1921年和1931年[①]。而以1931年的灾害最为严重。

1931年6月中下旬之交，淮河上游出现暴雨，干流上涨。此后，梅雨峰系长时期笼罩在江淮之间，6月28日到7月12日，7月18日到25日，淮南和江苏里下河地区两次出现大暴雨[②]。江淮雨区联成一片，暴雨和山洪，酿成了7月到8月的淮河流域大洪水。

当时淮河的河堤低矮残破，时断时续。自6月下旬到7月中旬，淮河上游的洪水从河南冲入皖北，把信阳到五河之间的六十多处河堤，轻而易举地突破了。7月15日前后，蚌埠上下二百多里淮堤崩塌在洪流里。大水多处灌向低斜的淮北平原。洪泽湖以上，淹没了三万二千平方公里，形成了面积广

---

① 请参见我们编著的《近代中国灾荒纪年》，第260—262页；《近代中国灾荒纪年续编》，第33—38、45页。

② 《中国历史大洪水》，下卷，第57页。淮河流域以内的运河，自台庄至杨庄为中运河，自杨庄至瓜洲称里运河。里运河堤下有8个县，为里下河地区。

衰的洪泛区①。

大水到处，皖北20多县"高原平陆，一片汪洋，愈丈之屋，没不见顶"。凤阳、阜阳、凤台、怀远、霍丘、寿县、五河等县被灾最重②。

凤阳是皖北出了名的穷县。平地水深数尺，八十四万亩夏禾付诸东流，五十二万人口中灾民三十一万，塌屋一万五千六百多间。县城东北部逼近淮河的临淮关，水深愈丈，民居倒塌了二千多户③。

蒙城是皖北的富县。平日得涡河、洮河灌溉，土壤肥沃。因7月暴雨五昼夜，平地水深五至六尺，农作损失殆尽。全县六十万人口，灾民四十万④。

阜阳是安徽最大的县。十日暴雨不息，淮河水面不见边际，四处蔓延。灾民一百二十万，占全县人口70％，倒屋三十多万间，溺死了二千四百多人。县城乡村，一片混乱⑤。

凤台是淮北很小的一个县。7月堤圩大多被暴雨冲平，全境成为泽国。总人口四十七万五千，灾民四十四万，几无一户幸免。死亡七千多人。夏季作物损失100％⑥。

怀远是地势很低的一个县，在淮河边上，"形同釜底"。当时堤岸漫决百余丈，淮河洪水以建瓴之势向下直灌，以致县城内外，尽成水国。"数百里村舍禾畜，均被洪涛巨浪，荡没殆尽。"⑦

金陵大学农业经济系曾经调查了皖北十五个县的灾情，有60％的田地被淹没，平均田地中水最深时为5.9英尺，屋内水深2.3英尺，不能居住的天数平均为26.3天⑧。同长江中下游灾区相比较，皖北各县乡夏季作物的损失也相当严重，只是在积水深度和日期上不及前者，所以大部分地区还可以勉强播种越冬作物。但由于地方困苦，灾荒连年，淮河两岸农村的元气，很难得到有效的恢复。

---

① 《中国历史大洪水》，下卷，第58、62页。
② 《卍日日新闻》1931年8月9日；《安徽省民政报告书》，第29—39页。
③ 《安徽省民政报告书》，第30、34页；中国第二历史档案馆藏件，全宗号257，卷号421，《皖北水灾调查》；《申报》1931年7月21日。
④ 《申报》1931年7月24日；《安徽省民政报告书》，第31页。
⑤ 《皖北水灾调查》；《安徽省民政报告书》，第30—31页。
⑥ 《皖北水灾调查》；《金大水灾调查》，第44页。
⑦ 《申报》1931年7月24日；《大公报》7月27—29日。
⑧ 《金大水灾调查》，第21页。

当 7 月淮干水涨时，滚滚洪流汇集于洪泽湖。8 月 8 日，洪泽湖水位达到 16.25 米，是 1855 年黄河北徙后的最高纪录①，其中大部分湖水又泄入高邮、邵伯等湖，再经由里运河奔向长江。这时，中运河的山洪，也由杨庄灌进里运河。8 月下旬，狭窄的里运河出现了由几股大水交汇而成的洪峰，这时恰逢天文大潮，长江里秋潮汹涌，排拒运河的洪流注入，致使苏北里下河地区岌岌可危。

本来，在横贯南北的里运河堤岸上，建有多处排泄洪水的归海坝，各工程段也都有治水机构，但这些机构积弊重重，办事颟顸，员司多以出卖垦地、搜刮民财为能事。高邮北关是引水入城的孔道，每当开圩，即闭北关，常年费用不过四五十元。1931 年支出了四百元闭关费，主事人仅以二十四元包给了工头，工头又以十二元转包于人，仅以短桩稻草堵塞完事。江都（扬州）第一大镇邵伯镇居运河东堤，是里下河门户，建有导洪入海的昭关坝，向例水位达一丈七尺时，应开坝泄水，这年因地方绅民反对，迟迟没有启关，后来水位达到二丈，归海坝虽然全部开启，但为时已晚②。凡此种种，都是导致里下河地区陆沉的原因。

8 月 25 日，里下河地区遭强烈飓风，洪泽、高邮、邵伯三湖发生湖啸，一丈多高的浪头把邵伯东堤冲开了三十三个大决口，江都段工程所长逃之夭夭。大水冲向邵伯镇街，淹死了好几千人。"自江都溯运河北上，居户概淹水中。断井颓垣，触目皆是。"③

邵伯镇决堤之后，北部的高邮首当其冲。26 日凌晨，河堤轰然崩决，大水像海潮一样奔腾而下，县城那座偷工减料的北关被水冲开，城乡全境没于洪流。由于祸起匆促，临堤乡村的许多居民没有来得及起床就被洪水卷走了，更多的人在滚滚而来的波涛追逐下奔跑逃生，慌不择路。有一位记者写下了其中惨绝人寰的一幕：

> 有王某夫妇子女五人，闻决口，同向高处奔避。夫抱七岁之男，妇抱四岁之男，携六龄之女，行甚纡缓，水尸大至，夫乃弃七龄之子，而

① 《中国历史大洪水》，下卷，第 59 页。
② 《水祸吁天录》，《国闻周报》，第 8 卷，第 39 期，第 4—5、7 页。
③ 中国第二历史档案馆藏件，全宗号 257，卷号 421，《苏皖赣湘豫陕等六省各县水灾资料抄件》。

命其妻亦弃子速奔。妻不忍，夫乃夺四龄子而欲弃之，幼子闻言不恸，紧抱父颈。于是当哭成一片之间，共为波臣卷去。捞获尸体，则与幼子仍互抱未释也……①

这个五口之家的悲剧，不过是被当时报刊披露的一个例子。至于高邮城乡死于大水的九千五百多人②，他们的家族、姓氏、职业和遭遇，则已经被这场巨灾，也被充满苦难的民国史所永远湮没了。

邵伯、高邮溃堤之后，里运河以东地区全部陆沉。兴化、东台、泰县、盐城、阜宁、宝应等县，水深丈余，浅也在七八尺。兴化地势最低，四乡数百里内村舍全部沉灭，城内水深齐腰，低处过檐。高地和房脊上，挤满了灾民。"浮尸盈河"，死亡确数已无法统计。直到年底，乡间仍是一片白地，"儿无寸草"③。

金陵大学调查报告的结论是："江苏北部运河以东区域，受灾最为惨重。"④

在考察淮河水灾时，有必要专门说到河南省的情形。

中州大地，西部山岭重叠，群峰峥嵘；东、南、北三部纵横密布着二十多条河流。淮河发源的桐柏山以及伏牛山一带，都是暴雨区，林木稀少，童山濯濯，每逢夏秋雨季，山洪以极快的速度毫无遮拦地倾泻到平原上。平原地区的各条河流，历年昏垫，泥沙淤塞，水流不畅。淮河从豫东南的息县到豫皖交界的三河尖一段，是支流汇集、水势旺盛的主干河道，河底倾斜仅十八公尺，沉沙囤积，水流纡缓⑤。6月中旬淮河上游的暴雨山洪，就是首先在这一带破圩决堤而漫向淮北平原的。

黄河下游的人为性的破坏就更加严重了。前引陶直夫的论文揭露说，地方军阀在河南筹饷，借口"不忍"向民间摊派，就变卖栽种在黄河堤岸上的树木。"民众起来说情了，他们苦苦请求，树木是防河水泛滥的，千万不能拔

---

① 《水祸吁天录》，《国闻周报》，第8卷，第39期，第3页。
② 《中华民国统计提要》，1935年版，第447页。按高邮死亡人口说法不一，陶直夫在《一九三一年大水灾中中国农村经济的破产》一文说淹死1万余人，与《提要》相近。《中行月刊》第4卷第1、2期合刊（1932年2月）说死亡10万人，似为印刷讹误。
③ 《民国档案》1991年第4期，第25、31页；《新闻报》1931年8月30日；《时报》1931年9月2日。
④ 《金大水灾调查》，第8页。
⑤ 河南省建设厅编：《河南水灾》，1931年版，第87页。

起出卖；若是要饷项，还是由民众摊派"，"等到款项重新告罄，便设法演同样一套把戏，老百姓无可奈何，只得再抽钱缴去。不过，因为民众实在'集腋'不成，以致防堤树木全数被斩的事实，据说也屡见不鲜。"①

无论是自然的生态环境还是社会的抗灾能力，都被军阀统治毁坏了。刚刚度过三年旱荒的河南省，在1931年淮、黄并发，江淮潦区因之向北延伸，使河南成为华北被灾最重的省份。

据河南建设厅编写的《河南水灾》一书称："今年七八月间，淫雨连绵，山洪暴发，河流泛滥，豫省受灾及八十余县，虽损害程度轻重不一，要为近百年所未有。"② 我们分析该书所编制的各县灾情图表，可以看出河南的重灾区，主要是分布在豫中淮河水系的颍河、汝河、洪河流域，豫南汉水支流的唐河、白河流域，豫东的贾鲁河、惠济河等流域，以及黄河支流的伊河、洛河流域。在这些地区，耕地面积被淹达到60%以上的有二十一个县：永城、鹿邑、虞城、夏邑、民权、拓城、西华、项城、太康、扶沟、临颍、郾城、南阳、新野、舞阳、汝南、上蔡、确山、南平、遂平、偃师。其中有八个县，耕地被淹面积达80%以上；临颍、郾城灾情极重，98%的耕地没于洪流。伊、洛河流域的一些县乡耕地被淹面积虽然没有上述地区广阔，但洪水是近百年来最大的一次。洛阳城东南和南关等十六条街巷成为泽国，附近的永乐、永宁两镇几乎全部淹没。灾民风餐露宿，在泥水里寻找腐烂食物充饥。巩县东西数十里、南北十余里，洪水涛涛，一望无涯。人口死亡，以唐、白河流域最为惨重。邓县、南阳、新野这三个毗邻的县，溺死了三万二千九百多人。洪河和汝河夹持的汝南县，也有八千五百多人死亡③。

滔滔淮水，淌不尽河南人民的血泪。滚滚黄河，诉不完中原大地的哀怨。

重建家园梦难圆

1931年的大洪水，发生在中国农业最发达的地区，淹没的大多是一年两熟的肥田沃土。这次水灾，绝非偶然地导致了中国农业危机的严重化和深

---

① 《新创造》，第1卷，第2期，第12页。

② 河南省建设厅编：《河南水灾》，1931年版，第2页。

③ 河南省建设厅编：《河南水灾》，1931年版，第3—85页。

刻化。

按照国民党要人的治国观点，只要控制了南京、上海、武汉、天津、广州等大都市，就控制了全中国。而历史的事实却与他们的估计相反：深刻而广泛的农村危机，不仅破坏了都市经济赖以存在的基础，而且使工业、商业、手工业和进出口贸易等经济部门本身严重失控，从而使中国的国民经济陷入了一场持续五年的经济危机。

这场农业危机主要表现为如下几个特点：

第一，广大灾区的农业生产力和农民的基本生存条件遭到了极大的破坏。

统计1931年的灾情损失是一件很困难的工作。1930年，国民政府秘书钱昌照在一次报告中说："我国统计基础可以说没有，好比民食问题是何等重大……我国则虽米、麦其生产、消费、分配的大概也茫然不知。赈灾问题是何等重大！然而灾区面积多少，灾民约数几何？竟没有人知道。"① 我们在本项研究中接触过民国年间各种混乱的灾情报告，深感这番讲话绝非耸人听闻。1931年4月1日国民政府成立主计处统计局，初步有了一个主办全国数字计算的机构，但是，统计局同其他部门以及各省当局关于这次水灾的统计数据彼此参差，某些同类数据甚至相差很远。比如，全国到底有多少人死于洪水，就也许是一个永远也无法精确算出的数字了。这里，我们只能把所见到的官书、档案同慈善机构、报纸杂志的有关记载，加以参证比较，择其要者，将八省重灾区的损失情形，轮廓性地表述如下②：

省名	县数			人口（万人）			农田（万亩）			死亡人口（人）	经济损失（万元）
	总县数	被灾县数	百分比	总人口	被灾人口	百分比	总农田	被灾农田	百分比		
安徽	61	48	79	2171	1070	49	4880	3297	67	112288	38346
湖北	70	46	64	2670	956	35	6100	2360	38	65854	51843
湖南	76	66	86	3150	636	20	4660	1180	25	54837	36400
江苏	61	35	57	3412	887	26	9170	3670	40	89360	53100

① 《申报》1930年2月4日。

② 主要资料来源：《中华民国统计提要》（1935年）；《国民政府救济水灾委员会工振报告》（1932年）；《统计月报》（1931年10月号）；《中行月刊》（1932年4卷第1、2期合刊）；《安徽省民政报告书》（1932年12月）；《湘灾专刊》（1931年）；《江西年鉴》（1936年）；《河南水灾》（1931年）；中国第二历史档案馆藏件，全宗号257，卷号421；《中国华洋义赈救灾会湖北分会报告》（1932年）；《大公报》1931年11月20日；《中国人口新统计》（《东方杂志》28卷7号）。

续表

省名	县数			人口（万人）			农田（万亩）			死亡人口（人）	经济损失（万元）
	总县数	被灾县数	百分比	总人口	被灾人口	百分比	总农田	被灾农田	百分比		
浙江	75	40	53	2064	277	13	4220	800	19	329	6100
江西	82	37	45	2032	202	10	4160	940	22	7227（赣北沿江各县）	8500
河南	110	84	76	3056	897	29	11300	3015	27	85604	29960
山东	107	30	28	2867	386	13	11070	1400	13	7000	4100
合计	642	386	60	21422	5311	25	55560	16662	30	422499	228349

我们不能说这个统计已经很全面了，但这比迄今一直被引用的某些彼此矛盾的数据，如说被灾二百九十个县（一说一百三十一个县），死亡三百六十万（一说二十六万五千），灾民一亿（一说二千五百二十万），淹田二亿五千五百万亩（一说一亿四千一百三十万亩），可能要相对地接近于客观实际。

这里还可以对上表所反映的灾区损失及其影响，作若干更为形象的说明。

二十二亿八千多万元的损失，对于当时的中国经济是一个天文数字。中央国民政府的主要财政收入是关、盐两税，1931 年共为四亿一千一百多万元①，只相当于这项损失的 1/5。更何况这个政府年年内战，岁岁偿款，弄得库空如洗，债台高筑。政府拿不出钱来办赈，只好在连年已发行了各种公债库券九亿元之后，又追加救灾公债八千万元②。这笔公债，虽然只相当于水灾总损失的一个零头，但由于所有重要税收，已经在历年发行的各种债款中抵押净尽，市面上债券价格下跌到只有二三成。政府再强行发行公债，不仅于事无补，还意味着对社会搜刮的加重，并造成了财政收支上一圈又一圈的恶性循环。

在农业各项损失所造成的后果中，对农民威胁最大的是因失收而导致的大面积的饥馑。据有人估计，大水灾中稻的损失约九十亿斤，高粱小米损失约十亿斤。以每人每年需要米面四百斤计，相当于损失了一千八百万人的全

---

① 滕霞：《民穷财尽之前途》，《国闻周报》，第 9 卷，第 5 期，第 3 页。

② 蔼庐：《水灾后之危机》，《银行周报》，第 15 卷，第 32 期，第 2 页；《水灾严重中之救济情形》，《银行周报》，第 15 卷，第 35 期，第 41 页。

年口粮。这一年国民政府从美国订购了赈灾小麦四十五万吨，仅相当于粮食损失的 9%。这年冬天有 2/3 的灾区没有粮食来源①。

耕畜是一般农户的半个家当。大批耕畜被洪水卷走，或被饥寒交迫的灾民出售、宰杀。在金陵大学调查的灾区，平均每两家损失耕畜一头。在 1931年 11 月的寒冬之前，一百三十一个灾县缺少耕畜已达二百万头②。

水灾后的第一个春天，上述一百三十一县灾区需要种子三百四十万担，平均每一农户为 2.7 担，但赤贫如洗的灾民无钱或无处购买，大约有 1/3 的灾区没有种子来源③。

广大灾区的农民，不仅被剥夺了维持简单再生产的条件，而且失去了继续生存的能力。这是 30 年代农业危机的最深刻的根源。

第二，农村金融枯竭和地价下跌，是大灾之后的重要经济动向。

1931 年灾后农村的银根紧缺，成为突出的社会现象。其主要原因，一是农村基本生产条件的破坏和生产量的锐减，使农产品的输出不能抵消对于城市工业品的需求，现金流出多于流入。二是灾区物价急剧上涨。金陵大学调查的灾区，1931 年 11 月，燃料、秫草比水灾前上涨了 30%，谷类上涨了20%。其中安徽省灾后米价上涨 40%，麦价上涨 30%。农民的现金被粮商吸干。三是由于灾荒和农业破产，农民的借款不易归还，信用紧缩，使城市的金融行业不愿向农村放贷。四是由于农村社会秩序动荡，地主士绅携带资金避入城市④。这样就造成了城乡之间资金的异常流动，一方面是农村的严重"贫血"和高利贷资本的猖獗，另一方面则导致了 30 年代初期大都会的现金膨胀。城市里游资充斥，随之而来的则是金融投机事业的畸形繁荣。农村正在崩毁，股市走向疯狂。这就是出现在茅盾的名篇《子夜》里那一大群小说人物的历史背景。《子夜》的强烈的时代感和描述的典型性，使我们可以把它作为 30 年代初期社会危机的教科书来加以阅读。

银根紧缺的农民为了生存，不得不抵卖田产。从总体上看，在 1929 年以前的中国近代史上地价一般呈逐渐上涨状态，但在 20 年代末至 30 年代中期，

---

① 《大公报》1931 年 11 月 21 日；《金大水灾调查》，第 14 页。

② 《金大水灾调查》，第 11 页。

③ 《金大水灾调查》，第 15 页。

④ 《金大水灾调查》，第 17 页；《新创造》，第 1 卷，第 2 期，第 16 页；《汉口商业月刊》，第 2卷，第 2 期，第 28 页。

却出现了异乎寻常的地价下跌。地价下跌的原因比较复杂，它和世界资本主义经济危机的冲击加之国内各省田赋激增，导致农业收益减少和地租不稳有着直接联系①，但是一个明显的现象是，凡是在灾区，地价暴跌得总是分外突出和严重。如前章所述，在20年代至30年代之交的北方大旱荒中，西北、华北的若干省份，地价急剧跌落。1931年大水之后，这种现象由北方的局部地区向南方大面积地发展。11月初，江淮流域五省八十一县，地价下跌了37%，其中皖北竟下跌了49%，而高利贷率则平均提高了1/3②。这种现象，反映了灾区由于典田卖地的农户相当普遍，于是地主富豪和城市商人乘机操纵，迫使农民以借钱典地的方式，将价格狂跌的地产转移到了放高利贷的地主商人手里。地价下跌的趋势一直持续了好几年。据农业实验所估计，每亩水田在1931年为60元，1932年跌到56.4元，1933年为52.8元；每亩旱地在1931年为30元，1932年跌到27.9元，1933年为26.7元。1935年是地价下跌的最低点，全国平均地价只相当于1931年的80%③。

在土地需要远远超过土地供应的中国，地价出现了不依供求关系制约的畸形暴跌，这只能从天灾人祸和半殖民地中国对于国际市场的特殊依附关系上来说明原因，而其实质，则是封建剥削的加重和农民生活的绝对贫困化。当时一些经济学者的研究结果表明，同地价下跌相联系的土地集中现象，在江南的水田区甚至比华北更加突出。这些地区出卖土地的不仅有广大农民，还包括了一批没有什么政治地位和经济外援，在农业危机冲击下失去了土地经营兴趣的中小地主。因此，大批廉价的土地转移到了有雄厚政治背景的官僚、军人，或和都市资本有密切关系的地主兼大商人手里。如江苏省有田千亩以上的大地主中，为军人、官僚的在苏南占27.33%，兼为工商业资本家的占将近30%；苏北的工商业不发达，大地主中的57.28%是军人和官僚。④ 而另一方面，地价暴跌又造成了雇农工资的减少以至失业。苏南金坛、溧阳两县，就有43%以上的雇农失业和流为乞丐⑤。

---

① 参见王方中：《本世纪30年代（抗战前）农村地价下跌问题初探》，《近代史研究》1993年第3期。

② 《金大水灾调查》，第17、35页。

③ 陶直夫：《中国农业恐慌与土地问题》，《中华月报》，第2卷，第4期；孙晓村：《现代中国的土地问题》，《教育与民众》，第8卷，第3期。

④ 陶直夫：《中国农业恐慌与土地问题》，《中华月报》，第2卷，第4期。

⑤ 冯和法：《中国农村的雇佣劳动》，《农村社会学大纲》，第8章。

这两件来自国民政府统治中心的材料，是中国社会性质的一个缩影：大地主大资产阶级的政治权力以及与权力相联系的城市资本摧残了农村社会，制造了农村创痛。

第三，只有把大水灾的后果同世界资本主义经济危机的冲击联系起来，才能从一个更广阔的背景上了解农业危机的严重性与持续性。

1931 年大水后的粮荒与饥馑，为西方资本主义国家转移经济危机而倾销"过剩"商品拓宽了通道。随着四十五万吨赈灾美麦的购进，大量洋米洋棉源源而来。1932 年洋米进口量，从 1931 年的一千二百八十二万担激增到二千六百八十四万担；1931 年洋棉进口量，从 1930 年的二百零九万担增加到二百八十四万担。这两个数据，都是抗战前米、棉进口的最高纪录[1]。洋米、洋面垄断了上海、武汉、北平、天津等大城市的粮食市场。在进口粮食的冲击下，国内农产品价格同地价互为因果地一齐下跌，工农业商品之间形成了巨大的剪刀差[2]。

一方面，大灾后的中国农村亟待复苏；另一方面，资本主义的经济侵略和国内的封建压迫，又造成了农业生产力的急剧破坏或慢性萎缩，阻塞了这种复苏的一切可能。在 30 年代的农业危机中，无论是饥馑遍地的荒年，还是一季多收了三五斗的"丰年"，带给农民的都是苦难。这里一个最典型的事例就是："民国二十年的大水使翌年的丰收成灾。"[3]

1932 年是南京政府建立后的第一个"小康"之年。中国农村熬过了长达四年的旱荒与水灾的巅峰期，雨水润调，各地收成一般相对丰足。然而，就是在长江一带稻谷丰收的时候，全国市场已经被洋米占领。福建、广东等素来仰给长江流域米粮的地区，也不例外，仅广东一口，1932 年就进口了大米一千二百万担[4]。而皖、赣、湘、鄂等省的本米，却由于交通不便，税卡林立，"凡输米出口，辄征重税，任意需索"[5]，以致粮商束手，大批新粮积压

---

① 王方中：《1931 年江淮大水灾及其后果》，《近代史研究》1991 年第 1 期，第 221—222 页。

② 据时人研究，国内各种农产品的价格，1933 年比 1931 年平均下跌了 20%—60%（《中华月报》，第 2 卷，第 4 期），稻农买一包棉纱，1931 年需米 19 担，1932 年 23 担，1933 年 26 担。（《中行月刊》，第 8 卷，第 1、2 期合刊）

③ 孙晓村：《替中国农民算一笔帐》，《生活星期周刊》，第 1 卷，第 19 期。

④ 孙晓村：《抗战一年来中国经济的动态》，《中国战时农村问题与农村工作》，江西大众文化出版社 1938 年版。

⑤ 《申报》1932 年 10 月 7 日。

而"谷贱如泥"。

"丰收"的悲剧就在于，刚刚度过大灾的农户是束紧了腰带，并不惜负债累累来垦复荒田的。他们借高利贷购买种子、租用耕牛，用预押、预卖的方式将田里的青苗换成维持再生产的基金，在店铺里留下了一笔又一笔购买日常必需品的赊账。但是，农民的一切希望，在新谷丰收时都化成了泡影。为了偿还种子、牛租、肥料等各种旧欠，为了赎回押在典当里的土布和冬衣，为了交纳催如火急的田赋和"预征"，他们只能忍痛将粮食贱价抛售。"放下禾镰没饭吃"。农民，不能不发出"我们到底为谁种田？"的疑问。

如果将30年代的农村危机作为一个历史过程来考察，1932年的"丰收成灾"，正是1931年大水成灾的逻辑性延续。水灾、资本主义国家的农产品倾销浪潮和军阀地主的重重搜刮，造成了农民对于货币需求的极端饥渴状态，迫使他们把刚刚上场的新谷乃至自家的口粮都投进了廉价的市场。正如当时有的经济学研究者指出，这是农村危机更加尖锐化的一种形态[1]。

在本章结束之前，我们有必要进一步对30年代的灾荒特征作一点概括。旧中国的农村遇到像1932年那种相对顺态的气候仅仅是少有的偶然，而水旱连年则是生态恶化和政治腐败所规定的历史必然。特别值得注意的是，30年代，又恰逢中国近代史上大洪水集中而频繁的时期。除了1931年的大水灾之外，还发生过4次危害严重的水灾[2]：

1932年8月东北松花江洪水，哈尔滨全市被淹，溺死二万人，十二万人流离失所。吉林、黑龙江两省沿江县乡没于洪涛，灾民数十万。

1933年8月黄河中下游洪水，陕、晋、豫、冀等省连决数十口，为20世纪三十多年以来最大的一次河患。灾区遍及华北六省并波及苏北地区。据不完全统计，受灾面积八千六百平方公里，毁屋一百六十九万间，灾民三百六十四万人。

1935年7月长江中游再次发生大洪水，自宜都至城陵矶的干流河段及汉水的水位超过1931年，荆江大堤溃决，长江中下游平原受灾二千二百六十四万亩，毁屋四十万六千间，灾民一千一百多万，死亡十四万二千人。

1939年7、8月海河洪水，河北全省一百零三个县沦为泽国，灾民数百

---

① 姜君宜：《一九三二年中国农业恐慌底新姿态》，《东方杂志》，第29卷，第7号。

② 参见《中国历史大洪水》（上、下卷）；《近代中国灾荒纪年续编》的有关内容。这5次都是天灾，如果加上1938年南京政府制造的花园口决口事件（详见本书下章），则10年中大水凡6次。

万，天津市区 4/5 被淹，房屋倒塌，财物漂流。

十年之中，平均两年迸发一次大水灾。洪水的创痛布满了 30 年代的历史，构成了这个时期的中国灾荒史的重要特征。

水灾，在中国大地上到处留下了饥馑和死亡。

9 人祸天灾：1938 年的花园口决口事件

近代史上黄河平均三年两次决口的河患，是当时中国社会的一大祸害。然而，由政府最高当局下令破堤决口，人为地制造了面积广达三省、泛滥长至九年的黄泛区却只有一次，这就是 1938 年由国民党政权制造的花园口决口事件。

花园口，这本应是个美丽的地名，却和黄河的灾难结下了不解之缘。据说，这个位于黄河南岸，距离郑州约十公里远的村庄，原来叫作"桂家庄"。明朝时有一位吏部尚书在这里购田置产，修建了一座花团锦簇的大庄园，方圆五百亩，远近驰名。不料迁徙无常的黄河竟从这里决口改道，滔滔浊流把那座大花园连同桂家庄一起无情地吞没了。河决之后，当地老百姓为了来往方便，在决口处设了一个渡口，花园口便因此而得名。此后，该处决口虽经堵复，但一直成为黄河南岸大堤的一段著名的险工，屡经溃决，为害非轻。然而，这一切的灾难还不足以表现"花园口"三字在中国灾荒史上的分量。这个在当时普通地图上不着标志的小村庄之所以一夜之间闻名于世，完全是出于下面所要描述的这场惨绝人寰的大悲剧。

"以水代兵"的荒唐决策

1938 年，烽火弥炽的抗日战争进入了第二个年头。谧静的中州平原，在日本侵略军铁蹄的震撼之下骤然地动荡起来。

这一年 2 月初，日本华北方面军土肥原师团，为了策应津浦路日军的徐州作战，发动了对豫北的进攻，在不到一个月的时间里，接连突破国民党十万守军的防线，先后攻陷南乐、清丰、汤阴、淇县等豫北二十五个县，一直侵犯到黄河北岸的垣曲、王屋，济源、孟县、温县、武陟、封丘、长垣、濮阳一线，与南岸中国守军隔河对峙。至 5 月中旬，日军大本营在徐州会战取胜以后，随即着手实施在华中地区进行大规模作战的侵略计划，其目的"在于摧毁蒋政权的最后的统一中枢（按：指武汉），和完成徐州作战以来的继续事业——黄河和长江中间的压制圈"，进而逼蒋求和，"支配中国"①。为此，日华北方面军利用中国军队从徐州向西南溃败之机，兵分数路，长驱直进，意在占领兰、封，切断陇海路，消灭陇海路东段中国军队的主力，进而占领郑州，沿平汉路南下，与江西之敌相呼应，会攻武汉。5 月 9 日，日军土肥原贤二第 14 师团首先从北路发起攻势，由豫北迂回山东，分别由济宁、鄄城强渡黄河，占领鲁西，并继续南犯，兵锋直指兰、封。5 月 18 日，日军第 16 师团一部于攻陷丰县后，直扑砀山、商丘（归德），从东路进行侧面夹击。5 月 25 日，日军第 10 师团主力亦奉命"急速进入亳州寻敌发动攻击"，试图在占领亳州后，进犯鹿邑，占领太康、扶沟、淮阳、许昌，切断平汉线。中原形势极为严峻。

为了抵抗日军战略计划的实施，保卫郑州，国民政府军事委员会决定发动兰封会战，先后调集了宋希濂、桂永清、俞济时、李汉魂、胡宗南等部约三十个师的优势兵力，对来犯日军发动反攻，企望依靠战术上的主动，将其一举歼灭在兰封附近。蒋介石并亲临郑州督战。但是，在日军凶猛的攻势面前，国民党几十万大军丢城失地，溃不成军，使日军得以先后攻陷豫东之永城、虞城、商丘、鹿邑、柘城、宁陵、睢县、民权、兰封、杞县、太康、通许、陈留、开封、尉氏、扶沟、中牟，直迫郑州，平汉路受到严重威胁。

当此紧急关头，国民党第一战区一方面以"避免与西犯之敌决战，并保持尔后机动力之目的"为由，全军向平汉路以西地区迅速撤退②；一方面又决定扒开郑州黄河大堤，企图以泛滥的洪水阻敌西进，从而迟滞日军会攻武汉的进程。实际上，这种所谓决河制敌的计划，在国民党军政当局是酝酿已久的了。早在 1935 年日军控制河北、威胁河南时，一些国民党要人就有过决堤之议。当时在武汉行营任职的晏勋甫，曾就日军可能侵犯郑州一事，拟出两个应付方案：一是将郑州付之一炬，使敌人无法利用；一是挖掘黄河大堤，

① 日本防卫厅：《中国事变陆军作战史》，第 2 卷，第 1 分册，中华书局 1979 年中译本，第 107、90 页。
② 中国第二历史档案馆藏，国民政府军令部战史会档案，薛岳命令，1938 年 6 月 2 日。转引自张宪文编：《抗日战争的正面战场》，河南人民出版社 1987 年版，第 127 页。

阻敌西进。1938 年 4 月，CC 派头目陈果夫也致函蒋介石，认为只要将地势较为低下的河南武陟县沁河附近的黄河北堤决开，使全部黄水北趋漳、卫，不仅可解大局，还可致敌于危地。蒋介石批示：将此议交第一战区司令长官核办。徐州失陷后，决堤之议更是纷纭四起，有人主张决河南铜瓦厢堤岸，有人建议由黄河南堤黑岗口等处决口，虽然决口地点所见不一，但战术用心却不谋而合。因此，在 6 月初国民党于武汉召开的一次最高军事会议上，经过长期思虑而又仓促应战的蒋介石最后批准了这一所谓"以水代兵"的秘密方案。

据有关记载，此次决堤工程是由蒋介石指定的第十二集团军总司令商震负责督工实施的。6 月 4 日，该部第 53 军一个团即"奉委座电令在中牟县境赵口掘堤，并限 4 日夜 12 时放水"，但由于挖口过窄，待掘至水面，宽不过一米，难以为继，因而直至次日上午尚未完成。蒋介石当即在电话中命令商震"严厉督促进行"，商震续派工兵营营长蒋桂楷携带大量黄色炸药与地雷，准备炸破河堤，又派 39 军的一个团予以协助，同时悬赏法币千元，以图加快速度。当夜，工兵营炸开了堤内斜面石基，但因黄河"春冬水落"，水发量小，"仅流丈余，即因决口两岸内斜面过于急峻，遂致倾颓，水道阻塞不通。"[1] 于是商震又令第 39 军刘和鼎部在第一道决口以东 30 米处另派一团士兵开第二道决口，同时采纳当时担任黄河铁桥守备的新八师师长蒋在珍的建议，在郑县花园口另作第三道决口。据 39 军参谋处长黄铎五回忆，6 月 7 日，蒋介石为此特向第一战区司令部和刘和鼎发出密电，声称"为了阻敌西犯，确保武汉"，"决于赵口和花园口两处施行黄河决口，构成平汉路东侧地区间的对东泛滥"，其赵口之决口，限刘和鼎部"两日内完成"，花园口之决口，"令 109 师（原东北军万福麟部）负责，仍由 39 军统一指挥"。与此同时，第一战区司令长官也根据蒋介石的决策发出同样指示，并派出长官部兵工专家负责设计和指导。刘和鼎随即派员勘察地形并着手施工。但赵口一带土质多沙，挖出的坑道，或被大风刮起的沙土填平，或被河水冲塌的堤土堵塞断流，虽然一再返工，仍不能依限完成[2]。而这时日军已逼近中牟白沙镇，蒋介石

---

　　① 中国第二历史档案馆藏，国民政府军令部战史会档案，《第十二集团军参谋处长魏汝霖呈报黄河决口经过》，转引自张宪文编：《抗日战争的正面战场》，第 128 页。
　　② 黄铎五：《抗日战争中黄河决口亲历记》，《江苏文史资料》，第 2 辑，第 75—77 页。

"异常焦灼，日必三四次询问决口情况"①。他还用电话指责刘和鼎说："这次
决口有关国家民族的命运，没有小的牺牲，哪有大的成就，在紧要关头，切
戒妇人之仁，必须打破一切顾虑，坚决干去，克竟全功。"② 不过，此前已由
新八师两个团和一个工兵连代替第109师万福麟部担任的花园口决堤任务，
进展较快。先是在掘堤之前，蒋在珍谎称日军即将到来，把花园口一带的群
众赶到十里以外，封锁消息；又密布岗哨，选出身强力壮的八百多名士兵，
分五个小队，轮流掘堤，夜间则用汽车上的电灯照明，通宵工作③。他们吸取
赵口决口塌方的教训，将决口加宽至五十米，斜面徐缓。至9日晨6时，用
炸药炸毁了堤内斜面石基，9时放水，"初水势不大，约一小时后，因水冲
刷，决口扩至十余公尺，水势遂益猛烈"④。但当局还唯恐决口太小，又急电
薛岳，调来两门平射炮和一排炮兵，向已挖薄的堤岸一连发射六七十发炮弹，
将缺口又炸宽了两丈，"水势骤猛，似万马奔腾"，⑤ 加上当时大雨如注，决
口愈冲愈大，到6月末已达一百五十公尺，7月2日再增为二百十七公尺，7
月30日竟宽达三百二十三公尺⑥。而这时的赵口决口也被河水冲刷开来，"至
（6月）11日大雨，水流激增，势甚汹涌，水头高达丈余，决口扩至60余公
尺，12日水流甚急，15日决口大至120公尺"，至7月19日，又扩大到三百
公尺⑦。决口之水由三刘寨直向南流，在中牟同花园口水流相汇合，沿贾鲁
河、颍河、涡河之间的低洼地势向东南奔腾急泻，横冲直撞，水面宽度也由
最初的几里、十几里迅速扩展至一百多里，泻入正阳关至淮远一段的淮河干
流，进而横溢两岸各地，并经洪泽、宝应、高邮诸湖，由长江入海，从而形
成本世纪以来最重大的一次黄患⑧。

---

① 中国第二历史档案馆藏，国民政府军令部战史会档案，《第十二集团军参谋处长魏汝霖呈报黄
河决口经过》，转引自张宪文编：《抗日战争的正面战场》，第128页。

② 黄铎五：《抗日战争中黄河决口亲历记》，《江苏文史资料》，第2辑，第77页。

③ 徐福龄：《蒋介石在黄河上犯下的滔天罪行》，《河南文史资料》，第1辑，第2页。

④ 中国第二历史档案馆藏，国民政府军令部战史会档案，《第十二集团军参谋处长魏汝霖呈报黄
河决口经过》，转引自张宪文编：《抗日战争的正面战场》，第128、129页。

⑤ 中国第二历史档案馆藏，国民政府军令部战史会档案，《新八师参谋熊先煜抗战日记》（1938
年6月7—9日），转引自张宪文编：《抗日战争的正面战场》，第129页。

⑥ 《河南民国日报》1938年7月31日。

⑦ 《申报》1938年7月21日。

⑧ 有些地理学研究者将花园口决口称为黄河的第7次大徙，"就颍涡泛道来说，为近350年来灾
情最重一次的黄泛。"（参见《地理学报》第19卷第2期罗来兴文。）

　　花园口黄河决堤，一度将日军约两个师团的主力困于洪水之中，迫使日军中止了向郑州的推进。然而从战略意义来说，这种扒堤决河、"以水代兵"的手段在军事上所取得的成效，毕竟只是暂时的、次要的，更是得不偿失的。滚滚浊流虽然使日军在黄淮平原上无法行动，但并未能阻止日军对武汉的会攻。日军很快改变了进攻方向，将其主力南调，并配以海军，溯江而上，6月12日攻陷安庆，6月30日进占马当，后又连陷湖口、九江，8月初即全面展开了对武汉的大规模围攻。在纵横数千里的战场上，国民党百万大军节节抵抗，终以不支而于10月25日弃城西逃。蒋介石政权"以水代兵"、保卫武汉的荒唐决策至此彻底破灭了。而实施这一计划的主要结局，则是使豫皖苏三省千百万人的生命财产尽付洪流，使中原大地横罹浩劫。这实质上是国民党消极防御战略的必然结果，是蒋介石片面抗战路线的最典型的实例。

　　也就是在6月9日花园口大堤炸决之时，国民政府即命令在汉口的中央党部及各机关转移到重庆及昆明等地。同时由蒋介石发表声明，对抗战以来所谓"以空间换时间"的最高军事战略作一阶段性的总结，声称"已往作战的经过，更足证明在阵地战上我军力量之坚强"，"现在战局关键，不在一城一地之能否据守"，而在于"避开敌人的企图，同时逼迫敌人入于我方自动选择之决战地域，予以打击。长期抗战，此为最大要着"①。蒋介石的声明，无异于向国人发出了弃守武汉的宣言书。如果把它和恰在这一天从花园口穿堤而出的洪水联系起来，人们不难看出，蒋介石之所以迫不及待地要炸堤决河，造成大面积的黄泛区域，与其说是保卫武汉，不如说是为其退守西南争取时间。当然，如前所述，面对日军的强大攻势，国民政府也不是没有组织军队去进行抵抗，在兰封会战中甚至投入了数倍于敌人的优势兵力，并曾一度将西进日军主力土肥原师团围困在内黄、仪封和民权之间的狭小区域，但由于国民党军事指挥部门的腐败无能，使得这种抵抗乃至攻势终至于冰消瓦解。早在1936年，国民政府军事委员会便把河南作为国防重点，并以归、兰、郑、汴为中心，修筑了钢筋混凝土的国防工事。但在兰封会战急如星火之际，军委会还没有把有关工事图送到作战部队手中，以致部队无法确定国防工事的位置以顺利进入阵地，从一开始即陷入被动。而这些没有发挥作用的国防工事，后来却变成了日军负隅顽抗的依托，反过来给中国军队以重大杀伤。

　　①　《大公报》（汉口版）1938年6月10日。

而在整个会战过程中，国民党的许多军官，尤其是高级将领畏敌不前或临阵脱逃的情况层出不穷，更是直接削弱了中国军队的战斗力。连蒋介石也不得不承认，"此次鲁西之敌以极劣势兵力，到处窜扰，毫无忌惮，而我军以极有利态势……犹未将兰封及其以西地区之敌彻底解决"，反而一败涂地，正是由于"各该军长等指挥无方，行动复懦，以致士气不振，畏缩不前"①，"在战史上亦为一千古笑柄"②。更何况在这场抵御日本侵略者的民族战争中，国民政府仅仅依靠正规部队的防御作战，从不发动或利用民众力量同仇敌忾，共御强敌，以致一旦战场形势急转直下，就只有依靠黄河，以水代兵了。正如一位论者所指出的，"国民政府如果能发动民众开展抗日武装斗争，其牵制力量必定会比消极的以水代兵大得多"③。

应该说，蒋介石和国民党政府对于扒决黄河大堤将要产生的严重后果是非常清楚的。早在掘堤之前，国民党中央通讯社就曾连续发表日军飞机轰炸河堤的电讯。掘堤完成后，蒋介石又于 6 月 11 日密电第一战区司令长官："须向民众宣传敌机炸毁黄河堤"④，以欺骗社会舆论。国民党中央社随即从郑州发出专电，声称："敌军于九日猛攻中牟附近我军阵地时，因我左翼依据黄河坚决抵抗，遂不断以飞机大炮猛烈轰炸，将该处黄河堤炸毁一段，致成溃口，水势泛滥，其形严重"⑤。次日又发出所谓郑州专电云："敌机三十余架，十二日晨复飞南岸赵口一带，大肆轰炸，共投弹百枚，炸毁村庄数座，死伤难民无数，更在黄河决口处扩大轰炸，致水势愈猛，无法挽救。"⑥ 6 月 30 日国民党军委会政治部长陈诚在汉口举行的记者招待会上重复了这一套虚假的宣传⑦。同一天，蒋介石在接见《伦敦每日快讯》记者时发表的谈话，一面曲意掩盖事实，一面又不无得意地宣称："豫省水灾……日人亦承认其作战计划，受水灾影响，日军在水灾区所受之损失必大，中国方面，不甚受水

---

① 中国第二历史档案馆藏，国民政府军令部战史会档案，《蒋介石手令》1938 年 5 月 27 日，转引自张宪文编：《抗日战争的正面战场》，第 125 页。

② 中国第二历史档案馆藏，国民政府军令部战史会档案，《蒋介石致程潜信》，1938 年 5 月 28 日，转引自江苏省史学会编：《抗日战争史事探索》，上海社会科学出版社 1988 年版，第 136 页。

③ 《抗日战争史事探索》，第 140 页。

④ 《江苏文史资料》，第 2 辑，第 78 页。

⑤ 《申报》、《大公报》、《河南民国日报》1938 年 6 月 12 日。

⑥ 《河南民国口报》1938 年 6 月 13 日。

⑦ 《东方杂志》1938 年 8 月 1 日，第 35 卷，第 15 号。

灾影响。"① 蒋介石心目中的"中国方面",自然是指他统率的军队,而不是被大水吞没的民众。为了对付外国记者的采访,国民政府特令新八师在花园口附近伪造了一个轰炸现场,还煞有介事地调集大批士兵、民工"抢堵缺口",试图混淆视听。此后,国民党的宣传基调一直未变。不过,到1983年9月9日,当历史的真相早已经大白于天下的时候,何应钦将军在台湾黎明文化事业公司重版他的旧作《日军侵华八年抗战史》时,仍然口风不变,重复几十年前中央社的滥言,就未免显得过于滑稽了。其实,尽管国民政府百般掩饰,当时一些中外记者还是窥破了决口的真相。法国《共和报》的一则评论不无讥讽地指出,"中国已准备放出大龙两条,即黄河与长江,以制日军的死命,纵使以中国人十人之命,换取日本人一个性命,亦未始非计"②。抗战后期乃至结束之后,国民政府的一些高级官员和学者在其谈话或著述中也隐约承认决口的真相,只不过每每以"害在地方,功在国家"一类的言辞聊以自慰罢了。

黄泛区挽歌

黄水望无边,灾情实堪伤,村村皆淹没,家家尽饥荒,贫者本苦难,富者亦无粮,结队离田园,流浪至何方?忍饿暑天行,面瘦黑又黄,偕妇载婴儿,啼号道路旁。日落原野宿,辗转秋风凉,流民成千万,何处是安乡!

这是《河南民国日报》一位署名"冠生"的记者在调查黄泛灾情时触景生怀所作的一首诗,它以直白的语言勾勒出一幅伤心惨目的泛区流民图。不过,这首诗所描写的还仅仅是这场特大浩劫的一个小小的侧面,远不能反映决口之初那种骇人心魄的凄惨情景。由于这次决口纯粹是人祸天灾,决口时又并非黄河汛期,加上战云四起,兵荒马乱,故而决口对于罹难民众来说,犹如狂飙骤至,措手无及。当滚滚黄水夹带着刺骨的狂风,晃动着沿河的大地,像千万头巨兽般咆哮着奔腾而来时,"人民一些儿不知道,事先既无准

---

① 《东方杂志》1938年8月1日,第35卷,第15号。
② 《河南文史资料》,第1辑,第3页。

备，临时又无逃避之法"①，只能任由浊流漫卷，洪涛肆虐，随之受到的打击，也就比往常的决口泛滥来得更加沉重，也更加惨烈。

决口之后，河南省首当其冲。由于豫东平原地势平坦，河床狭浅，黄水自溃口穿出后即以万马奔腾之势，向东南直泻而下，6 月 13 日横贯中牟，14 日至尉氏，15 日入扶沟，16 日入西华，20 日至淮阳、周口②，千里平原，顿时淹浸在滚滚洪流之中。据有关报道，大溜所至之处，汹涌澎湃，声如雷动，或"宽约十余里，深三五尺至丈余不等"，或"宽约五十华里，深一丈至二丈不等"③，有的甚至"幅员南北百里，东西三十里，深三尺至丈余"④，转瞬之间，"呼号震天"，"人畜无由逃避，尽逐波臣；财物田庐，悉付流水……其悲骇惨痛之状，实有未忍溯想。间多攀树登屋，浮木乘舟，以侥幸不死，因而仅保余生，大都缺衣乏食，魂荡魄惊"⑤。洪水过后，"那一望无际的浪涛中，只能见到稀疏寥落的树梢在水面荡漾着，起伏的波浪卷流着木料、用具或大小尸体。孩子的摇篮随着河水漂浮，还可以断续听到啼哭声。全家葬身于洪水者不知凡几，甚至有全村、全族、全乡男女老幼无一幸免者"⑥。其中如中牟，"全县三分之二陆沉"，难民均"扶老携幼，纷纷向西迁移"，仅郑州附近，就聚集了数万难民，"食住皆无，情况堪怜"⑦。鄢陵县"水深时，高粱梢头可以渡船"，到 8 月中旬，"水落了，还是一人深的淤沙稀泥，房屋倒塌的一片模糊，灾民用仅有的抢回来的干草搭成茅篷，在干丘上居住者，往日的大街，现在成了渡船的路沟"。扶沟灾情更重，受灾面积，"东西宽约三十余公里，南北长约七十余公里，竟占全县的十分之八，全县人口三十六万，灾民二十四万人还要多"。大部分难民成群结队，四出逃荒。在许昌到鄢陵的路上，"每个村庄的旁边，每个大树荫下，都可看到这流浪之群，展晒着被黄水浸透的被窝，在一旁陈列着小车、挑筐、柴捆，破破烂烂的东西"，每当有人上前问个究竟，"一句话还没问到底，就引起周围一群人的眼红。凄怆的声

---

① 《善后救济总署河南分署周报》，第 100 期，1947 年十二月三十一日，第 1 页。
② 《河南民国日报》1938 年 7 月 4 日。
③ 《申报》（汉口版）1938 年 7 月 17 日。
④ 《河南民国日报》1938 年 7 月 19 日。
⑤ 《河南省黄泛区灾况纪实》，转引自黄河水利委员会编：《黄河水利史述要》，水利电力出版社 1982 年版，第 375 页。
⑥ 《江苏文史资料》，第 2 辑，第 77—78 页。
⑦ 《大公报》1938 年 6 月 13 日、6 月 23 日。

中回答着：'一切都淹完了！'"①据河南省政府当年9月上旬的统计，该省遭灾者共有十五县，即郑县、中牟、尉氏、开封、通许、扶沟、鄢陵、西华、鹿邑、太康、淮阳、陈留、沈邱、杞县、广武，被淹面积共二万五千九百零九方里，财产损失法币六千二百九十六万一千元，待赈难民一百二十二万七千三百人②。

黄水出豫后径奔皖境淮河两岸。皖北地势原较河南东南部为低，加以川渠交错，湖泊相望，主要河流如涡、颍、淝诸水均来自豫东，并以淮河干流为其汇注归宿，因此，当黄溜南泛入境后，迅即顺势而下，汇注入淮，黄淮两水相聚暴涨，致使上下游"淮堤溃决，两岸一片泽国"，受灾县份计有蚌埠、霍邱、阜阳、亳县、涡阳、太和、蒙城、临泉、凤台、寿县、怀远、凤阳、定远、天长、五河、泗县、盱眙、灵璧等十八个，被淹面积三百四十五万亩，财产损失二亿五千五百六十四万零九百四十元③，灾民达三百万人④。阜阳县受灾最重，因黄水倒灌，"县城数濒危殆"，城外"数百里一片汪洋，其间村墟庐舍，禾稼牲畜，顷刻尽付洪波。"据国民党阜阳县政府的统计，"全县120个乡镇，有八十个乡镇埋于黄涛之中，最深者六米以上。淹没了2676092亩土地，漂走了166827间房屋，淹死了3053人，有572385人无家可归，僵卧街头，惨不忍睹。"⑤凤台县"堤防溢溃，田庐淹没"，城关"平地水深三尺左右，庄稼被淹光，房屋全部倒塌"，继以日寇"烧杀抢掠，无所不为"，"天灾人祸，双管齐下，百姓流离失所，死者无数"⑥。

此后，黄淮并涨，直迫苏北。据9月9日《大公报》消息，夺淮而下的黄河大溜，"水头已入洪泽湖，泛滥东流"，加上"夏秋以来，飓风暴雨，平地水深数尺"，洪泽、高邮及宝应诸湖一时宣泄不及，水位骤升，"淮属及高、宝、江、泰等县滨湖地区圩堤溃决，田庐沉没，被灾区域逾十万方里，数百

---

①《河南民国日报》1938年8月25日。

②《河南民国日报》1938年9月13日。另据1939年7月27日河南省临参会致国民党中央赈济委员会电称，豫东被灾15县，面积为26100余方里，待赈灾民137万人。中国第二历史档案馆藏，全宗号116，案卷号438。

③ 安徽省地方志办公室编著：《安徽水灾备忘录》，黄山书社1991年版，第43、44、45页。

④《安徽省淮域工赈防黄工程概况》，1946年十一月，第1页。据《安徽水灾备忘录》对其中11县之统计，共有灾民1132635人，见该书第45页。

⑤ 安徽省地方志办公室编著：《安徽水灾备忘录》，黄山书社1991年版，第45页。

⑥ 安徽省地方志办公室编著：《安徽水灾备忘录》，黄山书社1991年版，第46页。

万灾黎待哺殷切"。当泛水高涨之时，"房屋小树，低者没顶，高者半浸"①。虽然这里不可能对当年苏北的灾情提供更翔实的资料，但据此也已经令人惊心动魄了。

由于受当时的政治背景和军事环境的影响，黄河决口直至 1947 年 3 月 15 日始经堵筑合龙，滚滚洪流，一连九年狂奔飞泻，在淮北平原上形成一个面积广袤的泛区，也就是著名的"黄泛区"。因此，豫皖苏平原的广大民众经过黄水的此番残酷的洗劫之后，并不能如往昔一样地重整家园。"开河渠，筑堤防，河东千里成平壤，麦苗儿肥来稻花儿香，男女老少喜洋洋"——这种在和平时期也难得一遇的年景，更成为遥远的梦幻，等待着人们的是一段似乎漫无休止、万劫不复的苦难历程。不过，在揭示这一漫长的苦难历程之前，倒不妨先了解一下黄泛区的范围及泛流变迁的大势。

确切地说，黄泛区，指的是花园口决口之后被黄水淹没或受黄水波及的豫皖苏平原地区。赵口决口南泛水量不大，逐渐淤浅，1939 年冬又被日军完全堵塞断流；花园口口门则被炸拓宽，到 1941 年已达一千一百四十五公尺②，以后逐年冲刷扩大，至 1946 年春竟增为一千四百六十公尺，水面宽度一千零三十公尺，最大水深 9 公尺③。黄河之水遂尽由花园口一口溃出，纵横于泛区。由于黄水"流缓淤落"所形成的地面沙土淤积和战时敌我双方轮流筑堤的影响，黄泛大溜或东或西，迁徙靡定，摆动无常，因而导致泛区面积不断扩大。在黄水奔流的豫东皖北区域，自西北至东南，长度约达四百公里，宽度自三十至八十公里不等。泛区的西界：自花园口西面的李西河起，向东南经郑县城东的祭伯城，中牟城南的姚家，鄢陵、扶沟间的丁桥，至张店绕折西南，经张桥、追赶直至沙河畔的逍遥镇，自此沿沙河北岸至周口，再经南岸的商水至水寨，复沿沙河北岸经界首至太和，再沿颍河西岸，经阜阳城西的襄家埠、城南的李集、颍上西北的四十里铺和六十里铺，直至正阳关。泛区东界：弯曲较少，自花园口东南的来童寨起，东南经朱仙镇、通许南面的底阁、太康城北的杨庙、城东的朱口至鹿邑城南，再沿十字河至涡河河畔的涡阳，过此泛界向西折，沿汜河南岸至淝河口，再沿西淝河东南下至五市集，

① 韩启桐、南钟万：《黄泛区的损害与善后救济》，行政院善后救济总署编纂委员会、中央研究院社会研究所合编，1948 年版，第 9 页。
② 《豫皖黄泛区查勘团查勘报告书》，1941 年油印本，第 1 章《黄泛现势》。
③ 《黄泛区的损害与善后救济》，第 68、69 页。

又折向西，经颍河西岸的正武集、再折向东经板桥集、张沟集，自此沿西淝河东岸直至凤台城。其中只有淮阳城附近和颍上、凤台间两小块高地始终未受水淹①。整个泛区包括豫皖苏三省共四十四个县市，其中河南二十个县，安徽十八个县市，江苏六个县市②，从1938年6月到1947年3月约近9年的时间里，狂放不羁的洪涛巨流就在这一大片广阔的土地上滚动着、咆哮着，肆意地蚕食着，无岁不灾，无灾不重。据统计，仅河南一省的官堤民埝，大小决口就有三十二次、九十一处之多③。

下面，我们就从有关记载中撷取一些片段的资料，对黄泛区人民漫长的苦难历程，作一个小小的剪辑：

1939年——夏秋之交，河南省"淫雨连绵，山洪暴发，黄水骤涨，贾、沙、颍、京、双各河会流泛滥，巨浸茫茫，汪洋似海，一、七等区沿河各县，顿成泽国，田园漂没，庐舍荡然。而被灾最重者，则为七区扶沟、西华、淮阳、沈邱、项城、太康等邑，被淹田禾不下百余万顷，罹难灾黎亦达数百万之众"④。

1940年——仲春时节，正值泛区人民青黄不接之际，黄河"桃汛骤至，麦收又告绝望，往往于数十里之内，村无烟火，野绝行人，不闻鸡犬之声，但听鸥枭之鸣，间有少数一息残喘之饥民，则以蓼子蛙卵为食，鹄形鸠面，弱不胜风"。至7、8月之交，各地又连降大雨，黄水再次暴涨，"沿河各县如开封、郑州、中牟、尉氏、鄢陵、扶沟、西华、太康等地纷纷决口，多成泽国，人民流离死亡者，接踵相继"⑤。黄泛自太康西北入涡河后，"流量暴涨，遂于鹿邑西北观武集梁口、时口一带决口四五处之多，东南分流赵王河、清水河、泥河、未唐河，复有支流添溢，淝河南接茨河、东西蔡河一带……四处横溢泛滥，及于淮阳、鹿邑、柘城、沈邱、亳县各县，面积达7500余平方公里，被灾难民达826000余人，财产损失总计4183万余元，形成广阔新泛

---

① 罗来兴：《1938—1947年间的黄河南泛》，《地理学报》，1953年12月，第19卷，第2期。

② 《黄泛区的损害与善后救济》，第4页。另据当年三省地方政府的报告，计有64县受灾，包括河南20县，安徽24县，江苏20县。其中灾情最重者36县。见行政院善后救济总署编：《豫皖苏善后复兴计划》。

③ 《善后救济总署河南分署周报》，第63期，第4页。

④ 中国第二历史档案馆藏，全宗号116，案卷号438，河南省赈济会致重庆赈济会快邮代电，1940年5月3日。

⑤ 中国第二历史档案馆藏，全宗号116，案卷号427，陈果夫致许静仁函，1940年9月28日。

区，纵横数百里，灾民遍野，惨不忍睹"①。

1941 年——凌汛期间，黄河"又决于太康境之王子李，6 月间再决于太康境之逊母口，灾区益形扩大"，自尉氏以下，"横宽达百里左右，汪洋一片，灾黎嗷嗷……其情之惨，笔难尽述，尤以自尉氏张寺集至太康逊母口之一段为甚。该段内农村田庄全被冲没者随处可见。居民十之八九外逃，残留者非老弱即妇孺，均以断垣废墟栖息，以草种水藻果腹。田亩虽有因淤高而露出者，因籽种缺乏，人畜力不足，亦大都任其荒芜，遍生芦苇野柳。留于其中之妇女，多以敌区负贩食盐，或利用池滩盐土制晒硝盐为生，跣足裸臂，涉渡泛水，苦情惨状，见所未闻。至病者无资医治任其死，死者无地葬埋任其漂浮之情况，则更惨矣"②。

1942 年——八九月间，河南"鄢陵、扶沟、陈州等十余县，黄泛为灾，悉受水患。由郑州至蚌埠间宽百余里，长有千余里之地，田禾冲没，庐舍为墟"③。

1943 年——夏间，"皖北各县，黄水泛滥，灾情很是严重。受灾的县份计有：太和、亳县、临泉、涡阳、蒙城、颖上、霍邱、寿县、凤台、怀远、定远、凤阳、五河、灵璧、泗县、盱眙、天长等十多县。灾区面积，广袤几达千里，各县不是全县就是大部沦为泽国"④。据国民党安徽省政府的不完全统计，受灾乡镇 283 个，受灾田亩七百五十二万一千三百九十四亩，受灾人口一百八十五万三千三百四十人，死亡六千零二十六人⑤。

1944 年—— 6 月，"淮河北、涡河南一带地区，颖水各河泛滥"，时至初冬，"而颖城南、太和西北地区，还是汪洋一片，浩荡数十里，其余地方因决堤而田园淹没，庐舍荡尽者很多。沿河堤上，草棚连绵，每逾数十里，形成一幅悲惨的流亡图。据有关方面调查，受灾面积约千万亩，灾民近百万，日

---

① 中国第二历史档案馆藏，全宗号 116，案卷号 425，豫皖边区副总指挥何柱国致重庆赈济委员会电，1940 年 10 月 29 日。
② 《豫皖黄泛区查勘团查勘报告书》，《序言》，第 1 章《黄泛现势》。
③ 中国第二历史档案馆藏，全宗号 116，案卷号 438，旅洛公民苏天命致中央赈委会委员长孔祥熙呈文，1942 年 10 月 7 日。
④ 《新华日报》1943 年 11 月 17 日。
⑤ 中国第二历史档案馆藏，全宗号 116，案卷号 425，安徽省政府主席李品仙致中央赈济委员会电，1943 年 11 月 5 日。

在饥寒线上挣扎，嗷嗷待救"[1]。

1946 年——夏季，皖北各县"大雨滂沱，匝月不止，沙河、淮河、泉河，既被黄水流灌，水位高涨平堤，而各县积水数尺，亦无法宣泄，浸达堤根，无土可以抢救，以致沙、淮、泉各河多告溃决，庐舍漂流，田禾淹没。阜阳、颍上、霍邱、寿县、凤台各县，十九逃难外乡就食，陆沉惨象，不忍入目"[2]。其中，"尤以颍、寿两县为最惨重，城外一片汪洋，逃难者多以小舟在风雨中，与洪涛搏斗"[3]。

翻一翻近代中国洪灾编年史，还很难找到如此大面积、长时间的毁灭性浩劫。就连当时曾经视察泛区的国民党军政要员也不得不承认，泛区民众"所受之牺牲，所遭之痛苦，诚为抗战军民中最大而最惨者"[4]。

抗战胜利后，著名学者韩启桐等在其著作《黄泛区的损害与善后救济》中，根据有关统计资料，对黄泛区的严重灾情作过如下估计：

从淹田面积来看，泛区四十四个县共有一千九百九十三万四千亩的农田被淹，占泛区耕地总面积的 35%。其中河南泛区（二十个县）淹田七百三十三万八千亩，占同区耕地总数的 32%；安徽泛区淹田更广，竟达一千零八十一万九千亩，占耕地总数的 49%；江苏泛区淹田总面积为一百七十七万七千亩，占所有耕地的 14%[5]。大量的村落被巨流无情地吞没了。1946 年 12 月善后救济总署的一份调查报告向人们提供了一系列骇人听闻的数字：在豫东十七县中，被毁村落六千一百四十一个，占原有村落的 45%，淹毁比例占 50%以上的就有八个县，扶沟竟高达 91%[6]。

"蒋介石扒开花园口，一担两筐往外走，人吃人，狗吃狗，老鼠饿得啃砖头"。在九年黄泛时期内，整个泛区共有三百九十一万一千三百五十四人出外逃荒，占人口总数的 1/5。河南泛区原有六百七十八万九千零九十八人，逃亡一百十七万二千六百三十九人，平均逃亡率为 17.3%，其中最高者属西华，为 67.7%，他如扶沟为 55.1%，尉氏 52.2%，太康 32.2%，陈留 27.4%，项

---

① 《解放日报》1944 年 12 月 4 日。

② 《申报》1946 年 8 月 22 日。

③ 《申报》1946 年 7 月 16 日。

④ 《豫皖黄泛区查勘团查勘报告书》，第 1 章《黄泛现势》。

⑤ 《黄泛区的损害与善后救济》，第 18 页。另，河南省政府的调查数据为 6516103 亩，行政院善后救济总署公布的数据的 9232600 市亩。

⑥ 《黄泛区的损害与善后救济》，第 7 页。

城、商水、通许、中牟均在 10% 以上。安徽泛区原有人口九百零五万五千八百五十七人，逃亡二百五十三万六千三百十五人，平均逃亡率为 28%，较高者如五河、颍上、凤台、灵璧，依次为 78%、57%、41% 和 41%，其他除临泉为 7.5% 外，均在 10% 以上。江苏泛区逃亡人数相对较少，共计二十万零二千四百人，平均逃亡率为 5.7%。人口的死亡也十分惊人。泛区三省共有八十九万三千三百零三人在洪流浊浪中惨遭灭顶之灾（其中河南泛区三十二万五千五百八十九人，安徽泛区四十万七千五百十四人，江苏泛区一十六万零二百人），占泛区总人口的 4.6%。其中被灾较重的县份，死亡率就更高了。如河南的扶沟、尉氏、通许等县分别达 25.5%、26.8%、12.9%，加上逃亡人数，则各县所余人口已寥寥无几。① 在这些地方，黄水漫漫，芦苇丛生，淤沙堆积，地貌变异，常常是荒草河滩，延绵几百里，不见人间烟火。

　　至于经济损失，也空前惨重。据韩启桐等人的估计，三省泛区农工各业经济损失，折合战前币值为十亿九千一百七十六万二千元，泛区民众每人平均负担五至六元，按照当时我国人均国民收入计算，等于一千九百多万人将其一年多的劳动所得，全部投入黄水；而且，"其中大半属生产及生活设备（按：因属不动产，或重量大，水发时不易移动），则其影响国民经济之大，固非货币数据所能表达矣"② 据调查，在河南扶沟县的农村，大概每三家或四家才有一头牲畜，每五个人仅有一把或两把锄头，生产工具极度匮乏③。这样，在大量的土地、房屋、生命等被汹涌的洪流吞没之后，残留在黄泛区的民众连原本十分落后的向大自然索取生命之源的生产能力，也被剥夺殆尽了。"家无家，粮无粮，刀尖之上过时光。"人类在这里仿佛倒转回了五六千年以前靠采集和捕鱼为生的原始时代。因此，也就难怪泛区人民广泛流传着这样的一句口头禅——"黄河把我们杀了！"④ 寥寥数语，一字一泪，饱含着千百万泛区民众无限的惨痛和无尽的哀怨。

　　然而，泛区民众的灾难远远不止如此。沙淤、旱荒和蝗害，也纷纷降落到千百万灾民的头上。我们知道，挟沙而行的黄河自古就以其"善决、善徙、善淤"的特点而闻名于世，因此，奔腾咆哮的黄河，在使泛区人民饱尝洪流

① 《黄泛区的损害与善后救济》，第 33、22 页。
② 《黄泛区的损害与善后救济》，第 33、34 页。
③ 《黄泛区的损害与善后救济》，第 44 页。
④ 《河南民国日报》1943 年 6 月 21 日。

肆虐的劫难之余，还带来了积水淤沙的巨大祸患。黄泛九年，洪水大约把一百亿吨的泥沙倾泻到了淮河流域，在泛区平原形成了广袤的淤荒地带。河南省距决口最近，受患最重。据善后救济总署调查处的一份报告，河南"黄泛区面积共计5821平方公里，淤沙面积约计为1377平方公里"。① 其深度常达一丈五尺以上，安徽次之，一般在三尺到六尺左右，但颍水两岸淤积较重，可见到三至四公尺的淤积层，江苏省有些地方也有数寸至一尺左右的淤沙②。淤沙使淮河流域大片良田沦为沙丘，并极大地恶化了生态环境。如河南省"黄泛主流经过区域，如尉氏、扶沟、西华、太康等县境……堆积黄土浅者数尺，深者逾丈，昔日房屋、庙宇、土岗已多埋入土中，甚至屋脊也不可见"③。据战后有关方面对这种涸出地面的调查，"其表土上的植生情况，可分下列四种：（1）砂地——砂土地，表面上植株较少，土地面积不大；（2）芦苇地——满生芦苇及杂草，如由尉氏樊家寨迤南至扶沟的白潭、太康的崔桥、扶沟或练寺以南至西华等处；（3）芦苇柳树地——芦苇地上杂生柳树……如樊家附近及鄢陵北部；（4）柳树地——地上满生柳树成林，芦苇等杂生其间，如太康境里的岗子上以南之柳树地，长约80里，宽30里至40里不等"④。

不惟如此，黄沙淤积还严重破坏了淮河上下游干支流水系。贾鲁河、沙河、颍河、涡河等水系及褚河、楚河、双泊河、白马沟、东西蔡河等均有不少河段被淤成平地。淮河干流颍河口至正阳关一段，也曾一度淤塞不通。自凤台至洪泽湖之间淮河南北岸的茨河、北淝河、浍河、泉河、澥河、沱河及天河、洛河、池河等各支流河口一段均被淤浅。据新中国淮河水利委员会1950年调查，上述各河被淤浅的长度短则五公里至十公里不等，长者达四十公里，乃至七十公里，西淝河被淤的三市镇至河口段长达一百十公里，淤泥厚度平均自一至三公尺不等⑤。淮河流域的排水系统更加紊乱了。不少河段因此肥大膨胀，或竟至形成长形湖泊。皖境霍邱的东湖、西湖及寿县的城西湖、瓦埠湖、江苏的洪泽湖等也因黄潮顶入而不同程度地加快了淤积的速率。创痕累累的泛区水系自此极大地降低了自身的容泄能力。这固然是九年黄泛的

---

① 《河南省战时损失调查报告》，《民国档案》1990年第4期。
② 《黄泛区的损害与善后救济》，第45、20页。
③ 《黄泛区的损害与善后救济》，第6页。
④ 汪克俭：《黄泛区工作特述》，《善后救济总署河南分署周报》，第100期，第2页。
⑤ 罗来兴：《1938—1947年间的黄河南泛》，《地理学报》，1953年12月，第19卷，第2期。

直接后果，反过来又构成了黄泛愈趋严重的一大原因，并为以后淮河流域的重大水灾埋下了隐患。而且，由于各水系的紊乱和平原地带的淤荒，又使泛区严重丧失了抵御亢旱的自然能力。据 1941 年的调查，自太康大隆岗向正西经大新集至周家口以下达界首集一带长约三百华里、宽达二十余华里的泛区，"支流纵横，淤滩满目"，"水涨时漫流四散，深不过数公寸，水落后细沟数道，宽不过百公尺"①，极易形成干旱缺水的状态。实际上在九年黄泛的中后期，旱情即不断出现，且愈到后期，旱区愈大，灾情愈重。1942—1943 年度以及 1946 年间更演成赤地千里、饿殍塞途的惨况。

与水旱灾害的发展相适应，蝗灾也日益猖獗。蝗虫在我国历史上是危害农作物最严重的害虫之一，其繁殖场所主要是河边、湖滨以及浅海滩涂等旱溢无常的地带。据清代顾彦《治蝗全书》载："大河、大湖、大荡水边有草处，如水不常大盈满；小河、小港、沟漕滨底有草处，水不常满，忽大忽小，忽有忽无，则生蝻。芦稞滩荡及一切低潮有草处，水常有，浅而不深，日晒易暖，则生蝻。"芦苇丛生、淤滩满目的黄泛地带，恰好为蝗蝻的滋生和繁殖提供了极为适宜的生长环境，并成为蝗虫为患中原的大本营。1941 年，河南扶沟、淮阳、鄢陵、尉氏等县即发生蝗灾②。1942 年泛水沿岸及商水、项城、临汝、太康等地，"飞蝗漫天猝至，旷野迷离"，所到之处，"地无绿色，枯枝遍野"③。至 1943 年，飞蝗遍及豫皖泛区并向四周蔓延，形成历史上罕见的特大蝗灾。皖北各县，继黄淮泛滥之后，"蝗虫遍地"，大片禾稼失收④。河南泛区更为严重，蝗虫"蔽日盈野"，"掠河西飞"，其"蔓延之速，势如燎原"，面积广达五十六个县⑤。此外，还"飞越黄河，侵袭到豫北，至太行山麓的林县、安阳"，连太行抗日根据地的人民也深受其害⑥。1944 年河南遭旱蝗灾者仍有四十二个县⑦。1945 年 23 县蝗灾，滑县、卫南、高陵一带也被侵入⑧。

---

① 《豫皖黄泛区查勘团查勘报告书》，第 1 章《黄泛现势》。
② 中国第二历史档案馆藏，全宗号 116，案卷号 438，河南省赈济会：《元月至十月各县灾情调查表》。
③ 《新华日报》、《太康县志》1943 年 9 月 7 日。
④ 《新华日报》1943 年 11 月 7 日。
⑤ 中国第二历史档案馆藏，全宗号 116，案卷号 438，河南省政府主席李培基致中央赈委会电，1943 年 8 月 2 日。
⑥ 王锡朋：《1943 年——中原蝗灾录》，《民国春秋》1991 年第 1 期。
⑦ 《解放日报》1944 年 10 月 28 日。
⑧ 《大公报》1945 年 7 月 2 日；《解放日报》1945 年 7 月 8 日。

1946年皖北二十四个被水县份；"几乎没有一县不兼受蝗虫之灾害"[1]。1947年河南蝗害又起，据河南善后救济分署治蝗委员会的调查，其发源地集中在泛区内扶沟属之练寺区、西华属之红华集及西华老城区和淮属之周口区，总面积近一千方里[2]。因黄泛而更加频繁的蝗灾逐渐演变成为泛区民众另一重大灾难之源。它和水灾、旱患、沙荒及其他各种蜂集而来的天灾人祸，交替并作，把辽阔中原变成了一座偌大无比的"人间地狱"。

堵建工程的内战阴影

国民党军政当局为了平息舆论，稳定政局，自1938年花园口决口之后直到抗日战争胜利之前，也多少做过一些救济和善后工作。其主要内容可以归纳为以下几个方面：

（一）办理急赈，安抚灾民。决口后不久，国民政府派遣中央赈济委员会副委员长屈映光等人赶赴灾区，一面视察泛情，一面在当时黄水经过的郑县、中牟、开封、尉氏、扶沟、洧川、鄢陵、西华、淮阳、太康等十县散放赈款，同时又沿平汉路、陇海路及在平汉线以西陇海线以南各县分设难民收容所，"招待流离失所之难民"[3]。

（二）实行以工代赈，修筑防泛新堤。河南省防泛工程由黄河水利委员会会同第一战区长官司令部、河南省政府等有关军政机关组织的黄河防泛工赈委员会主持修建，总长三百十六公里，分两期完成。第一期于1938年7月间兴工，同年9月竣工，上自花园口决口以西的黄河老堤起，沿泛水西岸，下接郑县圃田境的陇海路基，全长三十二公里[4]。据称，该堤"可屏卫六百万亩土地，一百六十万人口"[5]。第二期从次年4月始续修，至7月间完成。上接郑县圃田境，"经中牟、开封、尉氏、扶沟、西华、淮阳等县境，至周家口沿沙河南岸，迄皖境之界首集止"，计长二百八十四公里[6]。安徽省当局也奉命

---

① 《申报》1946年10月29日。

② 《河南善后救济分署周报》，1947年10月20日，第93期。

③ 《河南民国日报》1938年7月5日。

④ 《豫皖黄泛区查勘团查勘报告书》，第2章《防泛工堤修筑情形》。

⑤ 《河南民国日报》1938年9月9日。

⑥ 《豫皖黄泛区查勘团查勘报告书》，第2章。

组织淮域工赈委员会，"沿溃水所至之处，以工代赈"，其"战时施工者为上游阜阳、太和、颍上、凤台、霍邱、涡阳、蒙城、临泉、寿、亳等十县"，共长一万三千零十五公里[①]。

（三）设立垦区，移民垦荒。国民政府先后在陕西南部的平利、陕西北部的黄龙山以及河南西部的邓县设立国营新垦区，遣送黄灾难民从事生产[②]。

上述措施，特别是后两项，曾被国民政府视为"抗战建国"的"新绩"而津津乐道，但是其实际效果同黄泛区人民所遭受的前所未有的灾难相比，实在是微不足道了。截至 1938 年底，国民党各级政府投入河南灾区的款项包括急赈、工赈及移垦费等总共不过一百二十二万一千元，而江苏和安徽则更少，分别为十五万元和五千元[③]。此后各省对于泛区灾民的赈济无不如此。1940 年安徽省泛区"灾区辽阔，灾民众多"，但从中央到地方发给灾民的赈款，平均"每人只有二分"[④]。二分钱，对于在死亡线挣扎的灾民来说，连苟延残喘的作用都起不到。至于历年修筑的防泛堤工，堤身极为卑薄，如河南防泛西堤，平均高度仅二公尺，顶宽四公尺至六公尺不等[⑤]，根本不足以抵御狂放不羁的洪流巨浸；加上堤工完成之后又交由黄委会分段设防，而"该委员会遥居西安，深藏后方"，对于各处险工并不能"预为防范"[⑥]，因而即使在非泛期间也频繁决口，收效甚微。真正担当御灾捍患之责任的仍是那些历经浩劫、孤助无依的孑遗之民。

国民政府之所以一任狂流肆虐而没有实施有效的堵口复堤工程和善后救济工作，固然同当时狼烟四起的战争环境有关，但是更具实质性的原因则在于，以蒋介石为首的最高军政当局在整个的中原抗战过程中，始终没有改变在决口之初就抱定了的"以水代兵"的消极防御路线。在他们看来，广漠无垠的黄泛区域无异于保卫"大后方"的一道巨大的"天然屏障"，因此也就不愿意从根本上去治泛堵口。1941 年 9 月至 11 月，一个由国民党军事委员会

---

① 安徽省淮域工赈委员会编：《安徽省淮域工赈防黄工程概况》，1946 年 11 月，第 1 页。
② 陈禾章、沈春雷编：《中国战时经济志》，1948 年版，第 7 章，第 7 页。
③ 陈禾章、沈春雷编：《中国战时经济志》，1984 年版，第 7 章，第 7 页。
④ 中国第二历史档案馆藏，全宗号 116，案卷号 425，李司令长官（宗仁）电，1941 年 1 月 13 日。
⑤ 《豫皖黄泛区查勘团查勘报告书》，第 2 章。
⑥ 《河南民国日报》1943 年 7 月 6 日。

西安办公厅，第一、五两战区司令长官部，豫皖两省政府，黄河水利委员会及导淮委员会共七个机关联合组成的"豫皖黄泛查勘团"，在对花园口至正阳关之间的黄泛情形"周历详勘"后，就曾暗自庆幸"四年来之暴敌不获西逞，中原得告无恙，实所利赖"①。不过从 1940 年开始，由于河道淤垫，泛水大溜东流于太康、淮阳之间，而淮阳以西以南的旧泛区则几乎断流，使得豫皖中国守军受到淮阳日军随时进击的威胁，该考察团为此又提出了三条"整理"意见：一是"收复淮阳使泛流尽走新泛区"，二是"改流回归淮阳南旧泛区"，三是"任其泛滥，就势导引"，"藉地之高者，筑无碍于军事之圈堤，就地之洼者，作有利于阻敌之川沟，略作补救"②。尽管拟议者反复声称"国防民生，统筹兼顾"，但毫无疑问，上述建议无论哪一条付诸实施，都与根治黄泛、拯救民生没有任何关系，滚滚浊流在他们的心目中不过是一条可以恣意推来阻去的"祸水"而已，姑无论该组织在再三权衡之后最终倾向于"任其泛滥"的第三策了。这实际上是国民党片面抗战路线的继续和发展。从军事的角度看，与日军在豫东占领区强迫民众兴筑防泛东堤以逼水西进的用心并无二致。

尤有甚者，尽管泛区人民已经被无情的黄水剥夺得一无所有而陷入九死不复一生的凄惨境况，国民党军政当局对他们的赋役征派并不曾稍减。虽然"在表面上政府明令泛区免税，但事实上，地方之苛捐杂税名称繁复，且以军事频繁差役摊派更属重重"③。前面曾提到过的记者冠生，在刚刚决口之后就报道了"征兵"这样"一个严重的问题"。这位记者感叹说："被灾无能为生者都纷纷逃走了，征兵时还要按定额人数征集，缺名的壮丁没有办法，只有联保大家来分摊雇人当差，每保平均分摊百余元二百元不等。这样，民众的地被淹了，房倒塌了，麦子冲跑了，每天忙着抢堤救灾，还得出钱雇佣兵员，真是千难万难。"④ 但是这种负担与人民对于修筑堤坝工程的负担相比，则又微乎其微了。据 1943 年 6 月 21 日《河南民国日报》的社论揭载，沿河各县"每年所用的人工和所出的兵役比较起来，至少要多出十倍以上，人民所出的食物火料，比所出的赋税和捐派多上数倍。"

① 《豫皖黄泛区查勘团查勘报告书》，第 1 章《黄泛现势》。
② 《豫皖黄泛区查勘团查勘报告书》，第 1 章《黄泛现势》；第 4 章《整理意见》。
③ 《黄泛区的损害与善后救济》，第 46 页。
④ 《河南民国日报》1938 年 8 月 25 日。

"豫皖黄泛查勘团"在其机密报告中也承认"此诚傍近黄泛居民之又一重大负担"。据其披露，当时的政府对兴筑的堤坝，都拨有专款，"但兴修工料，率皆摊派于附近居民，所定之价既与市价相差甚巨，所发之价大逊于所定者几倍，其中再经各级经手者之折扣缺发，至实发给作工出料之人民者，已微乎其微"，因此，灾区居民"对每堤坝工程所费之总数，恒十数倍于政府所出者"。如皖北新堤，每一立方土定工价洋一角，但民户则须交纳一元多，而且直到1941年下半年，"当局所实发到二十八、二十九年（1939年、1940年）工价，多者每公方五分，少者仅及八厘，三十年度，则分文未发"，再加之各级经手人"扣除其管理领发之费，所能发及民户者几许，不难推断"①。因此，国民政府组织兴建的防泛堤工，不仅没有能够阻挡得住滚滚洪流的侵袭，反而成为强加在泛区民众脖子上的一条沉重的锁链。

至于国民党驻防军队的行为，更加令人发指。本来国民政府曾明令沿途驻军对泛区逃亡民众予以"护送"，但事实如何呢？1941年在泛区考察的那些国民党军政大员似乎也为之震惊了。据云：

> 河防部队扎其渡口，灾民无钱则不得过，接送灾民船只，扣供走私之用。濒灭哀鸿，亦只有望洋兴叹。其扶老携幼，泥水涉渡，辗转数十天尚不得登岸者，随处可见，曾有男女老幼灾民数百名停留于太康县大新集附近之泥滩中，鹄候月余，死病尽有，仍不得西渡，为本团所亲见。而查当时先后驻该地之河防驻军，则均扣有大批船只，以供来往运私就中取利之用。至其勒索之重，更为苛及灾黎。彼等规定来往灾民处之贩卖蒸馍及零食者，每人过渡一次亦须缴纳渡口捐三毛，致在大新集街三角一个之蒸馍，到达约三里之灾民处，即加卖至五角，其情形之惨，可谓吮血吸髓。②

抗日战争胜利之后，黄泛区广大民众似乎迎来了一线生机。早在1943年11月9日，当第二次世界大战的战略形势开始发生转折之际，联合国四十八个会员国在华盛顿签约成立"联合国善后救济总署"（以下简称"联总"），

---

① 《豫皖黄泛区查勘团查勘报告书》，第1章《黄泛现势》。
② 《豫皖黄泛区查勘团查勘报告书》，第1章《黄泛现势》。

标明其宗旨"为运用联合国家之联合资源与技术,为战争停止之区域,进行善后救济工作"。① 1945 年 1 月,国民政府依据有关国际条约的规定,成立"行政院善后救济总署"(以下简称"行总"),负责实地执行中国战区的善后救济事宜。兼受战火蹂躏和洪灾泛滥的黄泛区域受到了"特别"的关注。在行政院于 1944 年向"联总"提出的《中国善后救济计划书》中,黄泛区域即被列入其十大分类计划之中,花园口堵口复堤工程则作为黄泛区"复员工作第一急务"。1946 年春,豫、皖、苏三省善后救济分署相继成立。次年 4 月,在黄河堵口工程完成后,"行总"又编制成《豫皖苏泛区复兴三年计划纲要》,并成立"黄泛区业务临时执行委员会"。至 1947 年 11 月底,将近两年时间的黄泛区善后救济工作宣告结束。

与战时的救灾工作相比,这次对黄泛区的善后救济计划设想得比较庞大,包括:(一)堵口复堤,疏浚河道,清淤除荒,防沙造林;(二)在交通要道设立难民接待站,在泛区设立粥厂、贫民食堂、残老收容所、医院等食宿机构及医疗组织,动员难民返乡归耕;(三)向灾区发放或贷放农业生产资料,同时举办各种小型习艺工厂;(四)修复校舍、兴建公路、举办城市公共工程②。

从 1946 年至 1947 年,"行总"向黄泛区拨放了一批物资和贷款③。据《黄泛区的损害与善后救济》一书宣称,共修复河堤九百八十余公里(不包括花园口堵口工程),收容难民一百三十三万四千一百九十一人,医治难民十九万六千零三人,在凿井修路、植树捕蝗等方面,也取得了一些进展④。

然而,这次善救工作远远没有达到"行总"所宣称的目标。由于它是在"行总"的领导之下利用"联总"提供的物资来实施的,因而就决定了其工作的临时性和物资供应的有限性。正如河南分署的一些官员所说的,"以八年来的灾难,要用不到两年的时间去救死扶伤,而使创痛皆起","自不免要感到推进业务的困难"⑤;尽管一些工作人员也曾"费尽心思,想叫那一片人民活起来,土地能够生长东西",但是"这个工作,可以说刚刚开始,也可以说

① 国民政府行政院:《行政院善后救济总署工作报告》,1947 年,第 1 页。
② 参见《黄泛区的损害与善后救济》。
③ 国民政府行政院:《两年来的善后救济》,1947 年,第 38 页。
④ 《黄泛区的损害与善后救济》,第 74、81、84、93 页,附表 27、附表 28、附表 29、附表 31、附表 32、附表 37、附表 38、附表 39、附表 40。
⑤ 《善后救济总署河南分署周报》,第 100 期,第 13 页。

只是一种尝试"①。该省的善救工作虽然比其他两省略见成效，但还是根本无法与黄泛期间相应的损失相比。在全部被淹土地中，只有36.21%涸出待耕，复耕的更少，约有22.05%，被接遣归耕的难民也仅相当于所有逃亡人数的39.51%。至于发放的食粮、农具、牲畜、修建的房屋则更少，分别占损失数的1.19%、11.85%、0.02%和0.12%。②所以，当时泛区的工作人员在工作结束时就曾感叹道："归来的难民，虽然受着我们的救济，但是粥少僧多，杯水车薪，并且在缺乏农具的情况下，也没有生产能力。他们没有衣服穿，没有粮食吃，没有房子住，也没有工作做。在这样风雪严冬之时，他们的确是不易活着呢！"③

即使是已经进行的救济事项，在具体实施过程中也存在着很大的弊端。由于"行总"和各分署及其所属机构的业务，大都采取合作办理、委托办理或径交地方政府办理等形式，这就使得国民党政权在覆灭前夕那种无以复加的官僚积习和腐败之风得以大量侵入，从而严重地腐蚀了善救工作。如当时各项工程均实行以工代赈，这些工程大都交由政府机关办理，花园口堵口工程及各县市工程不少采用落后的"包工制"，因此"工人所获的实惠，遂在层层刮取下，招受剥削"④。而且这些堵口复堤的工人，大部分是由地方政府强行征派而来的，极大地妨碍了泛区灾民的农业生产；加上"行总"在工赈工程中"仅能补助工人食粮，对其他建筑费、材料费，按照规定均不在补助之列，故各县办工赈之际，闻有向民间摊派材料费、工款等"⑤，结果加重了灾区人民的赋役负担。

进而言之，"行总"毕竟直属于黑幕重重的国民党政府行政院，而所有物资又大都来源于积极支持国民党发动内战的美国，因此，在工程执行过程中必然秉承国民党及其后台美国当权派的意旨，而远远背离了"联总"声称的灾区赈济"不以宗教政治信仰种族之不同而有差别"的一般原则。抗战胜利之后，泛区的政治环境错综复杂，国统区和解放区交织并存，时有变动。在1947年4月至5月间，河南泛区国民党占领区只占5%，双方争夺区域占

① 《善后救济总署河南分署周报》，第100期，第1—2页。
② 《善后救济总署河南分署周报》，第100期，第58页。
③ 《善后救济总署河南分署周报》，第100期，第2页。
④ 《黄泛区的损害与善后救济》，第78页。
⑤ 《善后救济总署河南分署周报》，第100期，第19—20页。

20%，解放区占 70%；皖北泛区，国统区占 65%，争夺区占 30%，解放区 5%。而苏北在 1946 年 8、9 月前完全为解放区，同年 11 月才被国民党军队占领[1]。因此，尽管"行总"一再声称"公平原则"，实则对解放区的施救极为有限。河南省的救济工作多偏于泛西部分，江苏省自始至终并未在人民政权所在的泛区推行救济工作，"其工作之重心在江南，即在苏北所救济之难民，又多为政治难民，而真正应受救济的泛区难民，并未受到救济"[2]。实际上自 1946 年 7 月后，除了皖东北地区勉强坚持到次年 2 月，对其他解放区的救济工作均完全停顿[3]。

特别需要指出的是，在新旧中国两种命运大决战的前夕，国民党政府这项很不成功的善救工作，还包藏着一种不可告人的祸心。早在抗日战争期间国民党军队从中原大地溃退时，中国共产党领导的抗日武装就已挺进敌后，逐渐在黄河故道的河床及两岸开辟了冀鲁豫解放区并山东解放区之一部。人民武装还深入泛区，寻找和组织劫后残生的人民群众，发给他们种籽农具，帮助他们开垦荒原，重建家园。抗日战争胜利后，故道之内早已拓荒建村，拥有四十余万（一说五十余万）居民。而故道两岸的堤防，因年久失修或战争的破坏已残破不堪，不足以抵御洪流。因此，在堵决花园口黄河决口之前，理应移民复堤。但蒋介石却故伎重演，先是下令于 1946 年 3 月 1 日在花园口秘密兴工堵口，其后又置中国共产党的抗议和社会舆论的压力于不顾，在双方谈判未有进展之时，迫不及待地严令迅即堵筑决口，"限期完成，不成则杀"[4]。其用意无非是要将豫皖泛区移于豫北、山东，"利用黄河水势，淹死鲁、豫解放区的人民和部队，隔断解放区的自卫和动员，破坏解放区的生产供给，以便于他的进攻和侵占，以达到他的军事目的"[5]。这种引导祸水北移、反共反人民的举措，实际上是国民政府决口之初的"以水代兵"政策在新形势下的继续和发展，只不过用心更为险恶、手段更加拙劣而已。蒋介石的这一罪恶计划虽然被解放区军民"反蒋治黄，保家自卫"的复堤运动所击败，但终究给"泛区重建"工作蒙上了一层巨大的阴影。实际上，随着全面内战的爆发和不断地扩大，连国统区的善救工作也很快趋于停顿，泛区难民在抗战胜利之初迎来的一线曙光也很快消失于弥漫四起的战火与硝烟之中了。只有到了新中国成立之后，当"要把黄河的事情办好"，"一定要把淮河治好"的巨人之声骤然响起、沛然充御于神州大地之时，历史上久祸中原的黄水才开始向人们露出灿然的微笑。

10 兵荒交乘：1942 年至 1943 年的中原大旱荒

1941 年 6 月以后，随着苏德战争和太平洋战争的相继爆发，第二次世界大战在全球范围内展开，在穷凶极恶的法西斯势力的猖狂进攻面前，整个人类的命运面临着有史以来最严峻的战火考验。

与此相应，中国的抗日战争也进入了最艰苦的阶段。日本帝国主义为了准备和支持太平洋战争，急于解决中国战事，从 1941 年到 1942 年，在中国战场上发动了自 1938 年武汉会战以来不曾有过的大规模军事攻势。在国民党的正面战场，侵华日军实行政治诱降和军事压力双管齐下的战略，不仅加强了对东南沿海地区的经济封锁，切断了国民党西南大后方唯一的国际交通线——中印滇缅路，还在晋南豫北、鄂北豫南、湘北、浙赣等地先后展开了一系列的"肃清讨伐"，攻破了国民党屏卫大后方的中条山防线，两度蹂躏长沙，并打通了浙赣线，使据守西南的国民党政权几乎陷入四面楚歌的境地。在解放区战场，则集中了 64% 的侵华日军和几乎全部伪军，疯狂地扑向中国抗战的中坚八路军、新四军以及抗日根据地的广大人民，尤其是在华北地区，连续发动了以五次灭绝人性的"大扫荡"为核心的所谓"治安强化运动"，其规模之大、时间之长、手段之残酷，为世界战争史所少见。而国民党蒋介石集团政治上也日趋反动，在日寇的政治诱降和军事进攻面前，一味地坚持"消极抗日、积极反共"的既定方针，一面在正面战场上丢城弃地，避战自保；一面又加紧对抗日根据地的包围和封锁，并指使其军队和官员，在"曲线救国"的幌子下大批投敌，配合日军向抗日根据地发动进攻。根据地的面积缩小了，人口减少了，武装力量也受到了很大的损失。人民的抗日战争陷入了极端严重的困境。

"屋漏偏逢连夜雨"。正当这民族决战空前惨酷、阶级斗争潜流涌动之际，一场旷日持久的特大干旱，夹杂着蝗、风、雹、水等各种灾害，又汹涌而来，在 1942 年、1943 年两年，横扫了黄河中下游两岸的中原大地，[①] 在南至鄂北皖北，北至京津，东濒大海，西迄崤山吕梁山的广大范围内，形成数十年未有的大祲奇荒。天灾战祸，交相煎迫，把这一片苦难深重的土地变成了一座人间炼狱。

巨祲发生在抗战最艰苦的时刻

我们不妨从发生在国民党战时首都重庆的一桩颇为著名的新闻公案说起：

1943 年 2 月 1 日（农历腊月二十七日），时近中国传统的农历春节，重庆版《大公报》突然刊载了记者张高峰上午 12 月从河南叶县寄来的一篇通讯，向大后方人民首次披露了那里发生大饥荒的消息。第二天，该报又发表了题为《看重庆，念中原!》的社论。社论指出，当重庆的阔人们竞奢斗侈、花天酒地的时候，河南"那三千万同胞，大都已深陷在饥馑死亡的地狱。饿死的暴骨失肉，逃亡的扶老携幼，妻离子散……吃杂草的毒发而死，吃干树皮的忍不住刺喉绞肠之苦，把妻女驮运到遥远的人肉市场，未必能够换到几斗粮食。"但令人不解的是，直到记者调查的时候，还未见政府"发放赈款之事"，尤其"令人不忍的，饥荒如此，粮课依然。县衙门捉人逼拶，饿着肚纳粮，卖了田纳粮"，想不到杜甫《石壕吏》中咏叹的情景，"竟依稀见之于今天的事实"，"看重庆，念中原，实在令人感慨万千"！

平心而论，《大公报》只是凭着新闻工作者的良知，为河南人民说了几句真话，不料却激起了轩然大波。当天晚上，重庆新闻检查所立即给报社送去了国民党军事委员会勒限该报停刊三天的命令。2 月 4 日国民党《中央日报》又在没有对手的情况下，以"赈灾能力的试验"为题，抛出了一篇反驳《大公报》的奇文。该文为了掩盖国民政府不恤民命、救灾不力的真相，居然把"河南人民所受之苦痛"视之为"天降大任之试验"，认为"中国正是一个天将降大任的国家"，自然应该像古圣人孟子所说的那样，要"经受种种（天）之磨炼，增益其所不能"。一夫独唱，万众齐喑，千百万中原同胞在临近死亡之时，连呐喊几声的权利也被剥夺了。

---

① 这里的中原，狭义指河南省，广义指黄河中下游地区。

　　然而，颇具讽刺意味的是，早在1942年7月份，国民党中央政府的一些高级官员就已注意到河南省的灾情了。7月29日，何应钦在给许世英的一封信中透露，河南省"今岁入春以还，雨水失调，春麦收成仅及二三成，人民已成灾黎之象。近复旱魃为虐，数月未雨，烈日炎炎，千里赤地，禾苗亦患枯槁，树木亦多凋残，行见秋收颗粒无望，灾情严重，系数年所未有"①。这封信大致地反映了河南省旱灾的情况，但称灾情"系数年所未有"，却又大大低估了它的严重程度。因为就全省范围来说，旱情仍在持续发展并且不断地蔓延，大部分地区除了夏秋之交稍有雨泽外，此后自秋徂冬，滴雨未见，巩县、登封、密县、荥阳一带，"高粱苞谷高不盈尺，荞麦红薯亦不能下种"②。豫北敌占区入夏以后，也亢阳为虐，"赤地千里，大部土地均没有种上，玉米有的不曾出土就已干死，豆子颗粒无收，谷子每亩最高收成量是三升多，坏的不过一升"③。除旱灾之外，风、霜、雹、水、蝗等各种灾害，也交相侵袭。大约在4、5月间，"豫西遭雹灾、黑霜灾，豫南豫中有风灾，豫东有的地方遭蝗灾"④。尤其是豫南各县，"丰收原本可望"，但在将要麦收之时，"大风横扫一周之久，继之以阴雨连绵"，致使"麦实满地生芽"，收成不过三四成而已⑤。入秋之后，豫西一带仅存的荞麦，又因"一场大霜，麦粒未能灌浆，全体冻死"，而黄泛区则"黄水溢堤，汪洋泛滥"⑥。鄢陵、扶沟、陈州等十余县，尽成泽国，"由郑州至蚌埠间宽百余里，长有千余里之地，田禾冲没，庐舍为墟"⑦。与此同时，泛水沿岸及商水、项城、临汝等地，又发生蝗灾，凡蝗虫所至之处，"地无绿色，枯枝遍野"⑧。整个河南无县不灾、无灾不重。据河南省政府的调查，受灾特重县份，计有郑县、广武、禹县、偃师、许昌、鄢陵、襄城、南召、郏县、密县、荥阳、临汝、孟津、巩县、尉氏、中牟、登封等十八个县，最重县份有洧川、新郑、郾城、长葛、宝丰、西华、扶沟、宜阳、汝阳、叶县、新安、鲁山、临颍等十三个县，重灾县份有淮阳、镇平、

① 中国第二历史档案馆藏，全宗号116，案卷号438，何应钦致许世英函，1942年7月29日。
② 张西超等著：《战时的中国经济》，科学书店1943年版，第121—122页。
③ 《解放日报》1942年10月31日。
④ 《大公报》1943年2月1日。
⑤ 中国第二历史档案馆藏，全宗号116，案卷号438，参政员马乘风报告。
⑥ 《大公报》1943年2月1日。
⑦ 中国第二历史档案馆藏，全宗号116，案卷号438，旅洛公民苏天命呈文，1942年10月7日。
⑧ 《新华日报》1942年9月7日。

舞阳、方城、嵩县、项城、光山、潢川、罗山、洛宁、沈邱、商水、伊川、渑池、伊阳等十五个县，次重县份有西平、遂平、汝南、确山、上蔡、南阳、正阳、息县、内乡、阕乡、陕县、灵宝、卢氏、新蔡、固始、经扶、淅川等十七个县，轻灾县份有商城、邓县、唐河、泌阳、新野、信阳、太康、桐柏等八个县，总计共六十七个县①。只是这些县份仅指国统区，如果加上沦陷区，则受灾县份几乎囊括全境。《大公报》的记者报道："河南一百十县，遭灾的就是这个数目"，并非虚言捏造。次年8月河南省政府主席李培基在总结1942年的灾情时也承认这一事实，并指出在有调查的九十六个县中，受灾总面积计五千零九十一万七千六百四十四亩，秋灾总面积五千四百六十三万零六百四十亩，两季平均约占各县耕地总面积的82%，而收获成数合起来不过4成左右，因此在九十六个县一年通常的总食用量中，至少有75%的粮食没有着落②。据调查，仅在国统区的七十二个县中，就有一千六百多万人食不自给，约占全省人口的1/3，其中数百万人"几无颗粒之存储"③。即使按照《国民政府年鉴》中缩小了的数据统计，待赈人数亦达一千一百四十六万，其中非赈不活者约二百万人。

就通常的情形而论，由旱灾引发的饥荒是有一个缓慢积累的过程的。但这一年河南的饥荒却来得特别早，差不多在夏季小麦歉收的同时，各地即普遍形成了饥馑流离的大荒之象。从当时刊行的河南《银行通讯》自郑州、南阳、许昌、陕州、新蔡、镇平、方城等地搜集的经济情报来看，7、8月间，由于春麦失收，秋禾干枯，各地粮价均"飞涨不已"，郑州各种粮价平均高涨一倍，每市斗由四十余元涨至八十余元，"粮价飞涨之速，为抗战以来所仅见"；镇平涨风更炽，8月份小麦每斗已达一百四十元，大米则高达二百元，各地农民生活"日形艰苦"，或集结老幼进城乞求救济，或相率出境谋食他方，南阳乡间甚至"十室九空"，"卖儿鬻女之事，时有所闻"④。入秋之后，各地粮价有如脱线的风筝扶摇直上，在洛阳，"半升小麦的价格高达80元法币（合市斗1600元）"，树叶在霜降之前"比较便宜"，但也要一升一元法

---

① 《河南政治月刊》，1942年9月号，第70页。
② 《河南民国日报》1943年8月3日。
③ 《河南民国日报》1943年4月11日。
④ 《银行通讯》，1942年10月，第3卷，第9、10期合刊。

币①。德籍中国友人王安娜在她的《中国，我的第二故乡》一书中曾回忆说："入冬之前的几个月里，农民们靠吃树皮、树叶、黄土等维持生命……'卖娃了'，这可怕的喊声，在各个城市的街头响起。农民们卖女卖妻，他们希望借以维持到明年收割时，然后再把妻女赎回。然而这种希望是何等的渺茫啊。"②到12月《大公报》的记者前来调查时，各地的粮价仍居高不下，其中"麦子一斗要九百元，高粱一斗六百四十元，玉米七百元，小米十元一斤，蒸馍八元一斤"。由于农民们大量宰杀耕牛和其他牲畜，使畜肉价格下降到比粮食还便宜，大约二斤猪肉或三斤半牛肉才可换到一斤小麦。各地的灾民已经断绝了吃粮的念头，在叶县，"树叶吃光了，村口的杵臼，每天都有人在那里捣花生皮与榆树皮，然后蒸着吃"，不少灾民"因吃了一种名叫'霉花'的野草中毒而肿起来"，有的则干脆"吃一种干柴，一种无法用杵臼捣碎的干柴"③。还有许多灾民"用平常牲畜都不吃，只能作肥料的东西来填入他们的肠胃"，如榨油剩下的渣滓麻糁饼、河里的苲草（鱼腥草）、剥下的柿蒂、蒺藜捣成的碎粉等等。他们还"捡收鸟粪，淘吃里面未被消化的草子，甚至掘食已经掩埋了的尸体"④。到了1943年春2、3月间饥荒最严重的时候，"常有些吃麦苗的妇女们，一不小心跌倒在地里之后，便再也不能起来了"⑤。此时卖子女在灾区早已无人问津，绝境中的灾民，只好将"自己年轻老婆或十五六岁的女儿，都驮在驴上到豫东漯河、周家口、界首那些贩人的市场卖为娼妓"⑥。在许宛公路上，大批被贩卖的妇女络绎南去，"大'人客'用架子车一车装五六个，小'人客'则带着一两个女孩徒步缓行，还有的买上一头瘦马或瘠驴驮着一个将死未死的少女南去，也有那骑脚踏车的商人，在车子后轮的架子上飞也似的带走了十四五岁的孩子……这些被卖的妇女们，仅仅只剩了一架骨头"，但是不管她们的命运如何悲惨，人们对这种不正当的行为"都给以深切的同情"，因为"这总比饿死在家中强得多"⑦。

---

① ［美］格兰姆·贝克：《一个美国人看旧中国》，三联书店1987年中译本，第351页。
② ［德］王安娜：《中国，我的第二故乡》，三联书店1987年中译本，第376页。
③ 《大公报》1943年2月1日。
④ 流萤：《豫灾剪影》，《河南文史资料》，第13辑，第2页。
⑤ 《河南民国日报》1943年4月7日。
⑥ 《河南民国日报》1943年2月23日。
⑦ 《河南民国日报》1943年4月7日。

其实，在饥馑与严寒的无情打击之下，"死亡载道，已成普遍的现象"①。自"入冬以后，一直到了（1943年）麦子将熟的长久期间中"，除了弃婴满地外，"成年男女之因饥饿而毙命者与日俱增"②。据报道，罗山县自1942年10月至1943年3月下旬，约计饿死老幼约万人；信阳春荒期间，"因冻馁疾病而毙者，每日均不下数百人"③。一位逃到边区的洛阳翠峰乡四保的居民对记者谈道，"就他这一保120户来说，在正、二月饿死了一百多人"④。1943年7月，一位青年记者从河南灾区给《新华日报》寄去的调查报告中也提供了"令人不忍卒读的数字"："广武县，从去年11月到今年3月，饥饿致死者有8372人，逃亡外出者33188人，全县各村落，只剩2万多饥民。""灾荒期间，新郑全县逃出者凡47633人，死亡者1385人，合计占全县人口的四分之一。""远在去年的11月上旬，汜水汜济乡一个乡，弃婴的总数是144名，饿死283名"⑤。同年5月，河南《先锋报》特派记者流萤在其《豫灾剪影》中也记下了他的亲历亲见，"在洛阳，这繁华的街市，人会猝然中倒，郑州市两礼拜中，便抬出一千多具死尸。偃师、巩县、汜水、荥阳、广武和广大的黄泛区，每天死亡的人口都以千计。入春以来，更每天每村都有死人。据一位视察人员去年10月间的调查，每天河南要死四千人以上，现在是离那时三个月后的春天了，谁知道现在的死亡率比那时候要大好几倍……这些河南的农民，好像苦霜后的树叶子一样，正默默无声地飘落着……"⑥

他们也曾挣扎过，抗争过。当饥荒刚刚开始而还没有使大批的农民倒下去之前，"整个河南的城镇中到处都发生了抢粮的暴动。地主、商人、高利贷者，甚至国民党官方的粮仓常常被成群的武装农民洗劫一空"；在秋初，"一大批暴动的农民直逼洛阳西宫（河南省政府所在地）"。但由于当局的严加防范和饥馑的残酷折磨，"越来越虚弱的农民再没有进行更多的暴动"⑦。他们在秋收完全绝望之后最终踏上了逃荒外出的路途。这些逃荒的民众，扶老携幼，川流不息，"独轮小车带着锅碗，父推子拉，或妇拉夫推，也有六七十岁

① 《河南民国日报》1943年1月2日。
② 《银行通讯》，1953年，第4卷，第3、4期合刊。
③ 《河南民国日报》1943年3月25日、3月26日。
④ 《解放日报》1943年9月30日。
⑤ 《新华日报》1943年7月17日。
⑥ 《河南文史资料》，第13辑，第4页。
⑦ ［美］格兰姆·贝克：《一个美国人看旧中国》，三联书店1987年中译本，第353页。

老夫妻喘喘的负荷前进，子女边走边在野地掘青草野菜，拾柴"①。其中，一批人南下逃往湖北，一批人万般无奈地向东越过战区进入日本占领区，另有一批人则北上奔向中国共产党领导的抗日边区，但更多的灾民还是辗转洛阳，沿陇海路西进陕西"大后方"，从而形成了自花园口决口之后河南灾民的第二次人口大迁移。10月7日，一位旅居洛阳的公民在给国民党中央赈济委员会的一篇呈文中即指出："旬余以来，豫东各县灾民过洛逃往陕境者，每日不下二三千人，依难民站统计，为数已达数万人之众。"② 到1943年4月初，"豫籍灾民入陕求食者先后已达80万人"③。然而，除了历尽艰险奔向抗日边区的灾民之外，大都无法逃脱死神的巨掌。在东路，逃往沦陷区的灾民由于根本找不到生路，不得不回到家乡等死④。在南路，一位于春间自鲁山、叶县、方城、唐河一线公路回乡探亲的河南人士这样写到，在缓缓移动的人群中，一些"走不动、爬不起的老头儿、老太婆和10岁以下的孩子们"则"停滞在公路上面"，"哭着叫着得不到一文钱的救济"，有的"索性也就不做声的躺着……在这南来北往人畜交行的道上，他们却一点不考虑到万一被旅客车马误踏的危险。在路边的小沟中，不时的躺着姿势很不自然的老弱，你若是不仔细地去观察，决不会发现他们是已经绝了气的死尸"⑤。在西路，那条连接洛阳与西安的陇海铁路，在成千上万的灾民心目中，"好像是释迦牟尼的救生船"，但这条"神龙"不仅没有把灾民们驮出死亡圈，驮"到安乐的地带"，反而驮出了一条"无尽长的死亡线"。在洛阳车站，"铁道的两沿，几尺高的土堆上，到处都挖有比野兽的洞穴还低小的黝黑的'家屋'，有的便用树枝和泥浆圈一个圈子，一家人挤在里面"⑥。每一列开往西安的火车上，"都爬满了难民，就像一条死虫身上群集的蚂蚁一样，难民们紧紧扒住他们所能利用的每一个把手或脚蹬，许多人由于过分虚弱而跌下列车，惨死在铁路线上。在洛阳到西安几百英里长的铁路沿线，到处都是这些人的尸体"⑦。侥幸不死的难民逃到西安，当局不允许他们在市内出现，"他们住的地方，比在洛阳还

---

① 《大公报》1943年2月1日。
② 中国第二历史档案馆藏，全宗号116（3），案卷号438。
③ 《河南民国日报》1943年4月10日。
④ ［美］格兰姆·贝克：《一个美国人看旧中国》，三联书店1987年中译本，第351页。
⑤ 《河南民国日报》1943年4月7日。
⑥ 流萤：《豫灾剪影》，《河南文史资料》，第13辑，第45、46页。
⑦ ［美］格兰姆·贝克：《一个美国人看旧中国》，三联书店1987年中译本，第351页。

不如。有许多人，在平地上挖出一条小沟，再从小沟挖掘小洞，一家人便蛇似的盘在里面"；整个西安，只有一个粥厂，散发的粥券，也只有很少一个数目，而且只准领一次，许多灾民不是"活活饿死"，就是"一家人集体自杀"①。

当时序进入1943年4、5月之交，中原许多地方"雨水得时"，"普降甘霖"②，持续近一年半之久的旱灾开始有所缓解，即将登场的新麦向死亡线上苦苦挣扎的孑遗之民昭示了一线生存的希望，许多逃亡的灾民开始辗转还乡。然而就在他们喘息未定之时，新的灾难又接踵而来，"二麦歉收，蝗灾发生，黄泛决堤，以及7、8月间的淫雨之灾，又接二连三地剪断了他们最后的生路"，那些九死一生的灾民，又"成千成百地走上了流亡之途，作最后的挣扎"，沿陇海路西进的灾民也是"一天多一天"，而"牺牲在路上的难民，实在占一个很大的数目"③。不少地区直到第二年春天还受到灾荒的严重威胁。在豫西农村，许多人饿死了，"毒死小孩子，或全家自杀，不再成为骇人听闻的新闻了"④。在豫北敌占区，由于战火与灾荒的双重打击，更是"饥馑恐怖，混乱可怕。尤以温县、孟县、济源、博爱等县最为严重"，所谓"哀鸿遍野、饿殍载道"的情形"已成过去"，因为这里已是"百余里人烟绝迹"⑤，真成了"白茫茫一片大地真干净"的无人地带了。遗憾的是，由于国民党中央的新闻封锁和河南地方当局的隐讳不报，人们无法确知在这次持续近两年的大饥荒中河南灾民的死亡总数。在这里，我们也只能从两位外国人的回忆录中向读者提供一个不完全的估计数字，这就是二百万至三百万人，而在第一年中可能就死了近一百万人⑥。如果读者不曾忘记的话，这一数字远远超过了六十多年前那场延续近四年之久的"丁戊奇荒"中河南人口的死亡总数。

和河南省一样，在烽火遍地的抗日最前线，山西、河北、山东等省的大部分地区，也发生了差不多同等严重的特大灾祲。这些地区政治形势极为复

---

① 流萤：《豫灾剪影》，《河南文史资料》，第13辑，第46页。
② 《河南民国日报》1943年5月14日。
③ 《河南民国日报》1943年10月30日。
④ 石岚：《目前的豫西农村》，《中国农民月刊》，1944年9月，第4卷，第4期。
⑤ 《大公报》1944年1月17日。
⑥ [德]王安娜：《中国，我的第二故乡》，三联书店1987年中译本，第377页；[美]格兰姆·贝克：《一个美国人看旧中国》，第352页。一说，据官方的数字，是三百万人。参见流萤1985年在《河南文史资料》第13辑重新发表《豫灾剪影》时所写的后记。

杂，国统区、日伪占领区和中国共产党领导的抗日根据地（以下简称"边区"）犬牙交错，此消彼长，而除了边区政府及有关报纸敢于正视困难、报道灾情从而使我们今天对边区当年的灾况有一个比较全面的了解外，无论是国民党当局还是日伪占领者，都对其辖区内的灾情置诸罔闻，漠视无睹，以致个中详情，不仅当时鲜为人知，即使在今天，也只能从当年一些零星的报道和知情者后来的追忆中窥见其梗概。

在中国共产党领导的抗日根据地，两年来受到灾荒严重袭击的主要是晋冀鲁豫边区和晋察冀边区的冀西、冀中一带。这些地区位处太行山脉的东西两侧，横跨晋、冀、鲁、豫4省，与中州平原隔河相对，同属于辽阔荒区的重要组成部分。其中，晋冀鲁豫边区受灾最为严重。

从1941年冬到1942年春，太行区的雨量就很少。直到7月上旬以后，部分地区才开始落雨，但五专区的林（县）北、安阳、磁武、涉县及偏城大部，六专区的武安、沙河、邢东，一专区的赞皇、临城、内邱，四专区的平（顺）北、黎城一部，始终未有透雨，以致麦收仅有三四成，勉强种上的秋禾，收获前又连遭阴雨而大部倒青，平均收成不过二成左右，总计需要救济的灾民有三十三万六千余人①。与其相邻的冀南、冀鲁豫分区也普遍歉收，冀鲁豫重灾村有一千零五十个，轻灾村五百八十个②。到了1943年，旱灾继续蔓延，被灾面积差不多包括太行和冀南的全部，太岳大部和冀鲁豫的一部，其中尤以太行的四、五、六专区，冀南的一、二、四、六专区，冀鲁豫的沙区等地最为严重③。太行区的大部从5月中旬一直到8月初，八十多天滴雨未下，赤日炎炎，如灼如烤，许多地区水井干涸，河流断源，水荒严重威胁到了人畜的生存。耕地龟裂，茎叶干枯，着火即燃，所有早种的玉米、豆子、南瓜、菜蔬及大部分谷子，尽皆旱死，平均收成仅三成左右，灾民在三十五万人以上④。冀南一专区的大名、成安等县，自春迄秋，旱灾绵延八个月，麦季无收，秋禾也很少下种。六专区的冀县、二专区的钜鹿等地，入秋后白地一片。灾情较轻的南宫，二百三十一个村子中，就有一百零七个属于"无苗区"。全冀南共有八百八十四万亩耕地，因旱灾未能播种。直到8月下旬，各地才普

---

① 《太行区一九四二、一九四三两年的救灾总结》，晋冀鲁豫边区政府1944年8月1日出版。
② 吴宏毅：《从灾荒中站起来》，《解放日报》1944年8月29日。
③ 齐武：《一个革命根据地的成长》，人民出版社1957年版，第156页。
④ 《太行区一九四二、一九四三两年的救灾总结》，晋冀鲁豫边区政府1944年8月1日出版。

遍降雨，但农时已过，重灾区棵苗俱无，轻灾区的田禾也大部变作随风摇荡的枯草，很多地区只有二成到三成的收获①。

由于连年的干旱，边区各地又普遍发生了蝗灾。1943 年 6 月中旬，豫北的安阳、林县、武安及冀西的沙河、邢台、磁武等地即出现了蝗虫，随后又蔓延到山西的黎城、璐城、平顺等县，且一直持续到秋后，大片大片的禾苗、蔬菜被一扫而光②。冀南大旱之后也是飞蝗遍地，灾区包括一专区的漳河、大名、魏县、元城，二专区的钜鹿，三专区的平大路东一带，四专区的全部，五专区的景南、衡水，六专区的武城、清河、垂杨等许多县份。而来自敌占区及黄泛区的飞蝗也不断地飞往解放区。据载："一个突袭，就使安阳等县损失秋季收成的三分之二。"③ 据时任八路军 129 师参谋长的李达同志后来的回忆，当成群的蝗虫过境之时，"铺天盖地"，"最大的蝗群，有方圆几十里的一片，它们一落地，顷刻之间就把几十、几百亩地的庄稼吞食一干二净"④。

与蝗灾同时而来的还有水灾。1943 年秋，经过长时期的苦旱之后，甘霖普降，但正当边区政府组织人民群众，全力抗灾抢种的时候，又由于雨水过多，漳河、运河、滏阳河、卫河，河水暴涨，加上日寇于 9 月 27 日在临清、漳河、鸡泽等县扒堤决河，致使洪水横流，泛滥成灾。泛滥的区域，包括冀南三十个县，其中以管陶、武城、故城、清河等县受灾最重。管陶全县 64% 的村庄，成了水国，武城全县二百二十六个村庄，被淹没了一百个，淹地约占全县面积的 3/5，清河 3/4 被淹，故城亦大部沦为泽国。任县、隆平更成了滏阳河的储水湖，汪洋一片，许多村庄人畜漂流，房屋倒塌，只见一片片半浸在水中的断墙残垣⑤。据统计，这次水灾使冀南一百二十六万亩的土地变成了泽国⑥。太行区的清、浊漳河两岸，也冲没良田一万五千多亩⑦。

旷日持久的严重灾害，使边区社会一度面临着极其严峻的形势。整个边区需要救济的灾民有一百五十至一百六十万人⑧。在太行区，尤其是在毗连敌

---

① 齐武：《一个革命根据地的成长》，人民出版社 1957 年版，第 156—157 页。
② 《太行区一九四二、一九四三两年的救灾总结》，晋冀鲁豫边区政府 1944 年 8 月 1 日出版。
③ 齐武：《一个革命根据地的成长》，人民出版社 1957 年版，第 159 页。
④ 李达：《抗日战争中的八路军一二九师》，人民出版社 1985 年版，第 277 页。
⑤ 齐武：《一个革命根据地的成长》，人民出版社 1957 年版，第 157—158 页。
⑥ 《晋鲁豫与冀鲁豫救灾概况》，《解放日报》1945 年 6 月 19 日。
⑦ 《太行区一九四二、一九四三两年的救灾总结》，晋冀鲁豫边区政府 1944 年 8 月 1 日出版。
⑧ 戎子和：《晋冀鲁豫边区财政简史》，中国财政经济出版社 1987 年版。

占区的边缘地区，当1943年春旱荒最严重的时候，"有的大量拍卖衣服、农具、家中杂物；有的出卖牛羊，宰杀牲畜；有的指地或出卖青苗换粮吃；小偷盗窃之案件，普遍发生"，有的地方甚至"有拿儿换米吃，有妇女沿村找寻出嫁对象以图一食者，至于自己杀害儿女之事，也层出不穷。粮价飞涨，工匠艺人大批失业，小手工业者开张困难，乞丐讨吃流亡者随处可见"①。边区人民陷入了前所未闻的苦难之中。

与边区相比，在国民党统治区（其中大部分实际上受敌伪控制）和敌占区（包括游击区），则普遍出现了饿殍盈野、万户萧疏的恐怖景象。在山西，由国民党军队（后来都成了伪军）占领的陵川、高平、晋（城）东等晋东南一带，和上述豫北的修武、博爱、沁阳等地共同构成了骇人听闻的无人烟地带。据1943年7月，八路军解放这一地区后粗略调查，陵川县人口死亡达一万三千三百零三人，占原人口的20％，高平县有二十八个村在同一时期损失人口（包括逃亡和死亡）达44％②。在山东，在河北，据1943年7月10日《新华日报》的消息，由于持续的亢旱和日寇疯狂的粮食掠夺，广大的敌占区发生了严重的粮荒，"津浦、平汉两铁路沿线，饿殍遍野，饥民卖儿鬻女，徐州、济南、德州、石家庄、邢台、安阳等地已成公开的人肉市场。而北平、天津、济南、青岛各大城市，每月饿死者平均在300人以上。"在冀南敌占区，重灾各村的人口死亡率，最高者达40％，逃亡率，最高者达90％；大名、成安、魏县等游击区，人民的死亡率，达总人口的5％—15％，逃亡者达总人口的30％—50％。这一时期，全冀南人口死亡二十万至三十万，逃亡一百万③。据齐武同志的追述，在1943年春季旱灾严重之际，当八路军的部队夜间进入上述游击区的时候，他们——

> 所能听到的唯一的有些生气的声息，就是自己的脚步声。几乎所有的村庄和家屋都寂无一人。推门进去，单见野草丛丛，一片秽芜，各种什俱，如桌、凳、橱、柜之类，都凌乱不堪地弃置着，这说明主人曾经把它们拿去变卖，而后来已无力放归原处。这些东西的旁边，往往就是僵卧的尸体。有些人正是在从事某种活动时（比如挪动一件家具或正迈

---

① 《太行区一九四二、一九四三两年的救灾总结》，晋冀鲁豫边区政府1944年8月1日出版。
② 齐武：《一个革命根据地的成长》，人民出版社1957年版，第164页。
③ 齐武：《一个革命根据地的成长》，人民出版社1957年版，第164页。

出房门）就地死去的，有些人是忍受不了这种苦难而自杀的。因为无人善后，自缢而死的人的尸体，一直挂在房梁上或院中的树上，黑魆魆的，加重了恐怖感。奇异的腥臭，使人难以忍耐！在这里，很少遇到什么活的生物，只有老鼠算是例外。由于食物奇缺，这些潜伏在地下的动物，也发生了饥荒。夜间行军的时候，人们常常会着到一大片一大片灰褐色的东西，像波浪一般滚滚移动，那便是转移就食的鼠群。[1]

如前所述，由于政治和军事上的原因，特别是日本侵略者根本无视社会灾荒的存在和国民党顽固派的消息封锁，我们一时还不可能对晋、冀、鲁三省敌占区和国统区的旱荒灾情，作出如同对边区灾情的那样比较详细的描述。但有一点则是完全可以肯定的，即在这两个地区，因为根本不存在像边区政府组织人民群众，在极其艰苦的条件下向自然灾荒作顽强斗争的场景（这一点本文将在后面作详细论述），因此，即使是透过上述一鳞半爪的报道与记载，我们也完全可以想象得出，在日本帝国主义和国民党投降派的残暴统治之下，那里的人民群众备受天灾人祸摧残的惨景，要比边区的自然灾情不知严酷多少倍。

赈灾？增灾？

在中国古代的封建社会，从执政集团到儒者术士，出于对自然现象以及自然与社会之间联系的朦胧无知，往往把"率天之下"各种自然灾荒发生的原因诿诸渺茫的"天意运会"，从而形成了相沿数千年的"天象示警"的传统灾异观。国民政府的政治喉舌《中央日报》刊发的那篇反驳《大公报》的奇文可谓深得其中三昧。不同的是，传统的"天象示警"（如汉儒董仲舒的论灾异），在某种程度上还包含有限制皇权无限膨胀、让帝王们反躬自省的意味，而《中央日报》所谓"天降大任之磨炼"，倒实实在在地将国民党自身与灾荒的干系推脱得一干二净。

事实毕竟还是事实。当时正在重庆美国新闻处工作的美国人格兰姆·贝

---

① 齐武：《一个革命根据地的成长》，人民出版社 1957 年版，第 163—164 页。

克曾经针对河南的饥荒很委婉地指出："这样一场大灾难可能不完全是人为的；但很明显，如果不是人为因素的话，可能不会死那么多人。"[①]

正如我们在前面叙述的，国民党政府对于河南省的灾情早就"注意"到了。从荒象形成伊始，地方当局和各界人士就不断地向重庆发出告灾电文，要求"筹拨巨款，派员查赈，并酌免赋役，以拯灾黎"。国民党中央在 1942 年 10 月也曾派遣大员前往河南查勘灾情，但此后不仅迟迟不见救灾的行动，就连有关灾荒的消息也被严加封锁。他们这样做的理由说起来却不免荒唐。格兰姆·贝克用一种不无揶揄的笔触道破了其中的底蕴：

> 在这一年（1942 年）中，就我观察到的国民党的所作所为而言，尽管他们说得动听，但其中绝大多数是表面文章……许多这种官样文章是专门做给海外人士，特别是给美国公众看的。其中一个令人痛心的例子是"印度饥荒救济委员会"。这个委员会由蒋夫人和其他一些知名人士负责。那时因为日本人占领了缅甸并切断了缅甸对印度的大米供应，印度孟加拉邦发生了饥荒，饿死大约二百万人。当时中国的河南省也处于饥荒之中，其程度和孟加拉邦同样严重。由于河南地处前线，没有什么外国贵宾前往，重庆国民党就不承认河南发生了饥荒，而且禁止报刊提到此事。当然也不可能有什么"河南饥荒救济委员会"。我并不怀疑在"印度饥荒救济委员会"中有一些正人君子，也相信这个委员会能把从重庆募捐到的钱送到加尔各答，拯救不少印度饥民。但问题在于这个委员会是由国民党高级头面人物负责的。他们肯定了解在中国的河南发生的事情。这些人做出一副姿态来关心一个外国所遭受的苦难，与此同时，却将本国人民所遭受的苦难的事实严格保密。实际上，正是这些人应该对本国人民所遭受的苦难负相当的责任。[②]

欲盖弥彰。当时国内的《新华日报》、《解放日报》等新闻媒体，都在不断地报道中原灾情，一些在华的外国传教士和新闻记者也"就河南省一带发生的无法想象的惨剧，写出愤怒的报告"[③]，来自中原腹地的灾情荒象终于冲破重重帷幕而为越来越多的国内外人士所了解、关注。迫于强大的舆论压力，

① ［美］格兰姆·贝克：《一个美国人看旧中国》，三联书店 1987 年中译本，第 352 页。
② ［美］格兰姆·贝克：《一个美国人看旧中国》，三联书店 1987 年中译本，第 376—377 页。
③ ［德］王安娜：《中国，我的第二故乡》，三联书店 1987 年中译本，第 376 页。

国民党中央不得不在国内也"做出一副姿态"，拨发赈款，救济豫灾。但这样的赈济不仅没有化作中原人民的"福音"，却演成了抗日战争后期中国最大的政治丑闻之一。王安娜对此作了相当详尽的揭露。她写道，在洛阳的各条街道上都是饿得奄奄一息的难民，"但在饭店，政府的官员和军官们却吃着珍馐美味"，许多商人和贪官"囤积大米，大发其财，然后又派人拿赚到的钱去买濒于死亡的农民的土地、孩子和财产"，不少政府的官员和军官甚至用高得出奇的价格出售政府的小麦，牟取暴利，"而这些小麦是他们不久之前刚刚用武力从农民那里夺来的。"重庆政府"也利用饥荒的机会来发财。海外响应救济机构的号召，捐款救灾，这些钱在法定的金融市场上换成中国货币，但汇率只及黑市兑换价，亦即实际价值的十分之一。这就是说，政府的银行至少吞没了救济金的 半。"等到第二年，"政府终于同意发放数百万元救济河南省"，却"可惜太晚了，对饥荒的受害者并无用处"，因为"发放救济金的人正好是那些发饥荒财的人，所以大部分救济金都落到这帮家伙的腰包里"[1]。格兰姆·贝克对此也作了大致相同的记述，并把河南发生的这一切，看作是"证明国民党正在走向自我毁灭的最不祥的预兆"[2]。

毫无疑问，这两位外国友人的陈述和结论是可靠而正确的。不过，仅仅揭示这些政治丑闻和救灾黑幕还不能说明这次大灾难的全部的"人为因素"，此处有必要向当时的经济状况这一更深层的社会条件中去进一步地溯本探源。

灾荒发生之前，河南省的农业生产曾有一定程度的增长。据国民党农产促进委员会对该省二十三个县的抽查，1940年该省各主要粮食作物面积，与1937年相比，"均呈增加现象"，其幅度平均约为8%[3]。1941年，该省粮食增产数额超过一百万市担以上[4]。可以说这是河南农民用自己辛勤的汗水默默耕耘的结果。但是，由于战前农村极不合理的封建经济关系和地权分配状况数年来"未见改善"[5]，由于战时农民负担逐年激增，绝大部分农产品不是被占人口极少数的地主富农等大户攘夺而去，就是以粮课形式——从1941年下

---

① [德] 王安娜：《中国，我的第二故乡》，三联书店1987年中译本，第376—377页。
② [美] 格兰姆·贝克：《一个美国人看旧中国》，三联书店1987年中译本，第351页。
③ 《战时各省粮食增产问题》，国民党农产促进委员会研究专刊，第一号，1942年2月印行，附表一。
④ 《战时的中国经济》，第118页。
⑤ 《抗战以来各省地权变动概况》，国民党农产促进委员会研究专刊，第二号，1942年2月印行，第9页。

半年起改为"征实征购"——缴给了国民党政府，而仅有的剩余，又被抗战以来日渐汹涌的通货膨胀浪潮卷席殆尽。

抗战开始以后，国民政府为了平衡战时收支，弥补财政赤字，竟乞灵于滥发纸币的通货膨胀政策。到了1940年，这种通货膨胀便进入恶性发展阶段，大后方各地的物价因此扶摇直上，形成不可遏止的狂涨之势。在洛阳，其零售物价指数从1937年1—6月的100，渐次上升为1938年的143.8、1939年的249.1，至1940年则猛升为561.1，1941年竟达1262.8，而这一年的12月份更高达2029.5，比1937年增加了二十多倍①。物价飞扬，货币贬值，人民生活日趋恶化。在广大的农村，虽然农产品的价格在物价狂涨的浪潮中也随着飞腾了起来，同一单位的农产品数量换取的货币额要比抗战以前多出几倍乃至十几倍，但是农产品价格的上涨速度远远低于工业品价格上涨的速度，工农业产品之间本来存在的不等价交换即"剪刀差"有不断扩大的趋势。还是以洛阳为例，在1942年的1月至6月间，当地的工业品价格（以衣着类为代表）一直是农产品（以食料类为代表）价格的2倍以上，农产品价格上涨1.675倍，工业品的价格却上涨了1.892倍，两者之间的差距亦从1:2扩大到1:2.3②。在这样的市场交换条件下，农民自然得不偿失，因为他们在出售农产品之后，还不得不购买若干肥料、种子、农具以及布匹、食盐等生产资料或生活必需品，这就必然要承受"剪刀差"的剥削。何况占农村人口大多数的中小自耕农、半自耕农和佃农等，在捐税、田赋、地租、劳役、债务等重压之下，总要在新谷登场时贱卖二粮，而到青黄不接时再高价买进，反过来又因粮价的飞涨而亏蚀累累。尤有甚者，拥有大量土地及土地上大部分收获物的地主富农，不仅利用农产品涨价的机会，囤积居奇，坐取厚利，还将物价上涨的损失通过各种方式直接间接地转嫁到佃农身上，如将货币地租（钱租）改为实物地租（分租或谷租），或提高租额等。据国民政府农产促进委员会的调查，到1941年，河南省各地已普遍地采用实物地租制，每百户佃农中，交纳分租或谷租的分别占58%和38.1%，比1937年分别上涨了19.2%和23.1%，远高于国统区各省的平均数。而各项租额也"概见提高"，连农

---

① 中国农民银行经济研究处编印：《中国各重要城市零售物价指数》，转引自《战时的中国经济》。

② 参见河南农商银行编：《洛阳民国三十一年元月至六月零售物价比及指数》，《银行通讯》，1943年，第3卷，第5、6期合刊。

民租地之前交纳的押金即押租也有大幅度的增长，由 1937 年平均每亩 4.14 元上升为 1941 年的16.23元，约相当于战前的四倍。大批佃农或半自耕农因不堪重压而纷纷退佃，退佃比例在 1937 年尚为 9.8%，到 1941 年已猛增到 19.2%，这些人无不改从他业，或离乡背井，陷入无以为生的境地①。与此同时，在通货膨胀、物价上涨特别是粮价上涨的刺激之下，大批富商巨贾、官僚政客又运用手中的货币竞相囤积农产品乃至竞买土地，掀起了土地兼并的浪潮。"从后方到前方，从东南到西北，弥漫了'暴发户争购田地'的空气"②，这又使得大量自耕农因失去土地而沦为佃农雇农，在地主的压榨之下过着更加痛苦凄惨的生活。而战时农村的高利贷活动也因此空前地猖獗与扩大。当时一位著名的农村经济研究者即指出："一切压迫农民的旧势力在增长，无数新的压力又生长出来，这些新旧的势力，都迫着农民无以为生，为着眼前的挣扎，就不能不'饮鸩止渴'，投身在高利贷的魔掌中"，其中，除了"抗战中捐税负担的不合理以及由征兵而来的敲榨"外，"最特殊而普遍的现象则是物价的压迫。"③ 1940 年，河南省有 67.4% 的农户无法筹措到足够生产资金，负债农户的比例也由 1937 年的 29.1% 增加到 33.2%，每户平均负债额则由同期的 89.20 元上升到 139.30 元④。这种债，不但利率极高，大多还要求以实物来偿还，放出去的是纸币，收回来的是实物，一转移之间，农民即要增加几倍的负担，农民一旦借债，鲜有不迅速破产的。

综上所述，我们不难看出，为什么河南人民刚一遇上粮食歉收即迅速陷于饥馑流离的严重境地，因为早在天灾来临之前，这些本来就挣扎在赋役重压之下的人们，已被通货膨胀、物价暴涨的浪潮剥掘净尽了，他们哪里还有余力去和天灾相抗衡！而更为严重的是，灾荒发生以后，这种土地投机的浪潮和高利贷的猖獗之势，也和国民党的粮课一样，不但没有丝毫的收敛和减弱，反而借着粮贵地贱物乏之机，以更加凶猛的势头在中原农村汹涌泛滥开来，极大地加剧了饥荒的严重程度。据报道，"在灾情最严重的区域，土地价

---

① 《抗战以来各省地权变动概况》，国民党农产促进委员会研究专刊，第二号，1942 年 2 月印行，第 22—23 页，表 6，第 20—21 页。

② 国民党第三战区经济委员会：《东南经济》，1941 年 4 月号。转引自《解放前的中国农村》第 2 册，中国展望出版社 1986 年版，第 542 页。

③ 施平：《抗战中农村高利贷的空前猖獗与扩大》，1941 年 4 月。转引自《解放前的中国农村》第 2 册，中国展望出版社 1986 年版，第 676 页。

④ 《战时粮食增产问题》，国民党农产促进委员会研究专刊，第一号，1942 年 2 月印行，表 14。

格一落千丈，有不及原价十分之一者，暴利获得者因之大量购进，土地兼并现象，正严重地滋长着"①。按照当时河南人士的估计，在灾荒最严重的县份，农民丧失的土地不下20%②。与此同时，灾区高利贷也更加活跃。1943年6月23日《河南民国日报》曾为此发表社论说："河南的农民在春天所借下的高利贷，把所有的收获一下卖尽，也偿不完已借而立时要还的债务，而且在麦收前借1斗麦子的钱，麦收后卖3斗麦子也还不了人家的原本，而且在这正要播种的目前，卖4斗麦子还买不到1斗秋种。大家被逼着非卖粮食不可，价格也自然跌到生产成本价格以下不可……就仅仅这一个价格的变动，在这一两个月之中，就把农民的财富剥得光光了。"

当然，在我们把批判的目光集中于上述那些"新旧的势力"等种种"内祸"之时，我们绝不会忘记日寇侵略这一"外患"，又是如何间接直接地促成这次惨绝人寰的大饥荒的。从广泛的意义上来说，日本帝国主义发动的这场不义的战争也是这次大饥荒的最根本的"人为因素"之一。因为上述导致农村封建剥削关系迅速恶化、农民生活急剧贫困的田赋征实、通货膨胀等等现象，无不和战争的环境紧密相关。此处并无意于为国民政府的这些扰民累民的苛政、暴政作回护，而仅想说明的是，它们毕竟还是适应战争需要而采取的应急措施。如果没有日本帝国主义对中国大片领土的侵占、对大量资源的掠夺以及对中国工农业生产的巨大破坏，如果没有因此而造成的生产不足、物资缺乏、财税锐减以及战时消耗的不断增加，那么完全可以断言，中国的社会经济是不可能在短短的几年内就如此迅速地走向恶性发展的道路的，中原人民乃至大后方人民的生活也就不至于如此迅速地陷入普遍贫困的境地。战争和天灾之间的关系应该是显而易见的。何况在华北前线，在黄河的彼岸，侵华日军更是"用了全部的时间和精力，制造了这饥饿的大悲剧"③。

抗日战争进入相持阶段以后，日寇即把军事进攻的重点转移到敌后解放区战场，尤其是华北战场。正如我们开篇提及的，从1941年春到1942年秋，日军为了配合太平洋战争，确保华北这块"大东亚兵站基地"的殖民统治，又发动了更大规模的"治安强化运动"。华北各地，尤其是抗日边区顿时笼罩

① 《战时的中国经济》，第109页。
② 貊光华：《灾荒下土地集中现象与灾后应有之措施》，《银行通讯》，1943年，第4卷，第3、4期合刊。
③ 《解放日报》1944年8月29日。

在一片刀光血影之中。据统计，在 1939 年、1940 年两年中，敌人对晋冀鲁豫边区组织的兵力在万人以上的大规模进攻和扫荡共计十次，在 1941 年的一年之中，较大规模的扫荡就有九次，小规模的扫荡与袭扰有二百五十三次；1942 年大规模的扫荡竟高达十次，小扫荡与袭扰也有二百六十二次，尚不包括对边沿地区的袭击与骚扰①。如此反复的"扫荡"，再加上"扫荡"过程中残酷的"三光政策"，使边区的广大农村遭到毁灭性的摧残，"从平原到山地，没有不被摧毁的村庄，没有不被抢掠的村庄"②，人民的生产能力急剧下降，生活条件也极度地恶化。况且，为了包围和分割抗日根据地，日寇还在其势力所及之地主要是敌占区和敌我争夺的游击区大量地修筑碉堡、封锁沟和公路网，仅冀南区，截至 1943 年即有碉堡据点一千一百零三个，公路及封锁沟墙一万二千一百七十里③，星罗棋布，纵横交错，这不仅占用了大量的耕地，使成千上万的中国人民被剥夺了衣食之源，还使得华北平原的生态环境惨遭浩劫，树木砍光了，田园荒芜了，完整的平原也被分割得支离破碎，原本并不发达的水利设施更加荒废不堪，华北农村的防灾抗灾能力受到了极其严重的破坏。至于对物资的掠夺和劳役的征取就更加骇人听闻了。敌占区的老百姓曾经这样呻吟着：

　　房子被占田地去大半，明匪暗贼胡乱窜，儿孙被拉兄弟散，仓中粮已尽，娇妻太君恋！……禾苗荒，无人锄，闾长日日催民伕。民伕去修路，修了汽路又挖沟，修路筑堡无尽头，家家户户暗地愁！④

　　一方面是无休止的烧杀、劫掠和勒索，另一方面是旷日持久的特大天灾，可想而知敌占区人民的命运应是何等的悲惨。奇怪的是，一手加剧了大灾巨祲的日伪占领者，居然还厚颜无耻地试图笼络民心，在其劫持下出版的《申报》竟于 1943 年 5 月 20 日发表社论声称，"这次救济华北灾民成效如何，实会有重大的政治意义"，"这一区域灾民的向心，就在谁能拯救之于饥饿之中，谁就是他们所感戴的救星"。而事实上，侵略者施予华北灾民的"恩惠"，却是广泛推行惨无人道的"配给制"。这种配给制将敌占区的民众按年龄分为大

_____

① 齐武：《一个革命根据地的成长》，人民出版社 1957 年版，第 61—62 页。
② 《解放日报》1944 年 8 月 29 日。
③ 齐武：《一个革命根据地的成长》，人民出版社 1957 年版，第 63—64 页。
④ 《解放日报》1944 年 8 月 29 日。

老小三种，大口日给十六两，老口日给十二两，小口日给八两，所发均为红薯、大豆、山药之类，由于人多粮少，价又昂贵，后又由关外运来大批豆饼作为粮食代用品，此外还有用树皮和麦秸碾成的"面粉"。到1943年这种代用品占配给额的9/10，而且15岁以下、60岁以上的均不再配给。至于衣着，在"配给制"下，由于棉花已全部被日寇充作军用，人民只能用一种类似芦花的绒类及田豆梗纤维所造的假布来代替，既不温暖，且着身即破①。因此，这种以最大限度地榨取沦陷区物资为前提的"配给制"，已将人民的生活水准降低到连牛马也不如的地步，所谓的"救济"，实质上是变相的虐杀。

另一个新世界

长夜尽头是黎明。

当日本法西斯侵略者加诸中国人民的灭绝人性的摧残已经登峰造极的时候，当国民政府腐败不堪、暮霭沉沉的政治气息弥漫充塞于大后方各地的时候，当前所未有的特大天灾随之而起、铺天盖地般地扑向黄河两岸而任情肆虐的时候，1942年与1943年，这近世中国百年长河中的短短两年，堪称最黑暗的历史之页。然而，就在这种旷世未闻的重重苦难之中，一股来自社会底层的伟力迸发了出来，磅礴激荡于北中国的一隅边区，中流砥柱般地遏制住了大自然的暴虐，并从此拓开了一片广阔的新世界。

实际上，抛开敌占区不论，两年灾荒期间，边区所面临的形势和困难比国统区要严峻得多，因为边区人民不仅仅是在与严重的天灾相抗衡，她还得同来自日伪敌人的毁灭性扫荡和摧残作殊死斗争，在一个面积一度日趋缩小而且与外界隔绝的环境之中，承受着常人难以想象的国难与天灾双重荼毒的巨大压力。等到1943年7月，当那些原来由敌伪占据的灾区如太南、豫北等地被收复以后，边区政府还要负担起拯救生灵恢复生产的重任。一言以蔽之，边区人民几乎是在一无所有而又孤立无援的物质环境中去和巨大的天灾抗争着的。但尽管如此，从前面有关荒情的描叙中仍不难看出，边区因灾而荒的程度相对而言比国统区轻得多，其持续的时间也短得多，其发生的范围也不

① 刘涤：《沦陷区的农村经济》，《中国农村》，1943年5月1日，第8卷，第11期。

像河南那样普遍，而是主要集中于边缘地区；况且当周边地区的荒情的不断加剧时，整个边区的形势却逐渐好转，原本逃往外地的灾民，大多陆续返回家园，就是敌占区及黄河以南的国统区的灾民也大批地奔向边区，据统计仅晋冀鲁豫的太行、太岳二区，外来灾民即达 25 万人①，大约相当于全边区所有灾民的 1/6。之所以如此，按照这些逃荒者的话来说，就是因为"根据地是另一个新世界"② ——

> 灾荒愈发展，三个世界的对照愈清楚，从安阳到玉峡关的封锁线，虽然可以和敌人的封锁沟墙相比拟，但封锁不了饥饿发疯的灾民，沿着美丽的清漳河，褴褛的人群，日以继夜地向根据地内流着，涌着。③

可以毫不夸张地说，这是中国历史上，具体地说是中国灾荒史上从未有过的奇迹。而这一奇迹的创造者正是中国共产党的抗日民主政府及其领导下的数百万边区军民。

且以晋冀鲁豫边区为例：

早在 1942 年 10 月份严重的灾荒初现端倪之时，边区各地便紧急动员起来，相继转到救灾工作的轨道。而救灾的第一步就是减免灾区的负担，并拨粮拨款赈济灾民。太行区在 1942 年秋收季节，一次即给五、六专区减免公粮四万五千石，随后两年中，又减免公粮十四万零五百石，总计 1943 年全区的公粮负担比上年减少了近 1/5，太岳区同期则减少了 1/3，冀南区则减少了2/3④。政府直接用于赈济的粮款，就当时边区的财政收支状况而论，数目颇巨。太行区灾荒期间实际用于救灾的各种贷款达二千万元，赈贷的粮食包括动用公粮及运用贸易手段从西部非灾区购运到东部的调剂粮等共三十八万零六百石，如以全区三百万人口计算，平均每人可得一斗三升的粮食，而同期每人每年负担不超过三斗小米，换言之即两年中人民的负担有 21% 都用于直接的赈济了⑤。

---

① 《解放日报》1944 年 8 月 29 日。

② 《太行区一九四二、一九四三两年的救灾总结》，晋冀鲁豫边区政府 1944 年 8 月 1 日出版。

③ 《解放日报》1944 年 8 月 29 日。

④ 《太行区一九四二、一九四三两年的救灾总结》，晋冀鲁豫边区政府 1944 年 8 月 1 日出版；齐武：《一个革命根据地的成长》，人民出版社 1957 年版，第 168 页；《解放日报》1943 年 10 月 24 日、1944 年 8 月 17 日。

⑤ 齐武：《一个革命根据地的成长》，人民出版社 1957 年版，第 168 页。

与此同时，一场以节约、互助为核心的社会互济运动也在抗日政府的倡导之下，在边区各地、各阶层中广泛开展起来。党政军民各机关团体以及工厂、学校、报馆、书店、剧团、商店等各单位人员纷纷响应号召，节衣缩食，救济灾民。在太行区，每人每天节省口粮二两、一两或五钱，多寡不等，时间少则两个月，多则八个月①。尤其是部队机关，有半年之久，每人每天从一斤六两减至一斤二两或一斤。为了进一步地节约口粮，部队机关还发起采野菜运动，大批采集野菜树叶作为代食品。1943 年秋天，仅太行部队采集的野菜，就在一百万斤以上，太岳部队从 1943 年后半年到 1944 年春，节约救灾的小米，共达十万零六千七百九十七斤②。为了激发人民群众的互助友爱精神，边区政府还组织募捐团或救灾公演，发起广泛的募捐活动，在灾区，提倡"急公好义，仗义疏财，富济贫，有济无，亲戚相助，邻里互济"；在非灾区，则提出"一把米能救活一家人，一斗糠穷不了一家"的口号，呼吁人们"打破地域的本位主义及落后的封建思想，关怀灾区同胞"。据不完全统计，太行一区 1942 年度通过募捐得粮即达一百二十六万一千七百八十八斤，成效显著。各地的存粮大户也在政府的担保之下，自愿的将积存的余粮低利借给灾民，仅太行区的磁武、林北、涉县、平顺、武安等五县，1942 年就筹集借粮一百十二万四千余斤，在很大程度上解决了灾民的饥饿问题③。为了妥善安置来自敌占区游击区及国统区的灾民，边区政府一面在交通要道上设置招待站，供应过往灾民的食宿，一面又命令各县按当地居民 3% 的标准进行安插，使其享受应有的公民权利，同时发动旧户"准备欢迎会，物色住地，预备粮食"，"借给家具、耕具，以安灾民迁徙心理"④。据报道，当时"逃向太岳区 20 万的，逃向太行区 5 万的外来灾民，都找到了他们的家"⑤。除此之外，边区政府还在敌占区游击区发起"中国人大团结，中国人救中国人"的募捐运动，组织群众开展社会互济，并在能够活动的地区向灾民调剂粮食，发放赈济粮款，在一定程度上舒缓了敌占区人民的灾难⑥。

---

① 《太行区一九四二、一九四三两年的救灾总结》，晋冀鲁豫边区政府 1994 年 8 月 1 日出版。
② 齐武：《一个革命根据地的成长》，人民出版社 1957 年版，第 189 页。
③ 《太行区一九四二、一九四三两年的救灾总结》，晋冀鲁豫边区政府 1994 年 8 月 1 日出版。
④ 《太行区一九四二、一九四三两年的救灾总结》，晋冀鲁豫边区政府 1994 年 8 月 1 日出版。
⑤ 《解放日报》1944 年 8 月 29 日。
⑥ 晋冀鲁豫边区政府：《一年来太行区救灾工作》，1943 年 9 月 12 日，《晋冀鲁豫抗日根据地财经史料选编》，第 2 册，第 113 页。

　　不过，是政府的救济也好，是社会的互济也好，毕竟只是立足于现有社会财富之上的单纯消极的救济手段，而在当时的历史条件下，这是不可能长期持续下去的。因为边区的生产方式原本就是十分落后的小农经济，经过频繁的敌祸，连续的天灾，已经饱受摧残而衰败不堪，负担能力极其有限；而为了维护根据地的生存，又必须保证庞大的然而又是必不可少的军事开支，才能够和强大的敌人展开殊死搏斗，这势必又限制了政府的救济力量和赈灾规模；何况单纯的救济极易导致灾民的依赖心理，从而放松自己应有的救灾努力，一旦赈济乏力，外援不继，必然陷入怨天尤人、颓废失望的情绪之中，最终回向听天由命，坐以待毙的旧局面。因此，只有发动群众，自己动手，把救灾工作纳入由"政府领导的根据地全体的生产自救运动"的轨道，才能充实救灾的物质基础，"以现有的财富，滋生更多的财富，以战胜当前的灾荒，灾荒一过，便会很快地恢复社会经济，做到有吃有穿"①。基于这样的认识，边区政府在救灾过程中逐步地把救灾与生产结合起来，并从 1943 年以后，"彻头彻尾地把救济工作贯串了生产精神"，"使救灾运动和群众自己的渡荒运动和生产运动结合起来，成为一个大的生产渡荒运动"②。

　　这种生产救灾运动遍及农村生产的各个领域和各个方面，其中最主要的就是农业生产。为了恢复和扩大种植面积，弥补旱灾造成的损失，党和政府大力领导农民，打井挖池、修河筑堤、担水浇苗、突击抢种、改种、补种，力求"不荒一亩地，不空一茎苗"。从 1942 年 10 月到 1943 年 6 月，太行区仅在漳河两岸就修筑了十几条大堤，开出滩地一万余亩，同时新建了二十六里长的涉县漳南大渠和二十二里长的黎城漳北大渠，共增加水田面积六千七百八十三亩，成为太行山上空前未有的水利工程。1943 年秋初落雨时节，经全区人民突击补种的荞麦、萝卜、蔓青、芋等蔬菜杂粮（仅一、五、六专区即补种了十五万七千七百六十二余亩），秋后大丰收，成为各地渡过灾荒的一个重要环节③。同年秋末的雨水之中，边区的种麦面积也空前地扩大了。冀南抢种麦地，几占耕地的 1/2（平常只能种 1/3），太行全区共种小麦二百十五万亩以上，其中一至五分区有 70% 以上的耕地种上了小麦，有的县区种麦还

---

① 吴宏毅：《晋冀鲁豫边区救灾运动的基本经验》，《解放日报》1944 年 11 月 1 日。
② 《太行区一九四二、一九四三两年的救灾总结》，晋冀鲁豫边区政府 1994 年 8 月 1 日出版。
③ 《太行区一九四二、一九四三两年的救灾总结》，晋冀鲁豫边区政府 1994 年 8 月 1 日出版。

比过去增加了 1/4 到 1/3，创造了抗战以来的最高纪录①。第二年小麦丰收，基本上解决了根据地的军需民食问题。

这里需要特别强调的是，在生产救灾过程中，边区各地的驻军发挥了至为关键的推动作用。他们一面战斗，一面帮助群众进行各种生产。在冀南，由于耕牛奇缺，军队除少数警戒敌人外都给老百姓拉犁，当了"光荣的耕牛"。1943 年，冀南区部队为群众锄草不下五十万亩，太行区部队在灾荒期间帮助群众耕种、锄地、收割合计达四万二千九百亩。为了支援灾区兴修水利，冀南部队在 1943 年 7 月组织打井队，自带口粮跑遍大小村庄，鼓动并帮助群众打井，全冀南新开的近 1 万口井，几乎没有一口不浸透着战士们的汗水。边区驻军还利用战争的间隙自己动手开荒生产，太行部队一年共开荒十万多亩，产粮五百十万斤，山药菜蔬一千二百六十六万斤，使粮食、菜蔬的自给程度分别达到三个月和全年，减轻人民负担达 20 万石公粮。冀南部队每个指战员种地五亩，做到粮食蔬菜半年自给乃至全年自给，极大地减轻了人民的负担②。

在救灾生产中，边区政府还大力扶持农村副业和手工业，诸如运输、纺织、造纸、煤窑、磨坊、榨油等等行业都在灾荒时期得到不同程度的恢复和发展，特别是运输和纺织业，规模尤巨。在大规模的粮食调剂过程中，边区发动群众组织了庞大的运输队，以工代赈，一方面保证了粮食源源不断地运往灾区，一方面又让灾民赚取脚价，维持生活。从 1942 年 10 月到 1943 年 5 月底，太行区灾民共赚运输费合小米三千五百石，按脚夫每日一斤米计，可解决五万三千人三个月的食用③。在边区政府大量贷款贷粮的推动之下，纺织事业也蓬勃兴起，并迅速形成群众性的妇女纺织运动，原有纺织传统的冀南农村，纺织事业进一步发展，纺织业素不发达的太行太岳区也到处响起了"唧唧复唧唧"的纺纱织布声。到 1943 年 9 月，太行区仅五、六两专区就有纺妇四万四千五百六十七人，共纺花织布三十一万六千五百零二斤，得工资五十万零九百三十六斤小米④；到 1944 年 4 月底，全区参加纺织的妇女达二

① 《解放日报》1944 年 8 月 29 日；《太行区一九四二、一九四三两年的救灾总结》，晋冀鲁豫边区政府 1994 年 8 月 1 日出版。
② 《解放日报》1945 年 6 月 30 日。
③ 《太行区一九四二、一九四三两年的救灾总结》，晋冀鲁豫边区政府 1994 年 8 月 1 日出版。
④ 晋冀鲁豫边区政府：《一年来太行区的救灾工作》，1943 年 9 月 12 日，《晋冀鲁豫抗日根据地财经史料选编》，第 2 册，第 113 页。

十多万，纺织收入共计三百四十万斤小米①。这不仅使数十万灾民缓解了饥饿的威胁，还激发了妇女的劳动热情，提高了妇女的社会地位，同时还解决了边区军民的衣着问题，打破了敌人的封锁。

由于敌祸天灾的连续打击，边区农村劳动力和生产资料严重匮乏，仅仅依靠单个的家庭分散地从事生产救灾活动显然困难重重。因此在边区政府的积极倡导和人民群众的自发要求之下，互助合作事业迅猛发展，生产救灾运动最终走上了"组织起来"的道路。

在救灾过程中新建起来的合作社，并不是区村干部用行政命令的手段组成的。它在吸收会员时，完全采取自愿的原则，入社退社，入股退股，不受约束。在资金来源上虽然仍需要政府贷款，但主要还是面向群众，面向灾民，其办法就是变现金入股为实物入股，诸凡粮食、山货、布匹、羊皮、麻头、白草等，无论多少，均可随时折价入股，同时准许劳力入股，即在合作社组织的某种生产活动中，参加者以其劳动后所获收益的一部分入股，这就使得大批的中农或贫农得以自己的物质条件进入合作社，从而扩大了合作社的群众基础。据辽西、左权、襄垣、磁武四县的统计，在合作社的股金总额中，贫农、中农占有的比例分别为 38.5% 和 43.8%，而富农、地主则只有 10.4% 和 3.9%。② 冀鲁豫沙区的一百一十个合作社，也都是"以灾民为对象的组织"③。与此相应，合作社也改变了以往"单纯营利"的宗旨，"越出做买卖的小圈圈"，适应救灾渡荒的需要，"逐渐向组织群众生产的方向摸索前进，开始主要在供销上和组织纺织等副业生产上，后来才进至农业生产上，与群众生产广泛地结合起来"，从而"发挥了前所未有的作用，为群众谋了很大的利益"④。实际上，合作社的业务无所不包，只要能增加灾民的收入，诸如纺织、刨药、烧炭、割柴、编捞等副业生产以及造纸、制皮、晒盐、熬硝、铁木、磨房、榨油、弹花、染色等各种手工业生产，无不尽力经营。随着生产救灾运动的深入和发展，农业生产也逐渐成为合作社的一项重要业务，并从 1944 年以后，成为它的中心工作。它一般首先通过购粮贷放或廉价出售、担保调剂以及临时急赈等方式解决灾民的吃粮困难，使其恢复体力，继而采取

---

① 《太行区一九四二、一九四三两年的救灾总结》，晋冀鲁豫边区政府 1994 年 8 月 1 日出版。
② 《太行区合作社怎样组织群众生产救灾》，《解放日报》1945 年 12 月 13 日。
③ 《解放日报》1944 年 8 月 29 日。
④ 《解放日报》1945 年 12 月 11 日。

外购、内部调换、贷放代借等方法解决种籽问题，并组织匠人制造农具，调动群众积肥、造肥，以解决农具、肥料等问题。同时还组织变工队、扎工队、打工队或代雇短工、耕牛，在农户与农户之间、村与村之间进行劳动力或畜力的调剂与协作，不少合作社还发展与生产相结合的供销业务，推销土产，换回必需品，既节省了民力，又减轻了商人的中间剥削，保护了生产者的利益。

需要指出的是，合作社在组织群众进行各种形式的生产救灾活动时，一般都采取灵活机动的原则，从当时当地的具体条件出发，依据不同的地区、不同的季节选择不同的中心业务，形成农业与副业、劳力与资金、产供销之间的有机结合，尽可能最充分地运用各种生产活动，发掘各种自然资源、劳动力资源，最大限度地增强抗御自然灾害的能力。据统计，从1942年10月到1943年6月底，太行区共建合作社四百六十个，而灾区即有二百九十个，占总数的63%；到1943年底，仅沙河、左权等六个县的统计，半年之内，合作社的数目即增加1.05倍，社员增加3.36倍，股金增加53.6倍[1]。合作社成为边区人民战胜灾荒的重要组织之一。

回顾一下百年以来近代中国赈灾制度演变发展的漫长历程，可以看出，以晋冀鲁豫边区为代表的这种大规模有组织的群众性救灾渡荒运动，实属前所未有的创举与伟业。它将政府的救济与社会的互助以及人民的自救完全结合起来，融为一体，不仅从根本上改变了过去单纯依靠政府的片面救济制度，而且远远超越了近代以来由中国资产阶级及国际友好人士发起推动的以社会互济为职志的义赈活动的范围，使救灾运动成为在抗日民主政府领导下的、以根据地党政军民全体力量为基础的真正群众性的社会自救运动。它的意义不仅在于密切了党和政府与群众之间的关系，还在于打破了当时落后的本位观念和区域隔阂，改变了迄至当时为止在全国尚未结束的灾荒愈严重，封建剥削愈益加强、土地兼并愈益激烈的恶性社会运行轨道，把"苛刻的封建剥削，转化成社会的互济互助运动"，[2] 因而极大地增强了边区各地区、各阶层人民之间的团结与合作。尤其值得称道的，这次救灾运动树立了军民共命运的光辉范例。当时正值边区部队战斗最为频繁和激烈的时期，据不完全统计，

---

① 《太行区一九四二、一九四三两年的救灾总结》，晋冀鲁豫边区政府1994年8月1日出版。

② 《解放日报》1944年11月1日。

太行区的部队每日平均作战十五次，太岳部队每日作战七至八次①，但就是在这种残酷的军事斗争过程中，边区部队一面以鲜血与生命保卫着人民和生产的安全，一面又普遍地节食、助耕，参加生产，以忘我的劳动开辟着新的财源，减轻了人民的战争负担，最终与人民一同渡过了最艰苦、最困难的岁月，同人民结下了鱼水兄弟般的血肉深情。这样，整个边区的党政军民在严峻的灾荒面前空前地团结起来，凝成一个不可分割的整体，汇成了一股巨大的力量，正是这种力量成为边区战胜天灾敌祸的最基本的条件。

这次救灾运动在赈灾史上的另一个重大发展就是开创了一条群众性的生产自救的新途径。应当承认，生产与救灾的结合，在以往的救灾实践中也有一定程度的体现，如以工代赈就是一个由来已久的重要救荒措施，华洋义赈会还把它作为救治灾荒的一大重要手段，并取得过相当的成就，但这毕竟大都是临时的而非长久的，是局部的而非全体的，即使是由华洋义赈会首倡并一度风行于全国不少省区的农村合作运动，由于入股标准很高，最后大都为少数的地主富农所操纵，绝大多数的贫苦农民并没有得到多少实惠，而且这类合作社多属于信用合作，与农村生产活动并没有直接的结合，因而其实际作用远没有实现它最初的"防灾于未然"的目标。只有抗日边区的生产救灾运动才最终将社会的救济和灾民的生产比较完整地结合在一起，并通过真正民众性的互助合作形式组织起来，巩固下去，一方面使重灾之下有限的社会财富得到合理的配置与使用，另一方面又一扫过去的灾民仰首望天、坐以待毙的灰暗心态和悲观情绪，将广大灾民的精神状态从神权迷信和依赖心理中解放出来，激发出无限的创造力量，两者集汇在一起，注入于生产自救之途，便成为财富增殖的永不枯竭的源泉，从而为抗拒天灾并最终战胜天灾奠定了最雄厚的物质基础。

"人民，只有人民，才是创造世界历史的动力"。在1942年至1943年横扫中原的大饥荒中，三种不同的政治势力向全体人民各自提出的答卷，为未来中国的政治走向勾画了轮廓分明的历史蓝图。

---

① 齐武：《一个革命根据地的成长》，人民出版社1957年版，第189页。

附　录　中国近代灾荒年表

1840 年（清道光二十年）

7、8 月（五、六月，下同）间，江苏连降大雨，山水骤发，江潮涌灌入省城，全省 64 厅州县被灾。8 月 25 日至 29 日（七月二十九日至八月三日），四川暴雨 5 日，涪江发生迄今 150 余年间的第一位大洪水，岷江、沱江、嘉陵江、渠河等亦均发生特大洪水，江河下游沿江城镇悉沦巨浸。9 月 26 日至 10 月 5 日（九月初一日至初十日），湖北大雨兼旬，江、汉同时并涨，全省 27 州县被水，灾民纷纷逃往他省。直隶、河南、山东、湖南洞庭湖沿岸等地，亦有程度不等之水涝灾害。甘肃河州、湖南宜章、广西浔州、安徽部分地区旱。苏州、台湾云林先后地震。冬，江、浙雪灾。

1841 年（道光二十一年）

8 月 2 日（六月十六日），黄河于河南省祥符县境决口。黄水围开封城八个月之久，并泛滥千里，直注洪泽湖，水灌涡河，淮河，河南、安徽被灾甚重。夏秋间，江苏、湖北、浙江、江西因淫雨连绵，部分地区兼受黄河决口之影响，亦大水成灾。苏北"田庐皆在巨浸中"；湖北饥民十数万麇集省城，入冬后"冻馁物故者日以数百人计"；浙江禾稻"悉皆腐烂"。此外，湖南、山西、陕西、奉天、新疆局部地区水灾，广州旱灾，山东有水、旱、虫、雹等灾。

1842 年（道光二十二年）

江苏由夏入秋，亢旱甚久，秋后又由旱转涝。8 月 22 日（七月十七日），黄河于江苏桃源县北崔镇汛决口 190 余丈，黄水漫溢，田禾庐舍被淹甚多，淮扬等地"居民迁徙，栖食两无"。除黄河决口外，湖北于 7 月 4 日（五月二十六日）因长江水涨，荆州大堤浸溃，江水冲入荆州郡城，全省 28 州县被灾。安徽 8 月 15 日至 21 日（七月初十日至十六日），连降暴雨，皖江两岸田地被淹。山西 7、8 月（六、七月）间大雨连朝，间有冰雹。河南自夏至秋亢旱无雨，至 9 月（八月）间又连遭淫霖，33 州县被水被旱。福建 8 月中（七月初旬）汀州、漳州等地大雨如注，山水陡发，冲塌房屋无数，淹毙人口甚多。奉天牛庄、海城等地因 7、8 月（六、七月）间连降大雨，地多积水，田禾尽淹。江西入秋后雨水偏多，部分州县禾稼被淹，并有伤毙人口、冲塌房屋等情。广东 7 月初（六月上旬）雨骤水发，海阳、大埔、丰顺、兴宁等县及嘉应州城冲塌房屋，淹毙人口。陕西潼关、榆林等地，分别于 5、6 月（四、五月）及 8 月（七月）连降雨雹，但水势消退较快，损失尚轻。

此外，6 月 11 日（五月初三日）新疆巴里坤宜禾县发生 7 级地震，伤毙多人，房坍不计其数。山东、湖南、浙江、云南、直隶、甘肃等省部分州县分别有水、旱、风、虫、雹灾。

1843 年（道光二十三年）

黄河连续第三年漫决。本年决口处在河南中牟县下汛九堡。该省夏秋间大雨频仍，沁黄盛涨，终于 7 月（六月）末黄河河堤蛰塌，口门宽达 360 余丈。全省 16 个州县被淹。受黄水影响，安徽、江苏亦受灾颇重。决口历一年半后始行合龙。因前年及本年两次黄灾，祥符至中牟间数百里"膏腴之地"，10 余年后仍"尽成不毛"，"村庄庐舍，荡然无存"。本年发生水灾省份尚有：直隶（35 个州县）、山西（9 个州县）、陕西（7 个州县）、湖北（13 个州县）、湖南（5 个州县）、山东（8 个府州）、广东（上年被灾之大埔、丰顺、海阳等县本年再度遭水)、四川（5 个县）、奉天（8 个厅县）等。水旱兼具地区有：浙江、甘肃部分州县。受旱地区有：广西省罗城县、新疆伊犁，此外，湖北、山东少数县份亦有被旱之区。

1844 年（道光二十四年）

本年，自东北至东南约近 10 个省份有较重水灾，如：5、6 月（四、五月）间，福建省城福州大雨如注，上游溪流灌注，城内水深一二尺至七八尺不等，淹毙人口、冲塌房屋不少。同一期间，广东西江、北江水涨，浸淹 17 个州县部分田宅，尤以南海、三水、高要为重。江西亦大雨倾盆，赣江江水出槽，南昌等 20 余厅州县被水。稍后，永定河又于 7 月中（五月末）决口，直隶霸州等 45 个厅州县低田被淹，霸州、永清受灾较重。8 月（七月）间，长江于湖北荆州府漫溢，口门刷宽至 150 余丈，江陵城圮，松滋、枝江大水入城，20 余州县田禾被淹。湖南、安徽、河南、山西部分州县亦受水、雹灾害。黑龙江、奉天因入秋后淫雨连绵，河水漫溢，禾稼歉收。山东、江苏、浙江、陕西、甘肃分别有水、旱、雹、风、虫、霜等灾。

1845 年（道光二十五年）

台湾彰化县于 2 月（正月）间发生强烈地震，塌房 4000 余户，压死 380 余人。本年发生震灾地区尚有浙江嵊县、云南邓川（均在 11 月间）。7 月中（六月初旬），台湾遭飓风袭击，淹毙居民 3000 余人。除此之外，全国无突出之大灾害，但湖北、湖南、河南、安徽、山东、直隶、江苏、江西、甘肃、新疆、奉天、黑龙江等地部分州县均有程度不等之水、旱、风、雹偏灾。

1846 年（道光二十六年）

是年，灾情类型分别有水灾、旱灾、先旱后涝、旱涝兼具多种。

遭受水灾省份有：江苏，6月（五月）间青浦大水，漂没数千家；苏北之六塘河、蔷薇河冲决，海州等地田畴受淹。广西，5月中旬（四月下旬）临桂山水暴发，田没房塌，人口损伤；桂平县有大疫。吉林，三姓地区8月（六月）间两次江水漫溢，合境被水，田庐淹浸两月始退，麦、秋二季颗粒无收；珲春因河水涨溢，冲淹田宅。云南，入秋后白盐井地区大雨如注，冲毁桥房、井灶，淹毙人口。奉天府所属各厅州县被水灾歉。福建，9、10月（七、八月）间少数州县猝被风雨，损坏田庐房仓，低洼田地间被水浸，但全省年成尚好。

遭受旱灾省份有：陕西，大旱，尤以关中为甚，几全年无雨，饥民流徙，纷纷逃荒，卖儿鬻女者比比皆是。山西，保德州秋禾被旱成灾，徐沟、垣曲等9个厅州有旱雹灾害。

先旱后涝省份有：直隶，春夏间久旱不雨，夏麦歉收；8月（六月）间运河水势迭涨，于故城县漫口，部分州县被水，并间有虫、雹偏灾。浙江，春夏无雨，"西湖皆涸"；至9月（七月）间，又淫雨成灾，部分地区"山崩水涌，漂溺民人甚多。"山东，夏麦因被旱被风，收成歉薄；夏秋间，雨水偏多，湖河涨漫，运河决口，莱芜等州县被水成灾。河南，部分州县因旱夏麦无收，入秋后又被水被雹，秋收大减。

水旱兼具省份有：湖北，8、9月（7月上中旬）江水陡涨，公安、石首等地民堤漫决，部分州县低洼田地被淹，高阜之区受旱。湖南，洞庭湖沿岸州县被水，湘东长沙以南各县旱。安徽，安庆等府州属受旱，洼地被淹；池州等府州属受旱，凤阳等地被淹。江西、甘肃等省亦有水、旱、雹、霜灾害。

此外，8月（六月）及12月（十月），东南各省地震。上年发生地震之云南邓川是年又震；四川阆中亦有地震。

1847 年（道光二十七年）

河南、山东、安徽、山西、陕西形成一大旱荒区：河南"亢旱异常，报灾几及通省"；山东"岁大饥，道殣相望"；因旱灾严重，"两省大吏，交部严议"。安徽"亢旱日久"，皖北尤甚；山西因旱夏麦歉收；陕西受上年大旱影响，夏收仍属荒歉。

另有一些地区则大水成灾，如直隶盐山等 26 个州县被水；甘肃西宁因黄河水涨，冲没田庐人口；湖南省东半部及南北两端亦遍遭水灾。但这些省份同时亦有被旱之区，如湖南以长沙为中心之湘东中部，包括长沙、平江、新化、浏阳、湘乡、桂阳等地，均干旱缺雨，有些地区甚至因"无水灌秧，苗尽枯死。"

同时"被水被旱"或兼有霜、雹、蝗等灾之省份尚有：江苏、浙江、湖北、江西、广西等。京师及河南渑池、西藏仑孜先后地震。

1848 年（道光二十八年）

本年灾情以水灾为主，大水遍及苏、皖、豫、浙、鄂、赣、湘 7 省。江苏入夏后始则海潮涌流，继则黄水盛涨，洪泽、高宝等湖先后积涨，河督启坝放水，下游州县尽遭淹灌。安徽沿江各州县，亦均被水成灾，灾区达 40 个州县。湖北大水奇灾，武昌城外"江潮几与城平"，全省淹没田庐，不知凡几。湖南夏季全省遭水，入秋后淫雨连绵，淹没田庐人畜甚多。浙江仁和等 30 余州县被水、被风，温州"低洼处水与墙平，漂溺不计其数。"江西夏秋大水，南昌等 13 个县被淹甚重。河南受水灾区域广达 50 个州县。此外，察哈尔丰宁县夏雨连绵，田庐淹浸，独石口厅秋间淫雨不止。直隶通州等 52 个州县部分村庄被水、被雹；山东夏旱秋涝，秋禾被水地区达 50 余州县；山西萨拉齐、洪洞、定襄 3 个厅县有水、旱、雹灾；广西贵县发生严重蝗灾；甘肃渭源等 22 个州县歉收。

12 月 3 日（十一月初八日），台湾彰化、嘉义发生 6.75 级地震，烈度 9 度，压塌房舍 2 万余间，2000 余人丧生。

1849 年（道光二十九年）

连续第二年大面积水灾，灾区、灾情均较上年更重。5 月下旬至 7 月中（闰四月至五月间），江苏连下滂沱大雨，低洼之区无不漫溢，省城在巨浸之中，苏州等地水入城内，民田庐舍，多被浸淹。浙江自 6 月 17 日（闰四月二十七日）后，连雨 40 余日，上下数百里，江河湖港与田地联为一片，不少城镇陆地荡舟，房屋皆坍，饥民遍野，浮尸累累。江西 7 月（五月）间连降暴雨，沿江沿湖田庐被淹，灾民露宿乏食者甚多。安徽春夏间雨水过多，入夏后大雨如注，通宵达旦，不少州县田庐漂没，二麦歉薄，秋成无收。湖南春夏间淫霖不绝，城乡泛滥，谷价腾贵，饿殍盈路，又兼疫疬大作，死者无算。湖北入夏后大雨兼旬，江岸泛滥，汪洋一片，武昌积水深处约丈余，汉口聚集各地灾民达 23 万余人。河南、贵州、云南、四川、广东、直隶、山西、陕西、甘肃、奉天、黑龙江、山东等省，均有部分地区被水成灾，也有部分地区伴有旱、蝗、雹、风等灾。广西灵川夏蝗秋旱，永淳蝗灾，归顺瘟疫流行。

1850 年（道光三十年）

连续第三年发生大面积水灾。其中，浙江北部曹娥江、苕溪、浦阳江、甬江等河流普遍发生特大洪水，使宁绍平原、杭嘉湖平原造成严重水灾，曹娥江某些河段洪峰流量为迄今近一个半世纪以来最大的一次。江苏秋间烈风暴雨两昼夜，洪泽湖沿堤石工掣塌千余丈，61 个厅州县被水。山东先旱后涝。8 月（七月），黄河入海处塌陷数百丈。永定河于夏间漫决，直隶部分州县低洼田地遭淹；另有部分地区因夏秋干旱，收成减色。湖北、湖南均有较大水灾，长江于江陵县境两次决口，口门刷宽 170 余丈。山西太原、萨拉齐厅等地亦被水成灾。安徽、河南、江西、甘肃、广西等地有水、旱、雹、霜等灾。9 月 12 日（八月初七日），四川西昌发生 7.5 级地震，烈度 10 度；湖南、湖北、广西、甘肃亦先后有震。

1851 年（清咸丰元年）

9 月 15 日（八月二十日），黄河于江苏丰县北岸大决，口门宽达 180 余丈，淹没生民千万，灾民纷纷四散，虽耗帑巨万，至次年仍未合龙。除江苏外，山东下游各州县亦受灾甚重。是年，遭风、雹之灾地区颇广，计有台湾及澎湖列岛、安徽、江西、湖北、甘肃、河南、浙江等省之部分州县。被水成灾者有湖南、山西、陕西、直隶、吉林等省部分州县。新疆伊犁地区春末连降大雪，后又暴雨，冲毁田地甚广。云南石屏、建水2个州县亢旱歉收。

1852年（咸丰二年）

上年黄河于江苏丰北决口后，久未合龙，是年塞而复决，江苏北部、山东各州县继续被水，灾民甚众。苏南及浙江则大旱，西湖水涸。遭水灾较重之区尚有：福建部分州县、湖南沿洞庭湖地区、陕西兴安府属、湖北公安等县、河南永城等27个州县、奉天金县等9个厅州县；遭旱灾较重之区有：湖南邵阳等地、湖北石首等地、云南石屏州等地、山西托克托等地。甘肃河州等19个州县、安徽凤阳等38个州县、直隶保定等45个州县、四川巫山等县有水、旱、风、雹诸灾。广西浔州、梧州、郁林州、柳州各属陆续发生蝗灾。甘肃中卫、江苏南部、湖南醴陵、湖北黄陂、京师地方先后发生地震。

1853年（咸丰三年）

全国有较严重之水灾。河决丰北两载，至是年春始行堵合，苏、鲁二省饥民遍野，饿殍塞途。夏间，丰工复溢，黄水直灌微山湖，漫入运河，苏北、山东连续三年遭水。京师及直隶地区夏秋间淫雨不止，永定河、子牙河、北运河、卫河先后漫溢，80余个州县被灾。浙江60个州县、河南17个县、江西30余个州县、湖北近10个县、湖南20余个州县、贵州镇远等府属、福建大部地区、广东22个州县、安徽舒城等州县及陕西户县、甘肃宁朔县，亦均先后被水成灾。苏南旱，赤地千里，疾疫流行。发生旱灾者尚有湖南麻阳、江西及甘肃部分地区。广西蝗灾严重。4月（三月），苏、浙、鲁同时地震；11月（十月），新疆英吉沙尔连续地震；湖南江华、湖北宜城、河南永城亦先后有震。

1854 年（咸丰四年）

蝗灾呈发展趋势，除广西继上年蝗灾后，本年又有永福等 20 余个州县被蝗外，直隶唐山、滦州、固安、武清等地亦有蝗虫肆虐。春夏间，浙江温州等地疾疫流行，"死丧累累，饿殍处处有之，亦日日有之"。该省 60 余个州县、江苏 66 个厅州县、直隶 49 个州县、河南 14 个县、山东 70 个州县、湖南 15 个州县、山西清水河等 3 个厅县，分别有水、旱、风、雹等灾。江西广昌大水淹城，上万人罹难。江苏、湖南、四川分别发生地震。

1855 年（咸丰五年）

8 月 1 日（六月十九日），黄河于河南省下北厅兰阳汛铜瓦厢决口，正河断流，漫水西浸复折往东北，使黄河改道经山东大清河入海，成为近代黄灾史上之重大事件。除河南省不少州县遭淹外，山东省菏泽、濮州以下，寿张、东阿以上，亦尽被淹没；滔滔浊浪，延及直隶开州、东明、长垣等地，畿南被水。自此之后，山东水患频仍，几乎无年不灾。江苏南旱北涝。浙江、湖南、湖北、江西、安徽、甘肃均有水旱灾害。云南哀牢山区亢旱乏食。直隶静海、新乐等地，江苏无锡等地，河南南阳等地，蝗虫害稼，"米珠薪桂，民不聊生"。江苏、湖北恩施、四川彭水、奉天金州分别发生地震。

1856 年（咸丰六年）

全国有较大面积的旱蝗灾害：直隶南部各州县亢旱异常，京师及保定等数十州县遍生蝗蝻，咸丰皇帝在上谕中曾称"亲见飞蝗成阵，蔽空往来"，直至次年春间，上谕中仍称"上年近畿一带蝗旱成灾，至今民困未苏。"直隶北部则因永定河漫溢，各河道同时盛涨，通州等 41 个州县被水。江苏、浙江全省发生数十年未有之大旱，河水皆涸，田禾尽槁，加之蝗虫为灾，啮草木几尽，饥民遍野，道殣相望。安徽北部、湖北大部、湖南洞庭湖周边地区、河南大部、山东泰安等6个州、江西南昌等州县、陕西部分州县亦均旱蝗成灾，灾民"或吞糠咽秕以延命，或草根树皮以充饥，鹄面鸠形，奄奄垂绝。"福建龙溪等县、广西北流等县、山西托克托城等地、吉林三姓等地、盛京部分地区被水成灾。湖北钟祥、恩施等地先后地震。

1857 年（咸丰七年）

蝗灾继续蔓延。因飞蝗害稼而造成"年岁大荒"的地区有直隶各属，江苏、安徽、陕西、河南、湖南、湖北、山西、山东等省部分州县，灾重之地往往"飞蝗蔽野，食禾稼几尽"，有的地方"蝗虫积地有尺许厚"。云南昆明以南之江川、晋江雨雪成灾，百姓大饥；7月（闰五月）后，直隶节次大雨，永定河又告漫溢；8月（六月）间福建漳州府属连遭大雨，600余人葬身鱼腹；9月初（七月中），江苏宝山海塘冲塌；9月上、中旬（七月中、下旬），浙江海塘冲塌，部分地区遭数十年未有之水灾。安徽、直隶、陕西、贵州、河南、湖南、湖北、江西、山东、甘肃并有被水、被旱、被风、被雹之区。年初，广西北流地震；岁末，山东蓬莱地震。

1858 年（咸丰八年）

蝗灾虽较上年稍轻，但仍在直隶、湖南、湖北、山东、陕西等省造成不同程度之损害。福建、云南部分地区疾疫流行。直隶、江苏、浙江、江西、福建、湖南、湖北、河南、安徽、山东、陕西、吉林、新疆部分州县分别有程度不等之水、旱、风、雹灾害。陕西同官地震。

1859 年（咸丰九年）

本年为中等年景，虽有部分地区被灾，但或者灾区较小，或灾情尚轻，

不致造成严重后果。永定河连续第 3 年漫溢，直隶部分地区被水，部分地区
亢旱。江苏近 60 个州县先旱后涝，浙江 60 余个州县先涝后旱。广东、湖北、
湖南、山东、甘肃、盛京、山西、河南、新疆、贵州部分州县分别有水、旱
之灾，另有局部地区遭雹、霜、风、虫等灾。陕西安康瘟疫流行。黔西南
地震。

1860 年（咸丰十年）

　　江苏南部、浙江嘉兴、湖州二府，山东峄县等地瘟疫流行，染疾者"多
则二日，少则一周时许，亦有半日即死者"，由于"死亡相藉"，"棺木贵不
可言。"春间，浙江北部大雨连月；夏秋间，钱塘江两岸海塘大坏。自夏至秋
冬间，江苏部分州县连遭大雨，河道多处决口，田禾浸没，收成锐减。湖北、
湖南、安徽、江西部分州县大水成灾。山东夏旱秋涝。河南、山西、直隶、
甘肃部分地区有水、旱、风、虫、雹灾。江苏南通、湖北枝江、湖南石门先
后有震。

1861 年（咸丰十一年）

　　本年有较大面积之水灾。曾国藩 7 月 2 日（五月二十五日）家书即称：
"江西、两湖三省水灾已成"；另函又云，因"水大异常"，"江西、两湖农不
能收种，官不能安居，商不能贸易，口粮更从何处取出？真大忧也。"安徽部
分州县春夏间淫雨成灾，6 月（五月）后瘟疫流行，大批人口或饥饿而毙，
或患疾而亡。吉林、山西、江苏、广东、云南部分州县均有大水，田地被淹
甚广。河南、山东、甘肃、直隶及江苏南部，则分别有水、旱、雹、雪、霜、
虫等灾害。
　　浙江温、台沿海州县夏间旱情严重；海宁等地既亢旱日久，又遭海潮冲
淹。冬，海宁、慈溪雪灾。陕西夏间旱荒亦重；冬季剧寒，冻死人畜。岐山
等县有蝗灾。
　　此外，山东莱阳、滕县等地亦"疬疫大作，死亡殆半"。7 月（六月）

间，奉天金州、云南华宁分别发生地震。

1862 年（清同治元年）

瘟疫在许多省份流行。河南正阳县 4 月（三月）间"瘟疫大行，被传染者大半，死伤颇多"，持续达四月之久；全省黄河两岸各州县先旱后涝，并有蝗灾。安徽春荒严重，夏间旱蝗后兼阴雨，全省疾疫盛行，"行路者面带病容，十居八九"，死亡相继，"尸骸狼藉，无人收埋"，甚至"有旋埋而掩埋之人旋毙者"。江苏南部亢旱，北部大水；浙江亦或旱或涝；此二省均有大疫，疫重之区"十死八九，十室之中，仅一二家得免，甚至有一家连丧三四口者"。直隶大面积旱蝗，并有时疫流行，《翁同龢日记》即有"时疫传染，村落多哭声"、"天津通州时疫盛行，浸及都下"之记载。山东文登等地秋季亦疠疫大作，"民多死亡"。瘟疫流行地区尚有陕西、贵州、云南等省之部分州县。

3、4 月（二、三月）间，新疆塔尔巴哈台地区大风雪，冻毙牲畜万余头。6 月 7 日（五月十一日）台湾嘉义等地发生地震，数千人遭难。7 月 26 日（七月初一日），广州及广东滨海地区猝遇飓风，数万人丧生。云南大理、山西曲沃等地，亦先后有震。

湖北、湖南、山东等分别有水、旱、风、虫等灾。

1863 年（同治二年）

瘟疫继续在江苏南部、浙江东部、湖南及陕西部分地区流行，重灾区"死亡甚多，至有全家无一生者"。浙江、山东部分地区旱；吉林、福建、山西、直隶、广东部分州县被水；安徽、江西、湖南、湖北、四川、甘肃、陕西、河南等省分别有水、旱、风、虫、霜、雹灾害。"皖南食人肉，每斤买百二十文"。4 月（三月），云南邓川地震；8 月（七月），江西修水地震。

1864 年（同治三年）

　　江苏、浙江、福建、云南、贵州等地仍有疾疫流行。苏、皖春荒严重，"市人肉相食"。7 月 13 日（六月初十日），苏南、浙东同遭飓风，"上海黄浦溺船无算，人死万余"。秋，黄河于河南中牟上汛十三堡地方溃塌大堤。本年受水、旱、风、虫灾害地区有：安徽 27 个州县、江苏 67 个州县、浙江大部州县、湖南 19 个州县、湖北 19 个州县、山东 75 个州县、河南 66 个州县、直隶 36 个州县及广东、福建、贵州、江西、陕西部分州县。

1865 年（同治四年）

　　江浙有较重之水灾。6、7 月（五月及闰五月）间，该二省连降暴雨，山洪陡发，浙江并冲坍海塘，淹毙人口甚众。广东、广西则旱灾严重。直隶、山东、湖南、河南、安徽、湖北则水旱兼具；皖南灾重，"民相食，人肉一斤，价至百二十文。"湖北当阳、远安地震。瘟疫稍减，仅流行于贵州一省，但"各属城乡士民，患疫之家十居七八。"

1866 年（同治五年）

　　安徽、江苏有较重水灾，"百姓流离满野。"山东春旱夏涝，秋禾被水，饥民数十万。河南、湖南、湖北、直隶、浙江、江西或先涝后旱，或先旱后涝，或旱涝兼具。陕西 32 个厅州县、广西 30 余个州县、贵州部分州县被旱。山西平遥及萨拉齐厅水灾。浙江景宁地震。广西玉林瘟疫流行。

1867 年（同治六年）

春夏间，豫、皖、鲁、苏、楚及京师与直隶地区旱情严重，李鸿章致曾国藩函称："枯旱至此，数十年所未有。"夏秋之交，上述各省又先后暴雨成灾。特别是汉江发生历史上著名的全流域性特大洪水，均县以上汉江南岸的米仓山、大巴山一带灾情甚重。岚皋县"淹死人畜以万计"；安康大水入城，"民居官舍冲毙殆尽"；郧阳县"灌城三日，堂室荡然。"8月（七月）上旬，永定河漫坍 30 余丈。陕甘"岁大饥"，加之部分地区瘟疫流行，"人相食"。湖南、江西、浙江分别有水、旱、风、雹、潮、虫等灾。山西萨拉齐厅、吉林三姓及五常堡水灾。京师、湖北公安、浙江海宁、台湾基隆以北海中分别发生地震。

1868 年（同治七年）

本年灾情以水灾为主。8月（六月）间，黄河于河南省境上南厅荥泽汛十堡决口，加之不久沁河又漫溢，豫省 40 余个州县被淹。安徽受黄河决口影响，亦多处被水。因黄水灌入运河，山东德州等地运河多处决口，徒骇等河亦漫溢成灾。永定河继上年决口后，是年又两次漫溢，滹沱河改道北徙，直隶广大地区被淹。遭受水灾地区尚有陕西咸宁等 60 个厅州县、山西阳曲等 8 个厅县、湖南部分州县、江苏南部 27 个州县、甘肃华池等县、吉林珲春等县及盛京等地。湖北、江西、浙江分别有水、旱、风、虫等灾。安徽定远，湖北江陵、光化、郧县先后有震。

1869 年（同治八年）

本年仍有较大面积水灾。直隶春夏亢旱，但至 7 月（六月），永定河连续第三年漫溢，滹沱河水涨，大片土地遭淹。江苏、浙江、湖南、湖北、安徽、江西及山西、贵州部分州县，或春夏多雨，或夏秋多雨，引起江湖漫溢，江堤冲坍，泛滥成灾。灾民或遭淹毙，或纷纷至省城等大城市就食，仅长沙一地即麇集灾民五万人。上述各省，亦间有被旱、被风、被虫、被疫之处。山东、河南亦有水旱灾害。广西归顺等31个州县被旱。

1870 年（同治九年）

灾情仍以水为主。直隶春夏间亢旱缺雨，二麦失收；7月（六月）间，永定河连续第四年决口，滹沱河亦再度漫决。长江上游发生历史上罕见之特大洪水，嘉陵江中下游、长江干流重庆至宜昌段，出现数百年间最高洪水位。合川、涪陵、丰都、忠县、万县、奉节、巫山、宜昌等沿江城市均遭灭顶之灾；洞庭湖区堤垸溃决，洪水泛滥，枝江、公安等水逾城垣数尺，屋宇民舍漂没殆尽。也有一些地方形成旱荒，包括：吉林宁古塔、三姓、珲春等地，陕西肤施（今延安）等54个州县，山东汶上等16个州县。因水旱等灾歉收者尚有安徽40个州县、河南71个厅州县、山西5个厅县、江苏64个厅州县、浙江62个州县、江西27个州县。四川巴塘、台湾高雄、云南新平先后有震。9月（八月）间，衡阳大火，延烧3000余家。

1871 年（同治十年）

直隶、河南、广东、云南、山东、奉天、湖北及山西部分州县有较重之水灾。夏秋间，直隶久雨不晴，永定河、海河、南北运河、草仓河、拒马河先后漫溢，畿辅东南几成泽国。河南沁水、氾河亦先后涨溢，全省75个州县遭淹。广东省广州、肇庆、惠州、潮州、嘉应各府州属雨水过多，河流泛涨，田地多被淹浸。云南省昆明、江川一带大水，全省44个府厅州县被水。黄河于山东郓城侯家林地方决口，黄水窜入南旺湖，倒漾入运河，沿河州县多淹。奉天金州等地、湖北武昌等25个州县、山西徐沟等5个厅县亦均被水淹致灾，收成歉薄。此外，浙江于春间遭暴风雨雹袭击，倒塌房屋，压毙人口；江苏35个厅州县、陕西37个州县、安徽41个州县、江西26个厅县、湖南部分州县有水旱灾害；四川继上年大水后，是年又夏旱秋潦，禾稼失收；西藏达木八旗并三十九族各处地方（在今西藏自治区东北部，拉萨以东以北地区）屡被雪灾。

1872 年（同治十一年）

继上年大水之后，京师及直隶又发生严重水灾。永定河、滹沱河及运河等再告漫决，浸淹数十州县，百姓荡析离居，困苦异常。发生水灾地区尚有新疆、奉天、四川及湖南湖北部分州县。发生旱灾地区有福建、广东、广西部分地方。江苏南旱北涝，南京、上海等地先后地震。浙江 67 个州县、江西 28 个厅县、安徽 42 个州县、河南 73 个厅州县、山东 71 个州县、山西 4 个厅州县分别有被水、被旱、被风、被虫地方。云南江川县夏间大疫；永昌府属大饥。

1873 年（同治十二年）

直隶再次发生大水灾。7 月（六月）后，大雨弥月，永定河连续第七年漫决，滹沱、大清、潴龙、潮白、拒马等河同时异涨，各水皆溢，一片汪洋。当时《申报》称："该处屡遭饥馑，百姓困苦流亡，不忍目睹，不忍耳闻。"与直隶大水并重者则为江浙之旱。该二省"自春而夏，自夏而秋"，均缺少雨泽，田禾枯槁，河井皆涸。遭受水灾地区尚有奉天、湖北及湖南陕西四川部分州县。山东则因黄水骤涨，北岸漫决，漫水由平地东流，滨州、惠民、沾化、济阳等州县被淹甚广。河南亦因黄水涨发，于孟津县冲塌河水套湾，部分村庄室庐倾圮，田禾漂没。但该二省亦有被旱、被虫之处。安徽、江西部分州县均有水旱灾害。夏间，江、浙、闽遭飓风侵袭，毁屋伤人。上海地震。

1874 年（同治十三年）

东南沿海因风灾造成重大损失。7 月（六月）、9 月（八月）间，飓风两度袭击台湾及澎湖列岛，摧塌城垣、民房，沉失轮船，伤毙人口；福建部分地区亦遭波及。9 月 22 日（八月十二日），香港、澳门发生特大风灾，波及广东，全省因灾罹难者达万人。

直隶永定、潮白二河再度漫决，沿河州县田庐被淹，收成减失，并有颗粒无收之处。山东及江苏北部部分地区续被黄水漫淹。陕西、奉天因风狂雨暴，河水漫溢，田宅被冲淹。安徽 54 个州县、河南 79 个厅州县、湖北 25 个州县、浙江湖南江西部分州县，分别有被水、被旱、被风、被雹、被虫之处。局部地区灾情颇重，如湖北黄陂因水发"漂没不下千人"；宁波等地时疫流行，"几于挨户皆然。"山西太原、汾阳、临汾、兴县、萨拉齐厅有水、雹灾害。

1875 年（清光绪元年）

本年北旱南涝。薛福成在代李鸿章起草的一封信中称："南北荐饥，晋、豫尤甚。灾区之广，饥民之多，实二百年来所仅见。"京师及直隶大旱，"麦尽枯槁无收"；但永定河则连续第九年漫决，部分地区被水。山西、河南、陕西大饥，"赤地方数千里，句萌不生，童木立槁"。甘肃亦大旱，各郡饥民聚集秦州者数十万。

江苏、安徽、湖南、广西、云南大部地方则淫雨为灾。山东、江西、湖北、浙江部分州县分别有水、旱、虫、雹灾害。5 月 31 日（四月二十七日），广州遭台风袭击，毁屋坏船。6 月（五月）间，贵州南部、湖南靖州分别发生地震。

1876 年（光绪二年）

是年水旱之灾均颇严重。旱荒之区有：直隶，自春徂夏亢旱异常，黍麦枯萎，并伴有疠疫及蝗灾。山东，春夏大旱，部分麦田颗粒无收；大部州县旱情至秋冬未解，饥荒严重。河南，春夏间雨泽愆期，麦收歉薄，秋禾受伤。安徽被旱成灾，皖北尤甚。江苏北部亦大旱，并有蝗灾，饥民纷纷渡江乞食。山西，太原、汾州等府亢旱歉收。陕西因旱荒严重，夏秋歉收，冬麦多未下种。奉天义州受旱、霜之灾，饥民达十万余人。但上述地区中，直隶、山东、河南部分州县又因秋雨连绵，造成水灾。

遭受水灾地区有：福建，入春后雨水淋漓，6月7日（五月十六日）后，福州暴雨四日，加之海潮顶涌，城内水深数尺，周围州县亦遭水淹，全省灾民达数十万人。台湾，夏季连遭暴雨飓风袭击。浙江，入夏后多次遭狂风暴雨及海潮侵袭，田地被淹，秋成失收，居民溺毙者甚众。江西湖南亦因雨水过多，田庐被浸，人口损伤。湖北、广西部分州县因灾歉收。云南永平、大理先后发生地震。

1877 年（光绪三年）

本年发生中国近代历史上最严重的大旱灾。此次旱灾，以山西、河南为中心，旁及直隶、陕西、甘肃全省及山东、江苏、安徽、四川之部分地区，形成一个面积辽阔的大旱荒区。灾重之区，赤地千里，遍野荒丘；草根树皮，罗掘俱尽；饿殍盈途，道殣相望；"一家十余口，存命仅二三；一处十余家，绝嗣恒八九"。"人死或食其肉，又有货之者，甚至有父子相食、母女相食，较之易子而食、析骸以爨为尤酷"。山西太原府因灾荒造成之死亡率竟高达95%。大部地区除旱灾外并伴以瘟疫及蝗灾。旱情一直延至翌年。按照干支纪年，是年为丁丑年，翌年为戊寅年，故史称"丁戊奇荒"。

除大旱灾外，福建继上年大水后再度被水，福州城内水深及丈，溺饥而亡者甚众，灾情较上年尤重。广东、吉林部分地方亦遭水淹。江西、浙江、贵州、湖北、湖南等有水旱灾害。台湾北路风灾，损失颇剧。云南武定、贵州绥阳、广东合浦分别有震。

1878 年（光绪四年）

山西、河南、直隶继续大旱。但同上年相比，旱区已相对缩小；陕西、四川已由旱转涝；山东、江苏、安徽、甘肃则是水、旱、风、雹、虫灾并存；河南、直隶于秋后亦解除旱情，反因大雨连朝，又遭水患。浙江、湖北、贵州有水、旱、虫、雹灾害。福建、湖南、奉天大水，禾稼歉收。

　　4月11日（三月初九日），广州遭暴风雨袭击，倒塌房屋数千间，伤毙人口万余；风后继以大火，损失颇重。5月（四月）间，台湾风灾。8月7日（七月初九日），云南永宁地震。

1879 年（光绪五年）

　　7月1日（五月十二日），甘肃阶州、文县发生强烈地震，震级8级，烈度11度。除震中遭巨大破坏外，并影响四川、陕西、山西、河南、湖北等省。剧震引发大水，阶州、文县"淹没人畜无算"。震灾加水灾，仅震中地区即有四万余人悲惨丧生。

　　直隶、山西春夏仍继续干旱，麦收大减，秋禾难播。秋后山西旱情解除，而直隶又雨水过多，禾稼被淹。河南84个州县、安徽46个州县、陕西67个厅州县、山东78个州县及江苏浙江湖北部分地区分别有水旱灾害。广东、湖南、四川部分州县遭水。吉林宁古塔、三姓、五常堡旱灾。云南龙陵、弥勒冬季亦有震。

1880 年（光绪六年）

　　6月22日（五月十五日），甘肃文县再次地震，应为上年强烈地震之余震。

　　广东、福建、湖南洞庭湖周围、四川资阳等县、陕西临潼等县、山西太原等县遭受水灾及雹灾。江苏夏秋间亢旱异常。安徽45个州县、山东78个州县、河南86个厅州县、直隶63个州县、江西29个厅县及湖北部分州县分别有被水、被旱、被雹、被风、被虫之处。

1881 年（光绪七年）

是年，全国各地震情活跃。2 月 18 日（正月二十日），台湾淡水、新竹地震。6 月（五月），台湾再度地震；福建、四川亦有震。7 月 20 日（六月二十五日），甘肃礼县地震，压毙 480 余人，波及宁夏、陕西、四川、青海等省。岁末，云南弥勒地震。江苏、浙江、江西、广西、福建、云南或连遭暴雨，或风潮暴发，均积潦成灾。广东先涝后旱。直隶、陕西、安徽、贵州、河南、山西、山东、湖南、湖北分别有被水、被旱地方。

1882 年（光绪八年）

本年灾情以水灾为主。6 月（五月）间，因两次大暴雨，造成山洪暴发，大别山区、皖南山区及杭嘉湖地区，发生特大洪水，"蛟洪所过之地，沙石弥望，庐舍荡然无存，田畴亦压荒殆尽。"安徽 60 个州县受灾，人口淹毙甚多；浙江许多地方也"坏庐，人畜多溺死"。夏秋间，黄河在山东境内多次决口，广大地区遭黄水漫淹，灾民达数十万人。江苏、江西、福建、湖南、湖北、直隶、四川、云南、贵州、广东、广西或全境，或部分州县，亦均有雨雹灾害。陕西 54 个厅州县、河南 85 个州县、山西 28 个厅州县及黑龙江齐齐哈尔、墨尔根各城被灾歉收。

1883 年（光绪九年）

本年仍有大面积水灾发生。黄河继上年在山东决口后，是年又在该省境内多次漫溢，造成严重水灾，饥民达数十万之众。京师及直隶 7 月（六月）后连降大雨，永定河漫口，南部又受山东黄河决口影响，灾区颇广。安徽淮河沿岸州县被水成灾，灾民亦数十万人。江苏、浙江遍遭水灾、风灾。长江、汉水泛涨，江堤溃决，湖北、湖南多处被淹。广东、云南、甘肃部分州县亦有被水、被风之处。

江西南昌等地干旱严重，禾苗枯槁，全省 35 个厅州县被灾。被旱者尚有吉林宁古塔、三姓等地。山西、河南、四川、陕西、黑龙江部分地区分别有水旱等灾。台湾地震。

1884 年（光绪十年）

7月1日（闰五月初九日），黄水又于山东齐东等县决口，灾民达百万余人。直隶上年被水之区春初积水未消，伏秋大汛期间，东明县境黄河堤岸又漫溯成口，永定河亦再次漫决，但春夏间京师却亢旱缺雨。被水地区尚有安徽、广东、福建、陕西、湖南部分州县。江西、河南、江苏、浙江、辽宁、黑龙江、山西、甘肃、贵州、四川、湖北大部或部分州县，则旱潦不均，少数地方灾害较重。广西 16 个州县被旱。新疆镇西厅夏间突降大雪，田禾冻萎。甘肃秦州、云南普洱先后地震。

1885 年（光绪十一年）

本年全国灾情以水灾为主。6月（五月）间，珠江流域之西江、北江因大雨连旬，同时陡涨，西江支流柳江、桂江、贺江以及北江支流滃江、滨江均发生近百年来未有之特大洪水，珠江三角洲灾情颇重，广州市区水深一二尺，"被水各属淹毙人口难数计"，广东、广西各有灾民 20 余万人。湖南、江苏、安徽、江西、直隶、山东、陕西、奉天大部地区及云南、贵州部分州县，亦均有较大之水灾，灾重之区损失颇巨，如湖南省常德、澧州一带即有万余人遭灭顶之祸。以上地区亦间有受旱、受虫之处。湖北、浙江、四川、河南、山西、吉林、新疆部分州县则分别因被水、被旱、被雹歉收。年初，甘肃秦州再度地震。

1886 年（光绪十二年）

本年灾情仍以水为主。山东境内黄河多次决口，灾情颇重，全省 78 个州县遭淹。8 月（七月）中旬，直隶燕山山脉发生大暴雨，使滦河流域出现历史上少见之大洪水，海河流域之潮白河、蓟运河、北运河水系，亦遭波及，诸河决口，漫淹甚广。仅迁安、卢龙、滦县、昌黎、乐亭 5 县被灾村庄即达 1072 个，成灾五分以上者 521 个村庄。山西亦因夏间大雨倾盆，山洪暴发，汾河涨溢，被淹甚广。有较重水灾地区尚有奉天、福建、浙江、江苏、江西、湖南、云南、陕西、甘肃部分州县。广东、广西部分地区秋旱歉收。湖北、安徽、吉林、黑龙江、新疆、河南分别因被水、被旱秋收歉薄。

1887 年（光绪十三年）

是年，一些重要河流漫决，造成大面积水患。3 月 16 日（二月二十二日），永定河决口。7、8 月（六、七月）间，潮白、永定等河又告漫决，顺、直地区一片汪洋。与此同时，黄河先后于山东齐河县境之朱家圈民埝、直隶开州大辛庄决口。9 月末（八月中），黄河又于河南郑州决口，沁河于武陟县境决口。除豫省遭淹外，又因黄流入淮，浸及安徽、江苏，皖省沿淮河、沙河州县沦为巨浸。江西、四川、湖北、湖南、陕西、甘肃、云南等省之大部或部分地区，亦因连阴多雨，遍遭水灾。湖南、广西、山西亦有因灾歉收之处。新疆部分地区有水、雹、霜、雪、鼠灾。奉天金州被旱、被虫。11 月 19 日（十月初五日），厦门火药库失慎爆炸，损失严重。12 月 16、17 日（十一月初二、初三日），云南石屏、建水等地发生强烈地震，死伤惨重。

1888 年（光绪十四年）

8 月上中旬（六月末至七月中），辽宁东部、吉林南部连续 3 次大暴雨，使鸭绿江下游干支流及大洋河、浑河、太子河、辉发河等流域发生历史罕见之大洪水。洪水决堤、漫溢，泛滥成灾，千余人为浊浪吞没，禾稼失收。与此同时，直隶也连降大雨，永定等河决口，据刘光第函称，仅"离京二十二里芦沟泛之水灾，实淹死居民二万有奇"。此外，山东76个州县、山西18个厅州县、河南81个厅州县、江苏64个厅州县、浙江66个州县、江西30个厅县及广西、广东、福建、四川部分州县，分别遭水、旱、风、虫、雹、火灾害。安徽北涝南旱，湖北先涝后旱。湖南年初大雪成灾；夏秋间有水、旱、蝗灾，并有疫病流行。云南阿迷州、蒙自县疫疠流行，死亡甚众，并受虫灾。陕西、甘肃、新疆部分地区有雹灾。11月2日（九月二十九日），甘肃靖远一带地震。

1889 年（光绪十五年）

全国大部省份发生水灾。6、7月之交（五月下旬、六月上旬），大雨滂沱，山洪下注，沙河、淮河漫溢，安徽部分州县被淹；至10月（九月）间，江、淮复涨，漫淹更广。7月31日（七月初四日），河南沁河决口；伏秋之际，直隶长垣县黄河决口，滑县、延津等先后被淹。7、8月（六、七月）间，黄河在山东章丘、历城、齐河境内决口，全省82个州县灾歉。夏秋间发生较重水灾地区尚有：四川、湖北、湖南、浙江、江苏、广东、陕西、甘肃。云南先旱后涝。江西16个厅县、山西19个厅州县分别有水、旱、雹、碱等灾。新疆绥定等处地震，城垣坼裂。

1890 年（光绪十六年）

夏间，直隶淫雨连绵，永定等河决口，千数百里间一片汪洋，灾情极重；山东齐河县等处黄河泛滥，37个州县被淹；福建省城福州两度被水；奉天、吉林、湖北、湖南均有部分地区淫雨成灾，田庐荡然；陕西、甘肃、新疆亦有局部性的水、雹灾害。夏秋之间，江苏、安徽、浙江、山西、江西、广西、云南部分州县因灾歉收。河南49个州县先涝后旱。广东鼠疫盛行。四川部分地区遭水、火、雹灾。台湾台北等府属被风、被水。

1891 年（光绪十七年）

本年为中等年景，虽不少省份均有水旱偏灾，但未发现大灾。

1892 年（光绪十八年）

年初，直隶、山西、甘肃全省及云南昭通、东川府属发生较严重之春旱，直隶、甘肃旱情并延至夏季。但夏秋间，许多地区先后发生水灾。7月上中旬（六月中旬），山西连续阴雨40余日，晋北发生两次大暴雨，使"滹沱、汾、涧、涂、文峪等河同时并涨"，造成晋北近百年间最大一场洪水。陕西、河南、直隶、内蒙古等相邻省区亦受影响。直隶永定、南运、北运、大清、潴龙、潮白、拒马诸河纷纷漫溢；河南卫河亦暴涨冲溢。黄河在山东省惠民、利津、济阳、章丘四县境内决口，同时，卫河、运河亦在临清境漫溢，山东84个州县灾歉。奉天、吉林淫雨、霜冻为灾，辽河泛滥。发生水灾地区尚有：甘肃、云南、贵州、四川、广东、湖南、福建、台湾部分州县。湖北则夏涝秋旱。江苏除萧县、宿迁夏间被水外，其余州县普遭旱灾。安徽、江西、浙江分别有被水、被旱、被蝗之处。四川并有瘟疫流行，死亡惨重。

1893 年（光绪十九年）

夏间，顺、直又遭严重水灾，永定河、南北运河、大清、潴龙、潮白、子牙、滦河、蓟运河、凤河漫溢多口，"上下千数百里，巨浸汪洋，平地水深丈余"；山东章丘等县或被黄水冲塌决口，或水大漫溢出槽，被灾地区甚广。遭受水灾地区尚有：福建、台湾、广东、广西、湖南、云南、四川、甘肃、吉林部分州县。湖北先涝后旱；河南夏旱秋涝。安徽、江苏、浙江、山西、江西、陕西、新疆因有水旱偏灾，收成歉薄。湖南并有瘟疫流行，死亡相继。

四川打箭炉、甘肃西宁、新疆莎车厅先后地震，颇有人畜伤亡。

1894 年（光绪二十年）

夏秋间，顺、直地区再次发生大面积水灾，灾区广达 102 个州县；山东雨水过多，部分州县积潦成灾；河南先旱后涝，8 月（七月）间漳河、卫河漫溢，内黄、浚县等同遭水淹；奉天、吉林阴雨连绵，河水泛涨，沿河州县被灾。广东、湖南、福建及台湾部分地区亦于春夏间分别遭暴风雨侵袭。山西、陕西、甘肃、云南、四川、广西、湖北、安徽、江苏、江西、浙江分别有被水、被旱、被风、被雹、被虫、被潮之处。

1895 年（光绪二十一年）

顺、直地区及奉天、吉林春荒严重。入夏后，直隶大雨倾盆，兼杂冰雹，天津沿海一带遭海啸侵袭，损失颇巨。山东利津、寿张、齐东境内黄河决口，运河、卫河亦告漫溢。河南武陟、河内境内沁河漫决，全省 54 个州县被灾。山西南部因连降暴雨，发生该地区近百年间之最大洪水，"汾浍暴涨，房屋倒塌无算"。被水、被雹之区尚有：陕西 31 个厅州县、甘肃部分州县。湖南、湖北水旱交乘，尤以旱灾为重。云南、新疆、四川、安徽、江苏、江西、广西因水旱虫等灾歉收。贵州及浙江亢旱成灾。台湾台北、彰化等地，夏秋间疾疫流行。新疆及广东先后地震。

1896 年（光绪二十二年）

2 月（正月），四川、云南地震。江苏北部、湖南东部春旱；河南东部麦苗生虫。夏，黄河在山东利津县境决口；直隶永定、潮白、子牙等河溃决；长江汉水陡涨，沿江州县被淹；东北地区松花江、牡丹江、图们江等大小江河漫溢。夏秋间遭受水灾地区包括四川东部、河南大部、山东全省、直隶、江苏、湖北、吉林大部及贵州、云南、黑龙江、奉天小部地区；其中川东水淹山崩，鄂西旱涝交乘，灾情尤重，仅湖北灾民即逾百万。此外，陕西夏旱秋潦，浙江、江西、甘肃、新疆、山西、安徽、广西、湖南部分州县分别有被旱、被水、被风、被虫、被雹、被潮之处。台湾全岛鼠疫蔓延。

1897 年（光绪二十三年）

本年被水区域较上年有扩大之势。3 月（二月）至 9 月（八月）皖北淫雨不止，淮、浍、涡、淝各河沿岸县乡一片汪洋，凤阳、颍州、泗州诸属灾民达百万之众。夏秋间苏北大雨，洪水出槽，据刘坤一称"徐淮海水灾略与皖北相等"。江西 28 个州县、湖北 30 个州县、湖南 11 个厅州县、直隶 43 个州县、甘肃 13 个州县及广东、广西、贵州、陕西、东北三省、新疆等处，也有不同程度的水患。2 月（正月）、12 月（十一月），黄河在山东历城、章丘交界处及利津两度凌汛决口，水淹 10 余个州县，全省共 76 个州县成灾。河南、云南夏旱秋涝。此外，浙江 72 个厅州县、四川 30 个厅州县、山西 10 个厅州县遭水、旱、蝗、雹、冻等灾。

1898 年（光绪二十四年）

全国仍有大面积水灾。河南自春至秋阴雨连绵，各河漫溢，58 个州县灾歉。夏秋间顺直地区连续第九年被水，52 个县受灾，重灾之区十室九空，口外诸属则春旱秋冻。8 月（六月下旬至七月上旬），黄河在山东漫决多口，南北运河涨溢，浊流漫卷 30 余州县，"其民有淹毙者，有疫毙者，有饿毙者，有陷入淤泥而毙者"。全省受灾州县 82 处，流亡载道。苏北受山东洪水波及，徐海地区继上年大水后又积潦成灾。皖北上年积水未消，夏秋复遭水患，而秋后又大旱。四川入夏近 30 个州县洪涝成灾。他如江西 29 个厅县、湖北 28 个州县及湖南一部水旱交乘；福建、广东沿海地区遭风潮袭击；东北三省、陕西、甘肃、山西、浙江、广西、云南均有被水、被旱、被雹、被霜、被碱之处。新疆发生强烈地震。

1899 年（光绪二十五年）

　　黄河流域由连年水灾转为大面积亢旱，且并发各种灾害。顺直一带全年未下透雨，33 个州县麦收歉薄，秋种失时，但又有 16 个州县被水。山西省城南北皆旱，兼有霜雹冻等灾。甘肃 12 个厅州县旱水霜雹交乘。陕西从夏秋到仲冬亢阳不雨。河南麦收中稔，入秋有 58 个州县被旱、被雹，豫北灾情尤重。山东 91 个厅州县多灾并发，流民载道。

　　被水区域有贵州、云南、广东、湖南、江西、吉林、新疆等省的部分州县。夏秋间湖北水旱交煎，灾区颇广。此外，安徽 38 个州县、江苏 66 个厅州县、浙江 70 个厅州县、四川 60 个厅州县、广西 10 个州县因水旱风雹虫火等害成灾，歉收。

1900 年（光绪二十六年）

　　黄河流域的旱荒进入严重时期。陕西奇旱，灾区 60 余个州县，饥民百数十万，"致有食人之事"。甘肃 22 个州县遭旱水雹灾。山西自春至秋亢阳不雨，灾区 60 余个州县，重者赤地千里，颗粒无收。顺直地区 30 余县春夏秋三季亢旱，畿辅大饥，瘟疫流行，而南部开州、东明、长垣的秋禾又被黄水淹没。2 月（正月）山东滨州张肖堂河决，连淹下游数县；入夏 77 个州县被旱或被水。河南夏秋旱，64 个州县歉收。湖南、四川等省也有较大面积的旱区，但湖南滨湖州县入夏又有水灾。

　　6 月末（五月杪至六月初）闽北暴雨，酿成闽江干流近百年来最严重的一次大水灾，上游各府人畜漂流，福州四围一片汪洋，城内水深数尺至丈余，附城积尸数千百具。此次降雨区还延及浙、赣两省，浙江丽水、青田、龙泉一带灾情尤重。此外安徽 33 个州县、江苏 62 个厅州县、湖北 29 个厅州县以及云南、贵州、新疆等省的部分厅州县也有多种灾害发生。

1901 年（光绪二十七年）

上半年，甘肃、陕西、山西、河南、直隶等省继续亢旱，山、陕"虽人肉亦须百八十文始获一斤"。入秋后山西收成中稔，河南、直隶、甘肃的大部或一部又洪涝成灾。8 月上旬（六月下旬），黄河先后在河南兰仪及山东章丘、惠民决口，潦区颇广。东南各省入夏皆被水患。如湖北大雨，江汉并涨，沿江各县成灾；秋后又有部分州县旱。湖南长沙、岳州、常德等府各属被淹。安徽沿江两岸洪水漫溢，灾民数十万；江苏省城水深数尺，63 个厅州县被水、被潮、被风，刘坤一奏称"此次苏省水灾，实为数十年所未有"。江西 40 余个州县、浙江 22 个厅州县、福建西部北部及广东部分州县，或因大雨成灾，或遭飓风海潮。奉天、云南也有被水之区。内蒙古大部分旗地虫灾。云南邓川发生强烈地震。

1902 年（光绪二十八年）

本年多灾并发，部分地区灾情严重。旱灾以四川为最，广至 73 个厅州县，又有 18 个厅州县被水或被雹，灾民数千万人，市镇寥落，村舍无烟。直隶广宗、钜鹿一带春旱；皖北夏旱蝗灾。7 月（六月）胶东大雨成灾，继而黄河决于利津、寿张、惠民等处，济南等 10 府被淹。京津一带、苏南、湖南辰州、黑龙江瑷珲流行瘟疫。他如湖北大部，江西、福建、广东、广西等省一部夏涝秋旱，或水旱交织。山西 45 个厅州县、陕西 8 个县，甘肃、河南、浙江、云南、贵州、吉林、新疆的部分州县，有被水、被风、被旱、被雹、被蝗之处。新疆阿图什附近地震，震级 8.25，烈度 11。

1903 年（光绪二十九年）

本年部分地区水灾频仍。顺直一带春夏苦旱，7 月下旬至 8 月中旬（六月）大雨沛降，各河漫决，兼之雹虫霜冻，36 个州县灾歉。8 月 5 日（六月十三日）黄河决口于山东利津宁海庄，加之大雨，全省 86 个县被灾。陕西 40 个厅州县、四川 17 个厅州县，湖北、广东、奉天的部分厅州县，吉林三姓、湖南新化遭不同程度水患。其中如四川合州，大水淹至山腰州署，四围一片汪洋，城外居民数千户漂没净尽；南充塌城 400 多丈。江苏江宁等府入夏水、风、旱灾交煎。浙江先涝后旱，复被风袭虫啮，全省大面积灾歉。甘肃 16 个厅州县、广西 26 个州县及云南、江西、新疆一部，遭水、旱、虫、雹、霜冻等灾。

1904 年 （光绪三十年）

本年西部地区发生历史上罕见的跨流域特大洪水。7 月 11 日至 18 日（五月二十八日至六月初六日），青藏高原东侧包括西宁、皋兰迤南，天水、成都以西，澜沧江以北的广大地区，因持续降雨，使甘肃境内的黄河、渭河、洮河、白龙江，四川西北部的岷江及大渡河、青衣江、雅砻江等河上游同时暴涨，泛滥成灾。甘肃皋兰关厢内外一片汪洋，河滩村庄 20 余处被冲没，灾民 2 万余，被水之重为前所未有。皋兰下游青铜峡沿河村庄被淹，洮河沿岸田舍漂没，坡垅崩毁。川、康交界大渡河两岸漫溢；岷、沱并涨，10 余个州县田庐冲刷无算；雅江街上可以行舟。而四川东北部 60 余个县夏季却大旱，入秋也遭水淹。

其他各省也以水灾居多。黄河上年之利津决口，本年 1 月（十二月）始合拢，而 2 月（正月）、7 月（五月），该县又两度漫决。顺、直夏雨连旬，永定、潴龙等河出槽泛滥。浙江 20 余个州县、湖南滨湖 11 个州县、广东 4 府 2 州、闽西一带、云南 5 个厅州县，也不同程度被水。河南先旱后涝。湖北和江西的部分州县水旱交织。陕西 22 个州县被雹、水、冻灾。四川道孚西北、台湾嘉义发生强烈地震。

1905 年（光绪三十一年）

全国仍有较大面积的水灾。四川 35 个厅州县、云南 11 个厅州县、湖南 14 个厅州县、闽东南、苏南与徐淮一部、贵州部分地区、奉天中南部、新疆英吉沙尔厅，夏秋被水灾歉。其中云、贵灾情最重，如 8 月（七月）上旬大雨倾盆，昆明城外河堤漫决，大水从东南入城，深数尺及丈余，东南城外数十里民房田亩概被冲没。云南、川东北、福建、湖南等地，都是连年遭淹之区。此外，直隶 28 个州县、山西 22 个厅州县、河南 40 个州县、江苏 33 个厅州县、浙江 72 个厅州县、湖北 25 个厅州县、安徽 28 个州县、江西 26 个厅州县，并陕西、甘肃、吉林等省少数州县，遭水、旱、雹、虫各灾。9 月（八月）苏南沿海被特大潮灾，淹毙人命以万计。吉林发生强烈地震。

1906 年（光绪三十二年）

本年水灾严重。从 4 月（三月）到 6 月（五月），广东两次大暴雨，广州、肇庆、高州、钦州等府大面积成灾；入秋沿海各属又遭强台风，塌屋沉船，溺毙人畜。广西入夏淫雨为灾，继之亢旱，损失颇重。四川春夏间 30 余个州县水患。两湖从年初到 5 月（四月）大雨时行，江、汉、湘水并涨，湖南衡州、永州、长沙、常德 4 府各州县一片汪洋，灾民三四十万人，溺死三四万人。湖北先涝后旱，28 个厅州县成灾。湘汉洪水注入皖、苏，加之两省大雨，安徽 40 个厅州县被水。江苏水患波及 61 个厅州县，灾民不下二三百万人，苏北灾区"草苗树皮剥食俱尽，弃男鬻女，所在皆然。"江西先涝后旱。8、9 月（七月）雨区集中在浙、闽一带，浙江被淹 73 个厅州县；福建漳州府属第 3 年被水，闽县亦淹。河南 47 个厅州县、山西 27 个厅州县、陕西 24 个厅州县、甘肃 13 个厅州县及奉天一部也遭水雹之灾。云南由涝转旱，旱情延至次年夏，赤地千里，易子而食。绥远遭旱被蝗。顺直、山东旱水交乘。台湾、新疆共发生 3 次强烈地震。

1907 年（光绪三十三年）

各地晴雨不均，时有灾害，但灾情轻于前数年。两湖继上年大水之后，春夏间部分州县又遭漫淹，湖南滨湖一带复有秋水为患，两省间有高地旱。广东 11 个厅州县、福建一部也被水。先旱后涝的有直隶、山东、江苏、四川、黑龙江等省一部。其中顺、直春旱，入秋淫雨，永定、北运等河多处漫决，兼之雹击虫啮，38 个州县成灾。四川春夏亢旱，8 月下旬（七月中旬）雨暴风烈，省垣水深数尺，成都等 4 府灾情严重。此外，甘肃 10 个州县、陕西 9 个厅州县、山西 12 个厅州县、安徽 33 个州县、浙江 74 个厅州县、江西 22 个厅州县、云南 35 个厅州县及奉天、吉林少数州县，因晴雨不调，遭旱、水、雹、虫等灾。新疆、福建、台湾地震。部分省区发生鼠疫。

1908 年（光绪三十四年）

本年年景略同于上年。但广东 14 个府、湖北 31 个厅州县、湖南 15 个厅州县、直隶 48 个州县及黑龙江一部有不同程度水患。其中广东于 6、8、10 月（五、七、九月）间，3 次遭大雨飓风，三江涨发，冲决围堤，致成大面积水灾，灾黎近百万。湖北黄冈、麻城、黄安，湖南澧县，黑龙江省嫩江沿岸部分厅县被灾也较重。山东 91 个州县、河南 45 个州县、安徽 40 个州县、江苏 41 个厅州县灾歉。山西、陕西、甘肃、新疆、云南、福建、江西、浙江等省，有被水、被旱、被雹、被风、被蝗之处。

1909 年（清宣统元年）

从本年到 1919 年是一个洪水频发的时期，大面积涝灾几乎无年不有。本年湖南、湖北、吉林、江苏、安徽、广东、奉天、新疆等省都有水患。入夏湖南沿河滨湖各属大雨溃堤，灾民不下百余万，而湘中又遭虫、旱。湖北 6

府 1 州有大面积水灾，武昌、汉口积水数尺。苏北皖北水患也颇重。7 月 23、24 日（六月初七、初八日）吉林东北部发生大强度暴雨，使第二松花江各支流及拉林河、牡丹江上游出现特大洪灾，省城被水灌注，吉林府四围二三百里内依山傍河各村屯悉被冲毁，灾民 16 万人，死亡数以千计。甘肃连旱 3 年，"饮水亦至枯竭"，但 7 月中（六月初）因大雨河决，使皋兰等 28 个州县遭潦。浙江、江西先涝后旱，浙江尤重，民食维艰。山东 87 个州县、河南 41 个州县、直隶 41 个厅州县，及黑龙江、陕西、山西、云南、广西、福建等省一部，被水、旱、虫、雹等灾。

从本年到 1920 年为地震活跃期。本年台湾、山西、云南共发生 6 次地震，其中台北和云南弥勒，为 6 级以上强震。

1910 年（宣统二年）

本年有大面积水灾。主要灾区一在长江中下游 6 省，并波及河南、山东；一在东北 3 省。湖南连续第七年被水，初夏之后始则天寒地冻，继则暴雨狂风，灾情奇重，流民 10 余万人。湖北第五年遭淹，江、襄并涨，荆门沙洋大堤溃决，灾区 28 个厅州县。江苏、安徽水灾仍以北部为重，"虽极高之田亦被淹浸"，"流亡者十逾五六"。浙江、江西都有部分州县暴雨成灾。夏秋间山东淫雨不止，黄河在寿张孙家码头决口，被灾 90 个州县。河南被水 42 个州县。与此同时，东北连降暴雨，使嫩江、松花江、柳河、瑷珲坤河等纷纷漫溢，漂没田舍；又发生近代迄此最严重的一次鼠疫，死亡五六万人。直隶先旱后涝。山西 38 个厅州县、陕西 21 个厅州县、甘肃 8 个州县、广西 16 个州县、云南 9 个州县灾歉。全国各地发生 10 次地震，其中江苏黄海中、台湾基隆东北、新疆塔什库尔干东南麻札一带为 6 级以上强震。

1911 年（宣统三年，辛亥革命于是年 10 月 10 日爆发）

上年被水区域又遭巨浸，灾区扩展，灾情更加严重。湖南入夏狂风暴雨，气温奇低，被水面积超过上年。湖北风雨交加，襄水再次冲决沙洋大堤，荆襄 10 余个县一片汪洋。安徽、江苏"滨江沿河各属,灾情奇重",南京被淹,两省饿死七八十万人,发生了食人惨剧。浙江杭嘉湖绍 4 府、江西南昌九江等府、福建福州漳州府、广东潮州府、云南和广西部分州县、顺直永定等河流域,都遭水患。7 月(六月)下旬,黑龙江省呼兰河、汤旺河流域出现大暴雨,发生 1851 年(咸丰元年)以来的特大洪水,平地水深丈余,灾民 11.6 万口。吉林、奉天也有部分地区被淹;吉林省城大火,2/5 地区化为焦土。新疆、绥远雪灾。西藏朵隆发生强烈地震。

1912 年 (民国元年)

本年水灾以直隶、浙江最重。入夏顺、直一带发生本世纪以来最大的水灾,永定、人清、滹沱、子牙、咸水、北运等河相继漫决,水淹 36 个州县,灾民 140 余万人。8 月 29 日(七月十七日)浙江沿海突发暴风剧潮,死伤人口近 30 万人,灾民数百万人。苏、皖灾情,如孙中山的赈济批文称:"皖省灾情之重,为数十年所仅见";苏北"清淮一带,饥民麇集,饿尸载道"。6 月(五月)福建漳州、泉州、福州、厦门等地及广东东部、中南部大水。稍后湖南两度大雨成灾。陕西、四川、云南等省一部也有水患。河南自夏至次年春发生大面积旱荒。入冬台湾两次地震。

1913 年 (民国二年)

全国主要被水之区有 8 省。4 月下旬(三月中旬),湖南淫雨连绵,湘江"沿河各处居民,屋宇水已齐檐","省垣城门被水封闭"。与此同时,湖北雨狂风烈,武汉水深数尺,部分县乡被淹。春夏之交,广东西江、北江流域多次大风暴雨,损失颇重。浙江重灾区仍在温州、处州一带,入秋风雨交作,死亡十数万人。直隶因永定河、大清河、运河先后决溢,"淹毙人口约二三千人"。吉林、山西、广西也有被水之处。4 月 21 日(三月十五日)桂林大风成灾。

安徽沿江各县先涝后旱。云南先旱后涝。河南、江西、贵州旱。全国各地发生 13 次地震，其中西藏仲巴西北（两次）、四川冕宁东南、云南峨山均为 6 级以上强震，峨山损失尤为惨重。

1914 年（民国三年）

全国主要被水的省份为直隶、吉林、黑龙江、山东、山西、江西、湖南、四川、贵州、广东、广西。北方水患以山东最重，9 月（七月）胶东淫雨经旬，数百里一片汪洋，死亡数千人。南方灾情以湖南、广东、四川尤甚。湖南全年迭遭大雨，长沙两度被淹，20 余个县成灾，且有蝗害。广东重灾区仍在西江、北江流域，仅肇庆、广州两府，就有"灾黎数十万，灾区广约九千方里"。川东重庆一带春水成灾，川西川南先旱后涝，省城沦为泽国。浙江旱。安徽蝗灾颇剧；江苏旱、蝗继以水灾，灾情均几遍全省。湖北、河南遭水、旱、雹、蝗各灾。陕西一部被雹。台湾、新疆发生强烈地震。

1915 年（民国四年）

6 月下旬至 7 月上旬（五月中下旬），以岭南为中心，广东、广西及江西、福建、湖南、云南等省部分地区出现大面积暴雨，珠江发生近代该流域唯一一次长历时大范围洪水，韩江、闽江、赣江流域和湘江上中游也同时发生大洪水或特大洪水。广东的东、西、北三江大水交汇，珠江三角洲各县围堤几全崩毁，被灾农田 648 万亩，灾民 379 万余口；广州被淹 7 天，同时又遭大火，20 万居民罹灾。广西各河并涨，梧州河段洪峰为 200 年中所仅见，重灾区 30 多县，流离人口数十万计。江西赣江流域重灾区 20 县。湖南灾区遍及湘、资、沅水流域及洞庭湖滨 20 余县。以上 4 省灾区将近 100 个县市。福建、云南、湖北的部分县乡同时被水。北方水灾集中在东三省，黑龙江省入夏有 22 个县被淹，灾情尤重。山东、直隶各一部也洪涝成灾；濮阳河决。

四川旱区从上年的川南等地扩展到全省，几乎无县不荒。湖北、安徽、江苏、直隶、河南被蝗，湖北、安徽尤重。青海、西藏发生 3 次强烈地震。

1916 年（民国五年）

1 月（十二月）黑龙江索伦山森林大火，蔓延五六百里，并波及奉天洮南。入春山西、河南部分地区亢旱；湖北武汉江面风灾。入夏后湖北、江西、江苏、安徽、贵州等省部分县乡被水，其中苏北里下河一带、皖北临淮 18 个县漫淹较重，但全国水患轻于前数年。湖南久涝转旱。夏秋之交陕西 14 县遭蝗、雹、水灾。11 月 15 日（十月二十日）福州大火。同日与前此之 8 月 28日（七月三十日）台湾发生两次强烈地震。

1917 年（民国六年）

本年水灾又形严重。直隶、奉天、河南、山西、陕西、四川、湖北、湖南、江西、福建、贵州等省的大部或一部被涝。直隶灾情最重，夏秋之际，永定、大清、南运、北运、拒马、潮白、箭杆等河因大雨先后泛滥，灾区 100余县、17646 村，灾民 560 余万口。7 月中下旬之交（六月初），岷江流域因暴雨发生特大洪水，四川盆地西部灾情惨烈，并波及长江干流宜宾至重庆段沿岸城乡，共 37 个县市被灾。此外，奉天 33 个县、湖北 20 余个县、湖南 30个县、江西赣水上游及沿江滨湖地区，水灾也颇重。山东全年苦旱，而 9 月（八月）利津黄河大堤又决口。福州、厦门一带遭飓风暴雨袭击。江、浙有被旱、被雹、被虫之处。全国各地发生 12 次地震，其中 6 级以上强震 4 次，云南大关北的 6.5 级地震，损失最重。

1918 年（民国七年）

湖南、湖北、江西、广东、福建、云南、贵州、山东、河南、直隶、奉天等 10 余个省被水，但灾情轻于上年。其中广东入夏有 22 个县被淹；8 月 15日（七月初九日）广州受狂风暴雨袭击，毁屋伤人。闽南风雨山洪交作 10 余次，居民死伤颇众。湖南夏秋间湘江两度漫溢成灾。贵州大面积被水，威宁尤重，饥民上万户。四川部分地区水旱交乘。南京流行鼠疫。全国发生 15 次地震，西藏、吉林、广东有 6 级以上强震，2 月 23 日（正月十三日）的广东南澳大地震，全县夷为平地，80% 的居民伤亡。

1919 年（民国八年）

云南春荒苦旱，灾民遍地。自春至夏，江苏沿江及太湖水域连续被风、被雹、被水；皖南因梅雨山洪成灾；广东多雨，广州等部分市县被淹。入夏后湖北多雨，襄水暴涨，漫淹 23 县 1000 余里；浙江、湖南、江西、河南都有被水之区，河南兼被雹、蝗；直隶先涝后旱。8 月底（闰七月初），福州及闽南沿海各县遭飓风暴雨袭击。四川部分县乡被旱、水、雹等灾害。浙江东海中、四川、新疆、台湾、广东发生 8 次 6 级以上强烈地震。

1920 年（民国九年）

本年北旱南涝，甘肃发生近代历史上破坏性最大的一次地震，神州大地，遍野哀鸿。自春至冬，黄河中下游亢旱异常，京兆（原顺直地区）、直隶、山东、河南、陕西、山西 5 省 1 区，继光绪"丁戊大祲"之后发生"四十年未有之奇荒"。灾区东起海岱，西达关陇，南包襄淮，北抵京畿，约占全国四分之一面积的地域天干地燥，淀涸河竭，禾苗枯槁，飞蝗继起，各省合计被灾317 个县，灾民至少有 3000 万人，数十万人死亡。甘肃被大旱波及；12 月 16日（十一月初七日）夜，海原县发生 8.5 级大地震，烈度 12，海原、固原等4 城山崩地陷，人口死亡 20 余万，破坏区达 6 省 130 县市，有感面积 12 省106 县市。此外，全国各地还发生强震 10 次，达到 11 年来地震活跃期的巅峰。

南方各省除江苏、四川、贵州的部分地区亢旱外，两湖、江西、福建、广东、台湾、广西都有不同程度的水患。入秋浙江台、处等属大雨飓风海啸，30 余县灾情严重。奉天、吉林、新疆各一部及江南一些地区流行瘟疫。

1921 年（民国十年）

　　本年夏，江苏、安徽、河南、山东、直隶、陕西、湖北、浙江 8 省大水，而以淮河流域片 4 省遭灾最重。6 月至 9 月（五月至八月），淮河流域迭降大雨，7、8 月份雨量超过常年 100 公厘到 300 公厘，致使淮干水位居高不下，泛滥成灾，直到 11 月（十月）始退，形成本世纪历时最长的一次全流域性大洪水。上游河南自 6 月后阴雨 80 余日，65 个县洪水横流，豫东豫南灾情奇重。中游皖北 10 余县、数百里沦为泽国，加之皖南受洪涝等灾，全省被灾 49 县。下游江苏淮扬徐海一带"平地水深数尺，庐舍倾颓，哀鸿遍野"；沿江又被水、被风，灾区共 58 个县。淮干以北沂沭泗水系暴涨，鲁西南大面积被涝；黄河又在利津、长垣 3 次决口，山东 31 个县被水。上述 4 省仅淮河水患，就淹没农田近 5000 万亩，灾民 760 余万人。此外，湖北 68 个县、江西 47 个县、陕西 46 个县、甘肃 43 个县、四川 70 个县、贵州 60 个县、直隶畿南及临黄县乡，遭各种灾害。湖南 50 余县旱，饥民 200 万。甘肃固原及其他各省发生 7 次强烈地震。

1922 年（民国十一年）

　　安徽、江苏、河南上年淮河泛滥之区，或春水继续为患，或沙淤无法播种，上忙荒歉；入秋皖南又有近 20 个县被涝，苏南沿江飓风大雨成灾，河南 70 余县被旱、被蝗。以水灾为主的地区，还有浙江 60 余县、湖南 40 余县、江西东南北三部、山东黄河两岸、直隶 40 余县、吉林省城和福建福安。其中浙江连续第 3 年遭飓风山洪袭击，甚至往复受灾一地数次，风雨侵袭一日数起，灾民 75 万人。山东上年河决没有合龙，自 2 月（正月）至 8 月（七月）又连决 4 次，而其他地区则亢旱异常。9 月（八月）福安水患惨重，死 3 万人。湖北先涝后旱。川西、川东大旱，饥民遍地。8 月 2 日（六月初十日）粤东沿海飓风大作，死亡 77000 余人。台湾及其附近海域发生 13 次地震，渤海、新疆各发生 1 次地震。

1923 年（民国十二年）

全国 22 行省发生各种灾害，其中被水为主的省份居多。夏秋之交河南大雨，黄河、洛河及淮河各支流相继泛滥，近 40 个县被淹。豫南洪水从三河尖泻入淮干，皖北沿淮各县也被淹没，皖中皖南同时大面积洪涝成灾，并波及湖北黄梅一带。广东三江漫决，北江水漫数百里，溺死千余人。山东廖桥埝继上年后再次决口；山西汾河流域、浙江东南沿海、江苏沿江沿运部分县属、江西沿江滨湖一带、四川盆地西部、东北哈尔滨、沈阳等地，都有水患。

春夏之交陕西大旱，"赤地千里，竟至易子而食"。四川炉霍、道孚发生强烈地震，火山迸发，城乡为墟。其他各地还发生强震 6 次。6 月 26 日（五月十三日）夜，北京故宫大火。

1924 年（民国十三年）

全国 16 省区发生水灾，主要灾区一在长江上游的金沙江河段与中游的湘鄂赣 3 省，一在河北平原与黄河下游。云南、湖南、直隶被灾最重。自 7 月（六月）初起，金沙江中下游及澜沧江流域降雨 40 天左右，金沙江之云南龙街至四川屏山流段出现百年未有的大洪水，四川宜宾、西昌以南各属"稻田荡尽，村舍为墟"，云南 36 个县一片汪洋。入夏长江中游大雨，湖南湘、资、沅江及洞庭湖同时暴涨，70 个县被淹，灾民 470 万人；湖北武汉三镇被洪水围困，36 个县成灾，并波及安徽宿松一带；江西赣河沿岸八九百里、40 余县被淹，全省收成不足 2 分。7 月直隶暨京兆、察哈尔两特别区大雨连旬，永定河决口 4 处共宽 2700 公尺；大清、子牙、潴龙等河纷纷泛滥，黄河决口于长垣，73 个县 12900 多方公里被涝。此外，奉天中南部、河南 36 个县、鲁西北与胶东、绥远、福建闽江流域、台北、广东东西江流域和广西全境都有不同程度水患。吉林先旱后涝。江苏南旱北涝。山西、浙江、四川 40 余县及甘肃、陕西部分县乡旱，浙、川尤重。新疆、台湾、西藏发生 4 次强烈地震。

1925 年（民国十四年）

本年南旱北涝，西南数省被灾尤重。3 月 16 日（二月二十二日），云南洱海中发生 7 级地震，大理 4 万余户毁于震、火两灾，四围 10 个县遭破坏，灾民 30 余万人；震后全省霜冻，粮荒大饥。贵州 60 个县旱荒，黔西尤甚，"尸骨暴露以千万计"。四川连旱数年，至此成 80 余县大荒，川北、川东最重，易子而食，流民遍野，死于饥饿疾病流离者百万人以上。湖南 50 余县、江西 40 余县、皖北和苏、闽一部旱。湖北连旱 3 季，但襄江流域又有被水之处，饥民 3000 万人。春夏之交粤东水灾。8 月至 9 月（六月底至八月初）黄河在山东濮县、寿张与河南开封 3 次决口。直隶水患轻于上年，但永定、南北运河都有决口之处，北京街市被水。陕西渭南大饥。黑龙江沿江风灾。除洱海中以外，云南、台湾、新疆还发生 3 次强烈地震。

1926 年（民国十五年）

本年南中国以水灾为主，华北水旱交煎，东北、西北亢旱。6、7 月之交（五月中下旬），湖南东部和中部、湖北沿江地区、赣水流域及皖南大雨经旬，湘、资、沅江中下游及汨罗江出现特大洪水，洞庭湖泛滥，湖南 40 余县沦为泽国，长沙被淹，时人称"灾情之大，过于甲子（1924）"。汉口长江水标高度为 48 年来的最高纪录，湖北 20 多县被涝，汉口至沙市之间灾情尤重。江西抚、赣沿河堤圩及江北马华堤溃决，灾区一片汪洋，农民多迁徙逃生。皖南淹田 70 多万亩；沿淮也有水灾、风灾。浙东 10 余县、广东三江流域部分地区及广西一部也有水患。福建先涝后旱，40 余县田禾干焦。江苏、河南、山东、直隶、四川等省先旱后涝，山东尤甚，加之河决为害，百余县几无完区。东北三省、甘肃、陕西及新疆部分地区旱，东北旱情尤重，又间有被水之处，灾民 1400 万人。西藏、新疆、台湾发生强烈地震 4 次。

1927 年（民国十六年）

华北、西北以旱为主，江南部分地区洪涝成灾。夏秋两季，山东、直隶、河南及山西北部旱，冀鲁一带蝗蝻四起，豫晋两省又有被水之处。6 月（五月）中旬至 7 月（6 月）上旬，长江中下游阴雨连绵，鄂东的举、巴、浠水流域出现特大洪水，使江汉平原和皖南沿江共 20 余县严重被灾。福建漳州 9 个县也大水为患。浙江部分县乡旱。江苏、湖南、广东、云南等省有被旱、被水、被潮、被风、被虫之处。辽北、内蒙古、黑龙江、苏南、广西部分地区流行各种疫症。黄海中、云南、青海、新疆、黑龙江、甘肃、台湾共发生 10 次强烈地震，其中 5 月 23 日（四月二十三日）发生于甘肃古浪的 8 级地震，使古浪、武威死亡 4 万余人，甘肃、青海两省 20 余县遭到破坏。

1928 年（民国十七年）

全国 25 省 1100 多县发生旱、水、风、雹、虫、疫等各种灾害，而以西北、华北的旱荒最重。旱区包括陕西、甘肃、山西、绥远、河北、察哈尔、热河、河南等 8 省，并波及山东、苏北、皖北、两湖、四川、云南的大部或一部。8 省旱区，田野如焚，禾苗枯焦，河淀干涸，道殣相望；总计 487 个县及绝大部分盟旗被灾，灾民 3200 余万口。2 月下旬（二月初）黄河决于山东利津，全省 83 县水旱雹蝗疫疠并发，饥民 500 万人。南方旱灾以湖北、四川最重。湖北 49 县赤地千里，灾民 900 万人，数量居各省之首。四川 50 多县亢旱经年，灾民 800 万人，草根树皮剥挖殆尽。江西旱水交浸，螟虫遍生，69 个县被灾。浙江 35 个县市被螟被水被风。此外，江苏 40 余县、安徽 41 个县、湖南 70 余县、福建 31 个县、广东 20 余县、广西 52 个县市、云南 50 个县市、贵州 54 个县遭旱蝗水风雹疫等灾。东北 3 省部分地区洪涝为灾，奉天通辽一带流行鼠疫、霍乱。甘肃、黑龙江、中沙群岛东发生 3 次强地震。

1929 年（民国十八年）

西北旱情愈烈：甘肃千里不毛，大地精赤；陕西关中入春大风、霜冻、冰雹为灾，夏季全省无县不旱，各地绝粮。据华洋义赈会调查，西北地区"本年因灾死者六百万人，病者一千四百万人，流亡转徙者四百万人"。察哈尔全境奇荒。山西旱区占全省面积 80% 以上。河南旱蝗风灾交作，入秋黄河、沁河沿岸又被水，饥民 1500 万人。绥远大旱之年复遭河患，全省悉成灾黎，"甚至大人食小孩，活人食死尸"。河北春夏旱蝗为灾，入秋各河漫决，129县中 117 县成灾，20 多万人出关逃荒。四川旱区广袤，川北 29 个县"五谷绝种，鸡犬不闻"。台湾旱荒歉收。

遭旱水风雹虫疫各种灾害的地区，有浙江 50 余县、安徽 41 个市县、湖南 60 余县及山东、江苏、江西、云南等省的大部或一部。其中山东河决 3次，下游入海口改道；浙江温、处一带风灾惨烈；湖南遭民元以来最严重的虫灾。辽宁南部和黑龙江、吉林沿江县市被水。绥远、云南、台湾、广东东沙群岛东北发生 8 次强地震。

1930 年（民国十九年）

西北及西南一些省份的旱荒仍在继续，华北、东南水旱交乘，东北部分地区第三年被水。据不完全统计，全国有 831 县被灾，灾民 6000 万。北方旱区中，山西、绥远的灾情有所缓解，河北灾区与被灾人口少于前两年，而甘肃、陕西、河南、热河等省的灾情仍酷烈，陕西死亡人口累计 300 万，甘肃累计 250 万到 300 万，河南新旧灾民达 3500 万，热河饥民百余万。四川百余县亢旱失种，入秋沿江县市又被涝。云南半年不雨，豆麦奇歉。

2 月（正月）、4 月（三月）和 8 月（闰六月），黄河在山东 3 次决口，沿河县乡沦为泽国。以水灾为主的地区，还有辽宁近 30 个县市、黑龙江部分地区、广东 22 个县、福建 11 个县、湖北一部、苏北大部和苏南一部。江西72 个县、湖南 53 个县、浙江 50 余县、贵州 71 个县、安徽半数县份水旱风虫等灾交乘。其中两湖、两广早春又出现异常低温，冻毙人畜。云南、青海、台湾发生强地震 5 次。

1931 年（民国二十年）

30 年代是近代中国又一个水灾集中、地震频仍的时期。本年天气异常，夏秋之交，全国大部分地区淫雨不绝，江、淮、汉、运、闽、粤诸江河及黄河、东北各水纷纷泛滥，23 省四分之三的县份洪涝成灾。其中江淮流域出现百年仅见的历时长、范围大、后果极其严重的洪水灾害，在湖北、湖南、安徽、江苏、江西、浙江、河南、山东 8 省形成了面积广袤、积潦日久的灾区，而尤以湖南滨湖各县、皖南、苏北、河南罹灾最重。8 省沿江滨河都市大批陆沉，642 个县有 380 余县被淹，受灾农田 16662 万亩，灾民达 5311 万口，死亡 42 万余人。此外，四川岷、沱江流域、广东三江流域与珠江三角洲、闽西闽北与福州漳州一带，广西的漓、柳、郁、浔诸水流域、云南东北部、贵州 30 余县、辽宁中南部与鸭绿江流域 20 余县，吉林、黑龙江的部分县乡也洪涝成灾。河北 20 余县被水，80 余县蝗灾。陕西 50 余县遭旱蝗风雹等灾，汉水、黄河沿岸 10 余县水灾。绥远全境及山西、热河、青海一部水旱交乘。甘肃 65 个县被旱雹虫等灾。宁夏大饥。台湾、云南、新疆、西沙群岛北发生强地震 7 次。

1932 年（民国二十一年）

本年大部分地区收成中稔，长江中下游和东南各省除若干县份发生偏灾外，米谷丰收。但由于连年灾祲，引发了一场全国性以霍乱为主的大疫，21 省都有被疫之处，轻者数县，重者数十县不等。《大公报》称"本年虎疫之广，传染之烈，为近年所未有"，数十万人丧生。

6 月（五月）至 8 月（七月），松花江流域淫雨加以 3 场暴雨，使干流出现特大洪水，哈尔滨被淹 1 月，38 万居民中有 23.8 万人受灾，死亡 2 万余人。吉林、黑龙江两省将近 80% 的耕地被淹，辽宁也遭波及。另外，山西 45

个县，湖南、江西、广西各20余县及广东一部被水。河南114个县市、陕西近百县多灾并发，两省81万余人死亡。河北数十县先旱后涝。全国各地发生强地震9次。

1933 年（民国二十二年）

8月上旬（六月中旬），黄河中游因连续两场暴雨，出现特大洪水，使陕、晋、豫、冀、鲁各省连决数十口，其中黄河北岸封丘贯台、南岸兰封小新堤、考城四明堂、长垣小庞庄等处决口都造成了大面积灾区，从而肇本世纪迄此的最大一次河患。陕豫冀鲁4省及苏北淹田1280万亩，灾民364万人，伤亡18000人。黄河上游的青海11个县、绥远7个县、宁夏沿河一带也被水患。本年被水地区还有浙江18个县、江西24个县、湖北16个县、湖南42个县，但两湖又有部分县乡旱。此外，安徽57个县、广西和贵州各10余县、甘肃大部、云南及福建一部有旱水风雹霜虫等灾。长江口和海南琼崖风灾严重。东三省流行鼠疫。

8月25日（七月初五日）四川茂县叠溪镇发生7.5级地震，烈度10，使60多个集镇村寨全部覆灭，6000余人死亡，近百里沦为泽国。其他各地还发生5次强震。

1934 年（民国二十三年）

全国14省发生大面积旱灾，江淮流域及华北各省赤地满目，饥民载道，但被旱各省的部分地区又洪涝为灾。灾情以长江中下游、沿洞庭鄱阳两湖各县、浙西和淮河沿岸最重。其中苏、浙、皖以旱为主；江西、湖南先涝后旱；湖北、四川旱水交乘；河南、河北、山东一部旱，而黄河又于豫冀两省数次漫决，山东出海口改道，3省部分地区遭淹。山西70余县、陕西44县旱，多灾并发。被灾田亩约占灾区耕地的46%；仅江、浙、皖、湘、鄂、赣、鲁、豫8省，就有428个县受灾。

被水为主的地区，有广东韩江及三江流域、福建南部（兼被风灾）、绥远大部、热河一部；入夏东北之鸭绿江、松花江、嫩江、黑龙江及其各支流因大雨泛滥，辽宁一省58个县中就有47个县被淹。此外，贵州、甘肃各40余县，宁夏10个县被水旱雹虫等灾。台湾遭特大风灾。云南、绥远、青海、新疆、西藏、台湾共发生8次强地震。

1935 年（民国二十四年）

全国21个省水旱交煎，多灾并发。河北、河南、山东、山西、陕西、察哈尔、苏北、皖北及湖北、浙江一部，春夏仍旱，并有风、雹、虫、疫各灾；而上述大部分地区入夏后又转旱为涝。7月（六月）初长江中游因发生罕见暴雨而出现区域性特大洪水，荆江、汉水的水位超过1931年记录，湘、资、沅、澧并洞庭湖水漫溢出岸，湖北、湖南90余县被淹，灾民1100多万人，死亡14.2万人。江西49个县、安徽沿江13个县被大水波及。浙东数十县、闽江下游、广东三江流域、东北辽河、鸭绿江等河流域、宁夏黄河沿岸及贵州部分县乡，也洪涝为灾。入秋河北、河南各河泛滥；7月10日（六月初十日）山东鄄城至临濮集大堤决口，口门刷宽约2000余公尺，次年3月（二月）始合龙。统计灾情最重的鄂、湘、皖、赣、苏、鲁、冀、豫8省被灾县份241个，灾民2198万余口。此外，山西50余县，陕西、绥远大部，四川、甘肃一部多灾并发。西藏、台湾、吉林、四川、青海发生强地震17次，其中四川3次，台湾10次。

1936 年（民国二十五年）

本年为中常年景，但部分地区仍有较严重的旱荒与饥馑。河南亢旱经年，入夏漳河决口，全省110个县被灾，待赈饥民近一千万。皖北第3年苦旱，灾民700余万，甚至"人相食"。四川旱区125个县，但入夏川中又被水，马边附近连续发生3次强地震。甘肃河西10余县入春旱疫交乘，康乐、天水发生两次强地震，各县"尸体狼藉"，"幸而未死者则啼饥号寒，络绎道路"。此外，湖南中南部、苏北部分县乡、广东东西江流域、福建漳州一带与东北部分地区被水。山西 62 个县、湖北 47 个县、绥远、宁夏一部遭旱、水、雹、风、虫等灾害。新疆、广西、台湾也发生强地震。

1937 年（民国二十六年）

上年若干被旱省份的灾情仍在继续。四川春荒，瘟疫盛行，被灾 141 个县，尤以东部、北部为重，但夏秋间部分地区又被水。皖北 20 余县春荒夏旱，"流亡载道，满目萧条"，入秋部分地区转旱为涝。贵州 44 个县大旱。河南旱区小干卜年，但豫西 20 余县仍旱，夏禾失收。山西春旱夏涝，灾民百余万。以水灾为主的地区有：江西 51 个县市、湖南 30 余县市、浙江东部、闽江流域、河北部分县乡和绥远包头一带。8 月（七月）初，黄河在山东寿张、范县连决 3 口，月底又决于蒲台，百余里一片汪洋；菏泽附近连续发生两次强地震。青海、台湾也发生强地震共 5 次。

1938 年（民国二十七年）

本年发生两次人为性的巨灾：花园口决口和长沙大火。6 月 9 日（五月十二日），国民政府最高当局为阻挡日军从豫北南下会攻武汉，下令炸开郑州花园口黄河大堤，致使滔滔黄水由豫东泻入皖北、苏北的淮河流域，漫淹 3 省44 个县市，受灾人口 1250 万，89 万人死亡。此后 9 年，广袤的黄泛区内洪水乱流，无年不灾，无灾不重，直至 1947 年 3 月（二月）花园口决口始合龙。至武汉失守后，日军南侵湘北，国民党当局又在长沙溃退前于 11 月 12 日（九月二十一日）将该市焚毁，烧屋 5 万余栋，使 20 万至 30 万居民无家可归，2 万多人丧生。

河北平津地区、四川嘉陵江及长江部分河段，贵州、黑龙江、吉林各一部与台北被水。闽南旱。湖南部分县乡遭水旱风虫等灾。四川、云南、青海、台湾、黑龙江、西藏共发生 10 次强地震。

1939 年（民国二十八年）

全国发生较大面积的水灾，灾情以海河流域最重。7、8 月间（五月下旬至六月底），海河流域出现 3 次大暴雨，以海河水系的永定、潮白、大清、滹沱、南北运等河流为中心，北至滦河中上游，南抵沁、丹、汾河，发生该地区少见的大洪水，加之侵华日军为破坏晋察冀边区又蓄意决堤，致使冀豫鲁晋 4 省严重被灾。河北自北平至保定，水势茫无边际，津浦线以西类似大湖，共 103 个县遭淹，灾民 446 万。天津市五分之四没于水中达 1 月之久，塌房 1.4 万户，灾民 80 万。豫北内黄、安阳、新乡一带沦为泽国，加之黄泛区沙、颍、京、双诸水会流泛滥，灾区 40 余县，数十万灾黎栖食无所。鲁西运河、卫河、大清河决口，黄河故道泛滥，鲁东沿海又海啸成灾，各县兼被风雹蝗害，灾民 130 余万。山西东南部涝，西北部旱。其他被水之区还有皖北淮、浍、颍河沿岸 10 余县、湖南 10 个县、云南 28 个县市、四川西部、贵州一部；苏北 7 个县及崇明海啸成灾。陕西、鄂北旱。新疆、台湾发生强烈地震。

1940 年（民国二十九年）

全国大面积水旱交乘，多灾并发。河南黄泛区于去年水灾后发生春荒，"往往数十里内，村无烟火，野绝行人"，"间有少数一息残喘之饥民，则以蓼子蛙卵为食，鹄形鸠面，弱不胜风"；7、8 月（六、七月）间又连降大雨，泛区尽成泽国，全省 41 个县市被水，灾民 150 万。皖北黄泛区洪流湍急，漫淹 20 个县；而该区内及皖中皖南又有 23 个县旱，灾黎 600 万以上。陕西春夏间有 57 个县被旱、雹、霜、风等灾，而陕南一部又被涝。晋西、晋南水灾，又有 7 个县虫灾。山东南部 12 个县被水，其他地区 17 县分别被雹、被蝗。鲁南山洪及皖北泛水波及徐淮海各县，苏南也有被水之处。湖北自本年至 1942年流行霍乱；鄂西北 21 个县发生回归热病，疫重之县动辄死数万人。江西、湖南、广东等省水、旱、风、虫各灾交错，其中江西灾区几遍全省。吉林、云南、黑龙江、西藏发生 5 次强地震。

1941 年（民国三十年）

山东大旱经年，"迄冬无雨，河流尽涸"；陕西连旱两年之后，又有 63 个县遭旱、风、霜冻等灾；湘西、湘东部分县乡旱，"民间苦饥"。7、8 月（闰六月至七月初旬），广东暴风雨，东西江陡涨，40 余县被水；四川重庆、黑龙江延寿也有水灾。此外，河南 92 个县市、甘肃 47 个县、山西 30 个县遭水、旱、风、雹、虫、冻等灾，河南尤重。黑龙江、云南、四川、台湾发生 7 次强地震，其中云南发生 3 次震灾，勐海西北山崩地裂，灾情尤重。

1942 年（民国三十一年）

本年中原地区发生 20 年代末以来最严重的旱荒。河南自春至秋烈日当空，田地坼裂，风蝗雹灾交相侵袭，旱情以豫西为最；豫东 10 余县又黄泛为灾，全省饥民 1000 万，饿殍遍野。旱区波及晋中、晋南和冀南一带；入秋冀中因大雨河决，又洪涝成灾，200 里平原一片汪洋。鄂西、鄂北也发生大面积亢旱，灾民 70 万以上，而沿江各县又淫雨为灾。陕西全年水旱风雹霜疫交作，8 月 3 日（六月二十二日）黄河于韩城一带决口，全省上半年被灾 33 个县，下半年被灾 41 个县。以水灾为主的地区，有安徽 21 个县、江西 16 个县、广东 64 个县市、浙江西部及东南部、湖南部分县乡及西康泸定一带。广西大部分地区水旱交乘。福建、晋西北、甘肃固原、浙江龙泉庆元等地流行鼠疫。云南、台湾、吉林、黑龙江发生 5 次强地震。

1943 年（民国三十二年）

本年灾情以中原和广东最为严重。河南、河北、山西、山东 4 省苦旱，灾区广大，饥民遍野。河南久旱之后发生特大蝗灾，在黄泛区孳生的飞蝗成批越河侵袭豫西、豫北，所过之处，地无绿色，遍野枯枝；而豫东泛区又于 5

月（四月）、8 月（七月）两度被水，10 余县几全陆沉；全省饥民 3000 万，两年来死亡约 200 万—300 万人，云愁雾惨，路断人稀。河北旱区 67 个县，兼被水蝗风雹等灾。山东重灾区如同沙漠，水草不生，济南、德州鬻人肉于市。山西部分县属旱蝗交错，饥民载道。广东于上年被涝后春荒秋旱，全省大饥，因天灾疫疠死亡者约 50 万人以上。此外，陕西 53 个县市、广西 37 个县、贵州 49 个县、湖南 57 个县市、浙江 39 个县及福建、云南、西康、甘肃、东北三省各一部被水旱风雹虫疫各灾。皖北黄泛区 10 余县水蝗交乘。江西 42 个县水灾。台湾发生 5 次强地震。

1944 年（民国三十三年）

本年中原灾情有所缓解，但局部地区仍较严重。河南夏秋之交有 42 个县被旱被蝗；冀南、冀中蝗害猖獗，入秋滹沱、潴龙等河漫决，使部分县乡被淹；山西被飞蝗侵袭 17 个县。陕西麦收中常，但入夏后旱蝗雹水等灾并发，灾区达 57 县。安徽北部和沿江一带也有 50 余县旱蝗交乘，水、风为灾，饥民近百万。湖北 30 余县、川北 26 个县、贵州 31 个县、云南 90 余县及福建、广东、宁夏、青海的部分地区也遭水旱风虫雹等灾。江西旱。浙江流行鼠疫等症。新疆、西藏、辽宁丹东南黄海中发生 8 次强地震。

1945 年（民国三十四年）

全国灾情以亢旱为主。据联合国救济总署调查："灾区延及十八省，灾民达三千三百万人"。西北灾情最重，青海粮产区 10 余县全年失收，牧区盛行牛瘟；甘肃出现类似于 20 年代末的大饥，旱区 40 余县，占全省县数五分之三，灾民 400 多万人，占全省人口三分之二；陕西关中麦收不及一成，秋禾不能下种，全省 65 个县被灾。山西被旱蝗雹灾，晋西北 20 余县上忙颗粒无收，灾民 200 万人。河南连旱三季，23 个县兼被蝗害。河北春旱，因入伏得雨，灾情轻于前数省。湖北春荒夏旱秋涝，8 月 28 日（七月二十一日）公安县长江大堤决口，沿江数县水灾严重。湖南南部、西部大旱，滨湖一带大水，全省 76 个县中 68 个县报灾。江西东西两部旱，赣江上游水灾。四川及安徽沿淮先旱后涝。贵州东南北三部春荒夏旱，入秋东南又被水。西康、云南各一部及新疆迪化一带旱。广东南澳等县风灾。台湾发生 4 次、河北滦县附近发生 1 次强地震。

1946 年（民国三十五年）

全国水旱交乘，多灾并发，部分地区灾情颇重。以旱为主的地区有河南、湖南、台湾及山西、贵州等省一部。河南已连旱数年，3000 万灾民饥寒交迫，豫东黄泛区更是七八年不能生产，荒滩成片，水草丛生。湖南 4 月（三月）至 7 月（六月）全省大饥，疫疠流行，虫害严重，又有部分被水之处，饥民 1500 万，以谷糠、树皮、观音土为食者比比皆是。先旱后涝的地区有陕西 40 余县、广东 80 余县、广西 50 余县、四川大部、绥远沿河各县。以水灾为主的地区有辽宁西部、宁夏沿河各县、河北大部、皖北 20 余县、苏南太湖水域及山东、浙江、江西等省之一部。其中皖北因黄水夺淮，各河漫决，纵横数百里一片汪洋。此外如云南 64 个县、甘肃 25 个县水旱交错、雹风并作。吉林、辽宁部分地区霍乱；福建 27 个县市鼠疫。黑龙江、西藏、台湾发生 8 次强地震，其中 5 次发生在台湾。

1947 年（民国三十六年）

春夏间，山西、河北、绥远、察哈尔 4 省大面积亢旱，二麦枯萎，秋禾失种，仅晋、冀两省，灾民就在 1300 万人以上；6 月（四月中至五月中）各地陆续得雨，但部分地区又洪涝成灾。夏秋之交，河南交错发生水雹旱等灾，山东东部也有被雹之处。浙江 26 个县旱。被水地区主要有辽宁 9 个县市、苏北 17 个县市、皖北黄泛区、广东 73 个县、广西 56 个县、台湾全岛、江西南部、福建福州一带、成都平原 16 个县及陕西宝鸡一带。如 6、7 月（四月中下旬至六月中旬），广东大雨连朝，各江泛滥，全省大面积被淹，难民 440 余万；7 月底至 8 月初（六月中），苏北狂风暴雨，运河决口，灾区一片汪洋；

辽宁、四川、广西、台湾的水灾也较严重。湖南大部、云南48个县被水旱虫疫等灾。青海、新疆、西藏、台湾发生7次强地震。

1948 年（民国三十七年）

全国灾情以水灾为主。3、4月（二、三月）间至6月（五月），湖南阴雨连绵，7月（六月）长江洪水泻入洞庭湖，致全省被涝，灾民近300万；滨湖圩堤大半溃决，人畜漂流，灾情尤重。与此同时，湖北因长江陡涨，山洪暴发，肇1931年以来最严重的水灾，43个县市被涝，受灾人口478.9万。江西报水灾者60余县，鄱阳湖沿岸各县遭大水包围。江苏徐州及南京两部、安徽沿淮滨江及皖南山区34县、福州市暨福建40多个县市、广东10余个县市、广西梧州一带水域、川西20多个县市、豫北沁河卫河沿岸，也洪涝为灾。青海先旱后涝。云南中南部近30个县水旱交乘。鲁西、绥远旱。台北飓风为灾。新疆、广东、四川、云南、台湾发生9次强地震。

1949 年（中华人民共和国于是年 10 月 1 日诞生）

本年6月22日（五月二十六日）至30日（六月初五日），两广西江流域出现大雨和暴雨，广西的柳、郁、桂江及红水河泛滥，梧州西江干流出现1915年以来的第二次特大洪水。广西梧州、桂林、柳州、南宁等市被淹，全省30余县遭水患，灾民230余万人，淹田340万亩。广东的西江下游各县一片汪洋，淹死约7万人；北江、小北江沿岸一些县乡也被波及；珠江三角洲淹田250余万亩，灾民140多万人。

春夏间，湖南水患几遍全省，滨湖各县灾情之重略同于上年，长沙、衡阳、邵阳等地损失也颇巨。入夏湖北淫雨不止，江汉并涨，汉口出现80年来第4次最高水位，沿江滨湖一带灾情严重。长江干流上游及岷、沱、嘉陵等江也漫溢为患，四川沿江14个县市受损。黑龙江亢旱，继而东北部分地区发生虫、雹、风、水等灾。新疆、青海发生3次强地震。